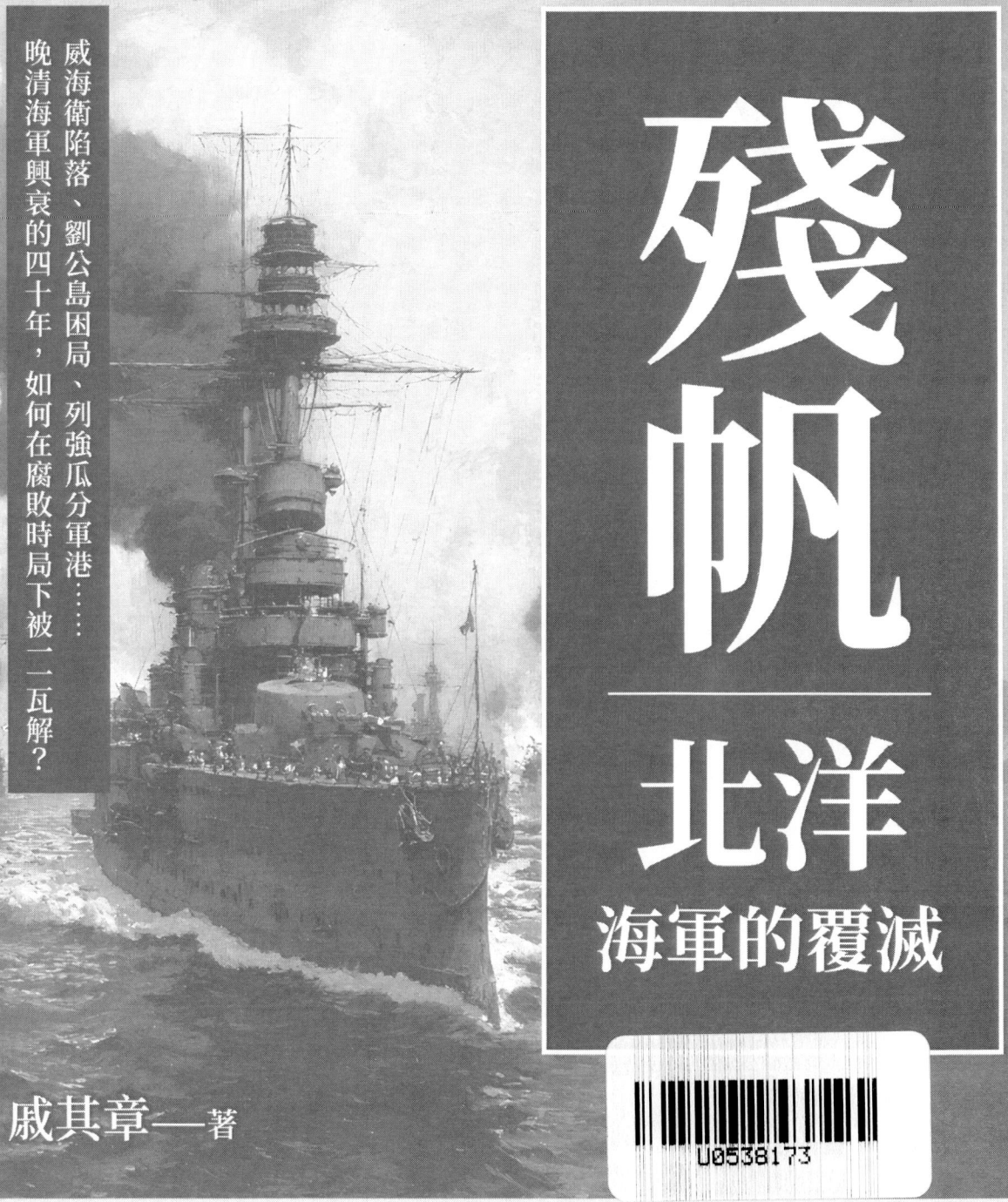

威海衛陷落、劉公島困局、列強瓜分軍港……
晚清海軍興衰的四十年，如何在腐敗時局下被一一瓦解？

殘帆

北洋
海軍的覆滅

戚其章——著

由理想構築、被腐敗拖垮——在現代化浪潮中無力回航的歷史困局

軍政內耗 ✕ 戰略失衡 ✕ 制度錯位……
從海防擴張到全面潰敗，一場注定沉沒的近代海軍夢！

目錄

第五章　清政府「大治水師」與北洋海軍成軍 …………………005

第六章　甲午中日海戰 ……………………………………099

第七章　清政府興復海軍 …………………………………205

結束語　晚清海軍興衰的歷史啟示 ………………………243

目錄

第五章
清政府「大治水師」與北洋海軍成軍

第五章　清政府「大治水師」與北洋海軍成軍

第一節　「海防議」再起與海軍衙門的設立

　　中國近代海軍的發展，到中法戰爭後發生了重大的轉折。在戰爭中，法國艦隊橫行東南沿海，非常猖獗，而中國海軍卻毫無可恃。左宗棠指出：「此次法夷犯順，游弋重洋，不過恃其船堅炮利，而我以船炮懸殊之故，非獨不能海上交綏，即臺灣數百里水程，亦苦難於渡涉。」因此，這次戰爭對清政府的刺激是很大的。西元1885年6月21日，清廷釋出上諭：「自海上有事以來，法國恃其船堅炮利，橫行無忌。我之籌劃備禦，亦嘗開設船廠，創立水師，而造船不堅，製器不備，選將不精，籌費不廣。上年法人尋釁，迭次開仗，陸路各軍屢獲大勝，尚能張我軍威；如果水師得力，互相援應，何至處處牽制？當此事定之時，懲前毖後，自以大治水師為主。」並著令沿海督撫「各抒所見，確切籌議，迅速具奏」[001]。這是繼1875年「切籌海防」之後的再一次籌議海防。看來，在中法戰爭的刺激下，清政府對發展海軍的重要性有了進一步的理解，也表現了更大的決心。

　　不久，各地督撫的復奏陸續到京，皆主張建立統一指揮全國海軍事務的中央機構。其中，李鴻章和左宗棠的意見尤值得重視。李鴻章奏稱：「今雖分南北兩洋，而各省另有疆臣，遷調不常，意見或異。自創辦水師以來，迄無一定準則，任各省歷任疆吏意為變易，操法號令參差不齊，南北洋大臣亦無統籌劃一之權，遂至師船徒供轉運之差，管駕漸染逢迎之習，耗費不貲，終無實效。中外議者多以為貨，或謂宜添設海部，或謂宜設海防衙門。有專辦此事之人，有行久之章程，有一定之排程，而散處之勢可以聯繫。若專設有衙門，籌議有成規，應手有用款，則創辦後諸事可漸就緒，

---

[001]　《清末海軍史料》，第41、42頁。

第一節 「海防議」再起與海軍衙門的設立

至辦之愈久,愈有裨益。一切詳細綱目,須參考西國海部成例,變通酌定,南北一律,永遠遵循。斯根柢固而事權一,然後水師可治。」[002]9月初,左宗棠在臨終前夕遺疏亦稱:「今欲免奉行不力之弊,莫外乎慎選賢能,總提大綱,名曰海防全政大臣,或名曰海部大臣。凡一切有關海防之政,悉由該大臣統籌全局,奏明辦理。」[003]本來,設立海軍衙門之議,已經醞釀了幾年,皆無定論,此時始感到非辦不可了。

先是在8月14日,清廷以李鴻章所奏海防事宜一折,言多扼要,著令該督來京,與中樞諸臣熟思審計。9月26日,李鴻章進京陛見。30日,清廷發下各地督撫折件,諭令軍機大臣、總理衙門王大臣,會同李鴻章,妥議海防善後事宜。醇親王奕譞也一併與議。諸臣遵旨會議,由總理衙門復奏,認為:「目前自以精練海軍為第一要務。」提出:其一,關於設海部或海防衙門事,「擬請特派王大臣綜理其事,並於各疆臣中簡派一二人會同辦理,將應辦事宜參酌時勢,實心籌劃,一面廣求將才,籌定專餉,再行請旨遵行」;其二,關於沿海設3支或4支水師事,「與其長駕遠馭,難於成功,不如先練一軍,以為之倡,此後分年籌款,次第興辦,自可日就擴充」;「查現可供海戰之船甚少,宜先盡北洋已有船隻操練,俟籌款添船,選將擴充就緒,然後分軍為妥」。慈禧太后對總理衙門所奏表示滿意,於10月12日釋出懿旨:「著派醇親王奕譞總理海軍事務,所有沿海水師悉歸節制調遣;並派慶郡王奕劻、大學士直隸總督李鴻章會同辦理;正紅旗漢軍都統善慶、兵部右侍郎曾紀澤幫同辦理。現在北洋練軍伊始,即責成李鴻章專司其事,其應行創設籌議各事宜,統由該王大臣等詳慎規劃,擬立章程,奏明次第興辦。」[004]正式批准成立總理海軍事務衙門。

---

[002] 《洋務運動》(叢刊二),第570～571頁。
[003] 《清末海軍史料》,第57頁。
[004] 《清末海軍史料》,第59、61、66頁。

第五章　清政府「大治水師」與北洋海軍成軍

北洋海軍提督衙門

　　海軍衙門成立伊始，尚無辦公之處，若待另建衙署，又需時日，因即借用神機營署的空閒房間，稍加修葺，作為辦公之用。又派神機營全營翼長鑲紅旗漢軍副都統恩佑為海軍衙門總辦文案；兵部郎中堃岫、戶部郎中阿麟、內閣侍讀學士奎煥、工部員外郎常明為幫總辦文案；主事載林等22人為海軍衙門章京，分掌文案等事。海軍衙門暫得開始日常工作。

　　海軍衙門成立初期，主要做了以下幾件事情：

　　其一，巡閱北洋海防。西元1886年5月，奕譞奉懿旨出京，偕李鴻章、善慶等前往大沽口、旅順口、威海衛等處，察看炮臺、防軍及船塢，並檢閱南北洋海軍。此時，在德國伏爾鏗廠訂購的鐵甲船「定遠」、「鎮遠」和快船「濟遠」已經到華，加上原有的兩艘快船「超勇」、「揚威」，北洋的戰船已增至5艘。南洋「開濟」、「南琛」、「南瑞」三船亦來旅順會合。奕譞回京後，於6月2日奏稱：「臣等將前項八船調集旅順洋面合操，並

第一節 「海防議」再起與海軍衙門的設立

令隨行威海、煙臺一帶,布陣整齊,旗語燈號,如響斯應。各將弁講求操習,持久不懈,可期漸成勁旅。唯此數船,合尚嫌單,分則更少。俟明年英、德新訂快船四只北來,合之北洋現有五船,自成一隊。仍俟籌款有著,再行續商添購。海防關係重大,久遠之計,將來船隻成軍,自應請專設提督等額缺,妥定章程,以專責成而固軍志。」奏摺中所說的新訂四船,就是在英廠訂造的「致遠」、「靖遠」,在德廠訂造的「經遠」、「來遠」。此奏之意,是等新訂四船到華後即行成軍,以後還要籌款續購艦船。

總理海軍事務大臣醇親王奕譞(中坐者)、會辦大臣直隸總督李鴻章(右)、幫辦大臣善慶(左)巡閱北洋海軍時,在天津合影圖片

其二,購置魚雷艇。透過這次巡閱,奕譞對魚雷艇有了很深的印象。他說:「魚雷艇雖小而速,雷行水中,無堅不破,實為近時利器,亟宜多購多操。以一鐵艦之價,可購四五十雷艇。如南北各口有魚雷艇百只,敵

第五章　清政府「大治水師」與北洋海軍成軍

船必畏而怯步。」[005] 在他的支持下，北洋於西元1887年向英廠訂購了「左一」魚雷艇，又向德廠訂購了「左二」、「左三」、「右一」、「右二」、「右三」魚雷艇。這6艘魚雷艇，後來便構成了北洋海軍魚雷艇隊的基本力量。

其三，籌措海軍經費。海軍衙門成立後，由戶部奏明，海防常年經費400萬兩改由海軍衙門管理。當時，北洋一年的軍費，連「定遠」、「鎮遠」、「濟遠」三艦在內，約需一百二三十萬兩。此外，新建旅順船塢等費亦需六七十萬兩。共計近200萬兩。由於各省向來拖欠截留，海防經費從未收過足額。對此，李鴻章毫無辦法。如今有了海軍衙門，李鴻章便找到了催要經費的地方。他在致海軍衙門函中稱：「名為北洋精練水師一支，僅三艦有餉可指，而此外水師根本、輔佐各項，均無款籌辦。事事苟簡，雖巧婦不能為無米之炊。鴻章束手無策，實不敢當此責任也。」又謂：「北洋水師一切用款，向皆在各省關歲撥經費核心實開支，斷不敢稍有浪費。從前戶部撥定北洋經費：號稱二百萬兩，近年停解者多，歲僅收五六十萬。自去歲法事起，報撥更稀，而待支甚急，不得已奏留海防捐項濟用，以救燃眉，殊非常策。鴻章正深焦慮，頃准部諮，將南北洋海防經費奏准撥歸海軍衙門，作為常年餉需。以後北洋用項，自應請由鈞署預期照數撥交，免致臨時掣肘貽誤。」[006] 在海軍衙門的主持下，最初幾年北洋海軍所需經費大致上還可以維持。

海軍衙門設立之後，由於貫徹了總理衙門原議先從北洋精練海軍一支的方針，而北洋海軍又由李鴻章實際經辦，所以北洋海軍的發展也就進入了一個新的階段。

---

[005]　《清末海軍史料》，第252頁。
[006]　《李文忠公全集》海軍函稿，卷一，第11、2頁。

第二節　北洋海軍基地的營建

建立海軍艦隊，必須有屯艦之所和修艦之塢，於是有基地的營建。

北洋海軍初建之前，北洋只有幾艘小型艦隻，臨時屯泊於大沽口。西元1880年8月，為了迎接從英國訂造的「超勇」、「揚威」兩艘快船回國，清政府下令調登州、榮成水師艇船及弁兵到大沽操演，以便快船駛回後配用。翌年，李鴻章奏准於大沽海口選購民地，建造船塢一所。這年11月，大沽船塢竣工。「嗣後來往各兵船，無論時機緩急，工程大小，總可隨時立應，殊於水師根本有裨。」[007] 這樣，大沽便成為北洋艦隻的臨時基地。

但是，大沽船塢長僅30丈，深才14尺，以之收泊砲艦尚可，停修鐵甲戰艦絕無可能。從長遠看，該處是不適於做海軍基地的。所以，李鴻章後來又屬意於旅順口。西元1880年冬，他決定在旅順口先修建黃金山炮臺。他在一封信中說：「旅順之臺需費十數萬金，異日必為北洋一大封鎖。該處有此一軍扼紮，登州、煙臺敵當不敢久泊。」當時，李鳳苞曾馳書質疑，他覆函稱：「尊論旅順口炮臺不甚穩妥，似未深悉北洋形勢。渤獬乃一小海，如葫蘆形。旅順與登州相對，僅百二十里，口內有塘，可泊多船，正葫蘆之頸也。敵必經口外以達津沽、營口，有險可扼，視煙臺、大凌（連）灣之散漫無收來者迥殊。異日北洋水師總埠、船塢，均當在彼建置，即兩鐵艦亦宜駐泊，軍火糧餉均須儲蓄，乃可備緩急。各國水師名將皆謂得地，卓見獨不謂然，何耶？」[008] 繼李鳳苞之後，中外人士仍有非議者，李鴻章力排眾議，堅持定見。他為什麼首先要在旅順口營建北洋海軍基地呢？對此，他在《論旅順布置》中說得很清楚：「察度北洋形勢，就現

---

[007]　《李文忠公全集》奏稿，卷四二，第10頁。
[008]　《李文忠公全集》朋僚函稿，卷一九，第42頁；卷二〇，第19頁。

第五章　清政府「大治水師」與北洋海軍成軍

在財力布置,自以在旅順建塢為宜。西國水師泊船建塢之地,其要有六:水深不凍,往來無間,一也;山列屏障,以避颶風,二也;路連腹地,便運糧糧,三也;土無厚淤,可浚塢澳,四也;口接大洋,以勤操作,五也;地出海中,控制要害,六也。北洋海濱欲覓如此地勢,甚不易得。膠州澳形勢甚闊,但僻在山東之南,嫌其太遠;大連灣口門過寬,難於布置。唯威海衛、旅順口兩處較宜,與以上六層相合;而為保守畿疆計,尤宜先從旅順下手。」他雖強調先營建旅順基地,但也不否定在膠州灣設防的必要性,只是認為不能同時並舉,而要考慮先後:「自來設防之法,先近後遠。旅順與大沽犄角對峙,形勝所在,必須先行下手。俟旅順防務就緒,如有餘力,方可議辦距直千三百里之膠州。」[009]

到西元 1886 年,旅順基地的建設,除水雷營、魚雷營、電報局、機器廠、攔水壩、碼頭等之外,海岸炮臺工程也已完工。共分兩個炮臺群:一是口西海岸炮臺;一是口東海岸炮臺。西炮臺包括:老虎尾炮臺、威遠炮臺、蠻子營炮臺、饅頭山炮臺、城頭山炮臺、老鐵山炮臺,共 6 座;東炮臺包括:黃金山主炮臺、東小炮臺及臼炮臺,摸珠礁炮臺、老礪嘴主炮臺、北山及人字牆,共 5 座。東西炮臺共配備大小炮 7 門。其後,又環繞旅順背後,陸續修築陸路炮臺 17 座,有各種大炮 78 門。

西元 1888 年 5 月,清政府為鞏固旅順後路,並兼防金州,又決定在大連灣修建炮臺。到 1893 年,建成海岸炮臺 5 座,即黃山炮臺、老龍頭炮臺及和尚島東、中、西炮臺,共有大炮 22 門;陸路炮臺一座,即徐家山炮臺,有大炮 16 門。合計 38 門。這 6 座炮臺,「堅而且精,甲於北洋。老龍頭一座,當敵船之衝,三面臨水,填築非易;和尚山東炮臺,徐家山

---

[009]　《李文忠公全集》海軍函稿,卷一,第 17、23 頁。

第二節　北洋海軍基地的營建

旱炮臺，築土取石，亦形艱窘。此三臺之精堅，尤勝於各臺」[010]。這樣，旅、大二地，互為犄角，防務更趨嚴密。

　　至於旅順船塢，因工程浩大，進展緩慢。西元 1881 年冬，李鴻章親至旅順勘查，決定設立海防營務處工程局，主持攔水壩等工程。這是船塢工程的前奏。此後工程便進入了浚澳築塢階段。雖「浚澳築塢，工費過巨」，然「先其所急，不得不竭力經營」[011]。尤其是「定遠」、「鎮遠」兩艘鐵甲船來華後，旅順船塢的修建更是刻不容緩。李鴻章說：「鐵艦收泊之區，必須有大石塢預備修理，西報所譏有鳥無籠，即是有船無塢之說，故修塢為至急至要之事。」[012]1886 年，奕譞偕李鴻章、善慶巡閱北洋海防，即曾到旅順檢查船塢工程。其後，為加快旅順船塢的施工進度，李鴻章決定將工程交給法商德威尼承包。1890 年 1 月，旅順船塢始全部竣工。這是一項宏大的工程，當時稱之為「海軍根本」[013]。李鴻章奏稱：「嗣後北洋海軍戰艦，遇有損壞，均可就近入塢修理，無庸藉助日本、香港諸石塢，洵為緩急可恃，並無須麋費巨資。從此量力籌劃，逐漸擴充，將見北洋海軍規模足以雄視一切，渤海門戶深固不搖。其裨益於海防大局，誠非淺鮮。」[014]

　　北洋海軍的基地，除旅順口外，還有威海衛。威海基地的營建晚於旅順，其地位卻越來越重要。本來，早在西元 1875 年，山東巡撫丁寶楨即有以威海為海軍基地之議，他說：「威海地勢……緊束，三面皆係高山，唯一面臨海，而外有劉公島為之封鎖，劉公島北、東兩面為二口門：島東口雖寬，水勢尚淺，可以置一浮鐵炮臺於劉公島之東，而於內面建一砂土

---

[010]　薛福成：《出使英法義比四國日記》，第 296 頁。
[011]　《洋務運動》（叢刊二），第 567 頁。
[012]　《洋務運動》（叢刊三），第 322 頁。
[013]　《中日戰爭》（叢刊一），第 35 頁。
[014]　《李文忠公全集》奏稿，卷六九，第 34 頁。

第五章　清政府「大治水師」與北洋海軍成軍

炮臺，海外密布水雷，閉此一門，但留島北口門為我船出入；其北口門亦有山環合，可以建立炮臺，計有三砂土炮臺於內，有二浮鐵炮臺於外，則威海一口可以為輪船水寨。輪船出與敵戰，勝則可追，敗則可退而自固。」[015] 當時，持此議的官員甚多。如說：「北洋形勝，威海衛島嶼環拱，天然一水寨也。」[016] 甚至有的西方人士認為：「旅順口形勢不及威海衛之扼要，將來北洋似應以威海為戰艦屯泊之區，而以旅順為修船之所，較為合宜。」[017] 但限於財力，清政府決定推遲威海基地的工程。

清光緒〈威海海防圖〉

西元1883年，在候補道劉含芳主持下，先在威海金線頂建水雷營一處。到1888年初，李鴻章開始營建威海基地，各項工程始全面展開。根據德人漢納根（Constantin von Hanneken）的設計，威海基地的第一期工程

---

[015]　《丁文誠公奏稿》，卷一二，第12頁。
[016]　張蔭桓：《三洲日記》，卷七，第71頁。
[017]　薛福成：《出使英法義比四國日記》，第296頁。

第二節　北洋海軍基地的營建

以修建海岸炮臺為主，計 8 座炮臺：威海北岸的北山嘴、祭祀臺築炮臺 2 座；南岸的鹿角嘴、龍廟嘴築炮臺 2 座；劉公島北築炮臺 1 座，島南築地阱炮 2 座；威海南口的日島築鐵甲炮臺 1 座。以期水陸依輔，呈鞏固之勢。在擬建各海岸炮臺的同時，還計劃在劉公島上修建海軍公所、鐵碼頭、子藥庫、船塢等。為了解決劉公島上飲水的困難，除打井築塘外，還設計在海軍公所二進院內和幾處炮臺修築「旱井」。但後來施工時，發現原設計對海上防禦還有不足之處，又在威海南北兩岸各添築炮臺一座，劉公島添築炮臺 4 座。1890 年，威海各海岸炮臺陸續建成，其中，南岸有皂埠嘴炮臺、鹿角嘴炮臺、龍廟嘴炮臺；北岸有北山嘴炮臺、黃泥溝炮臺、祭祀臺炮臺；劉公島有東泓炮臺、東峰炮臺、南嘴炮臺、旗頂山炮臺、麻井子炮臺、黃島炮臺；加上日島炮臺，共有炮臺 13 座，配備各種大炮 54 門。

西元 1891 年，威海基地的第二期工程開始，以修建陸路炮臺為主。按原設計，為預防敵人從後路進攻威海基地，擬在南北兩岸修建陸路炮臺 4 座：南岸所城北、楊楓嶺築炮臺兩座；北岸合慶山、老母頂築炮臺兩座。由於工程進度緩慢，到 1894 年甲午戰爭爆發時才建成所城北、楊楓嶺、合慶山 3 座炮臺，共有大炮 9 門。

在修建陸路炮臺的同時，李鴻章感到威海南口過去寬闊，日島又矗立中央，將南口分為各寬 5 里的兩個海口，這樣威海共有 3 口，一片汪洋，毫無阻攔，將不利於海上防禦。因此，又決定在威海南北兩岸各設水雷營一處，並在南岸水雷營附設水雷學堂一所。之所以採取這些措施，其目的是進一步加強海上防禦。

威海基地工程之宏大，炮臺構造之雄偉，曾引起許多人的讚嘆。薛福成說：「蓋威海在八年前，不過漁村耕戶所結茅屋耳。今則經營周密，商旅輻輳，有屯營，有操場，有水師學堂，有巨店廣廈，有數日一往返煙臺

第五章　清政府「大治水師」與北洋海軍成軍

之輪船，有通連內地之電線。岸上要隘，建臺置炮；水面建築鐵碼頭，為兵輪停泊之所。各輪寄碇皆在劉公島，以其水深風靜，雖遇東北風大作，無虞也。」[018]李鴻章也認為：各炮臺「均得形勢，做法堅固」、「相為犄角，鎖鑰極為謹嚴」。誇口道：「但就渤海門戶而言，已有深固不搖之勢。」[019]當時，一般人都只看到臺堅炮利海防鞏固的一面，而忽視了後路防禦薄弱而無保障的一面。無論如何，後來事實證明，威海的炮臺設施對防禦敵人從海上進攻，還是發揮了作用。

從此，威海衛為艦隊永久駐泊之區，旅順口為艦隊修治艦隻之所，各建有提督衙門，成為北洋海軍的兩大基地。

第三節　中日長崎事件

一　長崎事件的經過

長崎事件，中國舊稱「長崎兵捕互鬥案」，或簡稱「崎案」。日本則懷有偏見地名之為「長崎暴動」，或「長崎清國水兵暴行」，有時亦稱為「長崎事件」。西人雖有的譯為「長崎暴動」，但仍以譯作「長崎事件」者為多，此與「崎案」相合。

長崎事件發生於西元1886年7月，中國海軍曾在長崎與日本警察先後發生兩次衝突。結果，日本警察雖有20多人傷亡，但中國海軍的傷亡卻達50人之多。該事變之後，清廷當即訓令駐日公使徐承祖向日本政府提出嚴重交涉，並且要求賠償。可是日本政府卻不願認錯，對於中國的要求

---

[018]　薛福成：《出使英法義比四國日記》，第296頁。
[019]　《李文忠公全集》奏稿，卷七二，第2～4頁。

第三節　中日長崎事件

大加反駁，態度異常強硬。以致事經數月，毫無結果。不僅一時兩國關係陷入低潮，邦交幾瀕斷絕，甚至盛傳中日可能開戰之說。最後由德國駐日公使霍萊本（Baron Von Holleben）出面調停，方按照「傷多恤重」的原則，達成協議，將此事端解決。不過崎案雖告了結，然對日本卻產生一大刺激，鑒於中國海軍的優勢，決心急起直追，大力發展。甲午海戰的一勝一負，殆即種因於此，影響殊為深遠。

中法戰爭行將結束，朝鮮半島的國際紛爭又接踵而起。日本操縱開化黨人發動甲申之變（西元 1884 年 12 月），思欲一舉控制朝鮮；俄人乘虛而入，誘韓訂立二次密約（1885 年初及 1886 年仲夏）；英軍占領巨文島（1885 年 4 月），藉以阻止俄勢南下。清廷肆應其間，殊感萬分棘手。適以日本憚於俄國的勢大，深恐朝鮮為俄所控，對日大為不利，因而改變態度，將其在韓活動稍加收斂。同時拉攏中國，倡議朝鮮之用人及大政由華主持。於是李鴻章乃掌握此一大好時機，對韓採取多種主動而積極的措施：解聘穆麟德（Möllendorff）改以美人墨賢理（Henry F. Merrill）管理韓國海關事務；撤回陳樹棠，任命袁世凱為新的駐韓通商委員。為了防止俄船窺伺永興灣，同時命丁汝昌與吳安康分別率領南北洋艦隊前往朝鮮的金山、元山、永興灣一帶操巡，聊作聲勢。一時中國在韓的地位顯著提高，頗為列強所側目。

北洋海軍提督丁汝昌於西元 1886 年 8 月 2 日接到李鴻章的命令，當即與北洋海軍總查英人琅威理（Capt. William Metculfe Lang）由膠州灣率領「定遠」、「鎮遠」、「濟遠」、「超勇」、「揚威」、「威遠」等六艦前往煙臺裝煤，然後轉往朝鮮海面巡弋。不久，以吳大澂與依克唐阿會勘吉林東界將畢，決定由海參崴乘輪內渡，復奉命率艦前往海參崴海岸遊歷，順道接吳大澂等返國。7 月 30 日，丁汝昌等駛抵海參崴。8 月 6 日，以「定遠」

第五章　清政府「大治水師」與北洋海軍成軍

輸送吳大澂與依克唐阿前往摩濶崴。旋以鐵艦需要入塢上油修理，丁汝昌乃於次日帶領「定遠」、「鎮遠」、「濟遠」、「威遠」4船開往長崎，而留「超勇」、「揚威」等候界務事竣載吳回津。8月9日，中國海軍到達長崎，詎料不數日長崎事件即告發生。

中國水兵與長崎警察的衝突，計有兩次：第一次衝突發生於西元1884年8月13日。今日為星期五，中國水兵上岸購物，偶因細故與日警發生鬥毆，結果造成日警一人重傷，水兵一人輕傷的不幸事件。關於雙方發生鬥毆的原因，各方的報導頗為不一。中國方面，根據《申報》記者發自長崎的消息，說是由於日本警察向中國水手找麻煩而起。謂：「十三日若干水兵上岸購物，在岸上遇上一名日本警察，毫無理由地命令他們停止。中國水兵以為被汙辱，因之鬥毆遂起。」[020] 但據長崎所刊英文《長崎快報》的報導，則說是由於中國水兵嫖妓並向警察行凶而起。謂星期五「有一群帶有醉意的水兵前往長崎一家妓館尋樂，因而發生糾紛。館主前往警察局報告，一日警至，已順利將糾紛平靜。但因中國水兵不服，不久乃由六人前往派出所論理，非常激動，大吵大鬧，引起衝突。日警一人旋被刺傷，而肇事的水兵也被拘捕。其他水兵則皆逃逸」[021]。至於英人的報導也不一致。一說是由於水兵購買西瓜，因為語言不通，發生誤解而起。謂：「有一水兵在星期五晚拿一塊錢向日人購買西瓜，雙方語言不通，日人離去很久未回。水兵前往尋找，乃與日警衝突。結果，警察一名被刺死亡（按實際重傷），而該名水手亦受輕傷，並被拘捕。」[022] 一說是由於嫖妓而起。謂：「傳言頗多，唯可信者，大約事情起於13日晚妓區之小糾紛。有一中國水兵與妓館的僕人在街上爭吵，警察前來干涉，水兵遂將之刺傷，但那

---

[020]　See North China's Herald, P.224, Aug.27th, 1886.
[021]　See North China's Herald, P.225, Aug.27th.1886.
[022]　Ibid. P.224.

第三節　中日長崎事件

名水手也受了輕傷。」[023]

第二次衝突發生於 8 月 15 日。由上所述，可知第一次的衝突純係一種偶發事件。不論是由於語言不通，因為購物而發生誤會，或是由於中國水兵嫖妓，與警察發生鬥毆，都算是小事一樁，情形並不嚴重。

可是，由於種種出乎意料的原因，竟在第 3 天的晚上發生另外一次規模更大的鬥毆。本來當第一次衝突以後，日方即曾要求中國海軍當局不要再准水兵請假登陸，而中國方面也已答應。故星期六並未放假。

翌日為星期日，水兵紛紛請假，要求外出。丁汝昌恐生事端，依然堅持不准。嗣以琅威理說情，認為天氣太熱，不宜對之過分約束，方才允許在下午放假。唯仍嚴格規定不准攜帶武器，以示防範。沒想到，當晚 8 點多（日人報告為 9 點），在廣馬場外租界及華僑住區附近打鬥又起。經過 3 個小時的混戰，雙方死傷竟達 80 人之多。關於雙方傷亡的數字，中外的報導頗有差異。就中國方面而言，《長崎日報》說中國死亡 5 人（其中軍官 1 人，水兵 4 人），受傷 50 多人（其中軍官人，水兵 50 多人）；[024]《北華捷報》說中國官兵 7 人被殺，30 人受傷；《申報》說中國死亡 9 人（1 名軍官，8 名水兵），重傷十五六人，輕傷若干人，失蹤 16 人。[025] 丁汝昌向李鴻章的報告，則云中國死亡 5 名，重傷 6 名，輕傷 38 名，失蹤 5 名。[026] 至於日本方面，《北華捷報》說有 2 人死亡，30 人受傷（實則 27 人受傷）；

---

[023]　See F. O.46/346. Copy1, No.36. Aug.20th, 1886. 英國長崎領事 Mr. Euslie 向英國駐日公使 Plunkett 所作的報告。

[024]　Ibid. 附錄 8 月 17 日《長崎日報》，其標題為：Disturbence Caused by the Chinese Sailors.

[025]　See North China's Herald, Aug.27th.1886, P.214, "Summary of News".

[026]　見《李文忠公全集》電稿卷七，第 32 頁，〈寄日徐使〉。但據駐日公使徐承祖致日政府的照會，則云此次鬥毆日人殺死中國（弁）兵 5 名，重傷 6 名，輕傷 39 名，另外尚有 9 人失蹤（見《日本外交文書》第 2 卷，第 531 頁），按失蹤者後皆尋獲。又據英國外交部檔案（F. O. 46/365），則知中國之死傷官兵來自 4 艦之情形如下：(1) 受傷者「定遠」25 人、「鎮遠」12 人、「濟遠」10 人、「威遠」3 人；(2) 死亡者「定遠」1 人、「鎮遠」3 人、「濟遠」1 人。

第五章　清政府「大治水師」與北洋海軍成軍

《長崎日報》說有 1 人死亡（警察），29 人受傷（其中警官 3 人，警察 16 人，市民 10 人）。[027] 由此可知，中國的傷亡數實較日本高出甚多，幾達其一倍以上。

對於第二次衝突的原因，中日雙方各有不同的說辭。中國方面認為日警預存害心，故意向中國水兵尋釁。千數百人將各街巷兩頭堵塞，逢兵便砍。又於沿街樓上潑滾水，擲石塊。華兵不防，散在各街購物，又皆徒手，故吃大虧。[028] 日本方面認為中國水兵報復 13 日的仇恨，在廣馬場先向日巡查奪棒。繼之又有水兵一百多名對之圍毆，以致將該巡查擊斃。梅香崎警署聞報，出動巡查前往鎮壓，互有負傷。其後，長崎警署聞訊增援，復於中途為中國水手砍傷。旁觀之市民不平，隨手拿出武器打去，故有此不幸結果。[029] 可是依照長崎一位英國目擊者的看法，則認為此次的起因，究竟是為了什麼，實在也很難說。因此他的評論是：「實際上任何人都不能帶著某種肯定的語氣來說哪一方面是真的有錯。雖然可以斷言，像這樣一件嚴重的爭端，沒有哪一方面可以完全免於責備。」[030]

從表面上看來，這位英國人士的評論也許是對的。因為打架鬥毆總是雙方面的事，當然不能完全歸咎於一方。不過，若以過錯的輕重而論，日本應負更多的責任，則大致是沒有問題的。就當時的情形來說，如云華兵報復，向警察尋釁，似乎不太合理。第一，13 日晚發生之事，日警重傷，華兵僅受輕傷，雖曾一度被捕，但旋經中國領事保回，實無報復之必要。

---

[027]　See North China's Herald, Aug.27th, 1886, P.214, "Summary of News". 唯《日本外交文書》及日本政府所發表的有關長崎的英文文書：Precis of Negotiations at Tokio in Relation to the Nagasaki Affair（See 46/365），對於雙方詳細的傷亡數字均未提及。
[028]　《日本外交文書》第 20 卷（外務省調查局編纂，昭和二十二年三月東京研究社刊），第 531 頁。《徐承祖致日照會》轉述長崎領事蔡軒報告。
[029]　《日本外交文書》第 20 卷，〈日本外務省覆中國公使照會〉。
[030]　F.0. 46/347, PP.12、13, No.41, Euslie to Sir Francis Plunkett, Nagasaki, Aug. 27th. 1886.

第三節　中日長崎事件

第二，華兵為客，日警為主，客不敵主，華兵豈非不知？第三，當華兵放假之時，丁提督一概不准攜帶武器，且不准購買日刀，又派有親兵武弁隨帶令箭，隨時彈壓，華兵豈敢亂為？

第四，日人謂華兵缺乏紀律，胡作亂為，其實並不一定如是。當時北洋海軍總查為英人琅威理，專司訓練，治軍甚嚴，海軍官兵對之均甚敬畏。中外稱之，「一時軍容頓為整肅」[031]。當華艦訪日時，琅威理亦與丁汝昌偕行，並且主張放假讓水兵登岸購物，華兵豈能藉端生事反貽琅氏之羞？第五，華兵登岸約有 200 多人，而凶刀則僅有 4 把，可見刀係日警所有，乃華兵被殺情急而奪獲者。且華兵受傷皆在背後，亦可證明其無意與日警爭鬥。相反的，日警的所為卻處處顯示其存有預謀，而且計畫非常的周密。其一，對於華兵的監視。當 13 日事件發生之後，警方即派有漁船在華艦附近監視華兵活動，其後又命令各舢板於載華兵上岸後，一概撐開，不准載華兵一人回船。[032] 其二，人力的集中。根據英人的猜測，長崎地區的警力關係此次事件最大。在 1 日以前，其人數大約為 229 人。可是 13 日以後，不斷增加，至 15 日至少由其他警局調來 81 人（其中包括軍官 39 人，巡查 42 人，與原先之 229 人合為 310 人）。至於中國登岸的水兵，大約是「定遠」80 到 100 人，「鎮遠」80 到 90 人，「濟遠」60 到 70 人，「威遠」50 到 60 人，其總數最少為 280 人，最多為 320 人。[033] 華兵上岸人數實則

---

[031]　池仲祐：《海軍大事記》光緒八年條。
[032]　《清光緒朝中日交涉史料》卷一〇，第 9～10 頁，〈擔文與克爾沃問答〉。
[033]　F.O. 46/365, Confidential, Tokyo Jan.19th.1887, Plunkett to Earl of Iddesleigh, Copy British Consulate Na-gasaki, Jan.12th.1887, Euslie to Plunkett, P.4. 又據日本警方及海關的報告，中國水兵人數總計大約為 400 到 500 人。實則二者估計均可能偏高。因為根據《北洋海軍章程》「定遠」與「鎮遠」的編制人數皆為 329 員名；「濟遠」為 202 員名，「威遠」為 124 員名，總計應為 784 員名。丁汝昌於 15 日准假者僅有二成，至多不過 200 人左右。及按其後中國所延之英籍律師擔文（W. V. Dummand）在與日本所延之美籍律師克爾沃（Mr. Kirkwood）辯論時，亦言「華兵登岸約有二百餘人」，而未受克之反駁。至於日外交文書所言「六百人」之數，實為不可能。

第五章　清政府「大治水師」與北洋海軍成軍

僅有 200 多人。然而日本警方仍恐人力不足，特地招來一群苦力及附近的「舊雙劍階級」（The Old Two Sworded Class）等無業遊民幫凶。[034] 其三，市民的動員。除上述人力外，日警並且動員長崎市民為之助陣。戰鬥發生後，日警當即吹哨，表示訊號，故除警察等人對我水兵刀棍砍打之外，日民亦在各家樓上投擲石塊，潑澆滾水，喊號助殺，一呼百應。

如無預謀，其誰能信！其四，未晚閉市。長崎為一國際港口，商業都市，一向閉市甚晚。可是當 15 日那天，每街商店居然紛紛打烊，提早收場，關門閉戶，儼然將有不尋常之事發生。市民如不預知風聲，何致有此景象？總之，15 日之鬥，雖非於市政當局之主謀，但長崎的日警實不能辭其咎。

二　中日關於長崎事件的交涉

長崎事件之後，中日兩國間發生嚴重交涉，並先後進行了 3 次談判：

第一次，東京初次會議──中國駐日公使徐承祖與日本外次青木周藏的會談。

當 8 月 13 日第一次衝突之後，長崎縣知事日下即將此事於次日以電報向外務省報告。第二次大衝突發生，日下復於 16 日電知外務省。此時，外務大臣井上馨適往北海道視察，而外務次官青木周藏也往箱根度假，二人都不在東京。因而內閣總理伊藤博文乃與內務次官芽川合議，一面以內務大臣的名義訓令長崎縣知事，速將兩次暴亂原委詳細報告，並與中國艦

---

[034]　F.0.46/347, Aug.27th, 1886. No.42, (Aug. 20th. No. 36) Euslie to Plunkett, P.4B. 又據英駐長崎領事的另一報告，謂一目擊者曾在暴動時親眼看見警局有一群下層社會的人，每人發給一條棍棒（clubs andsticks），並且情緒相當的激動（See, F. O.46/365, Copy Jan.12th.1887. Euslie to Plunkett.）。

第三節　中日長崎事件

隊長官談判，採取戒備措施，以免事態擴大；一面派遣公使館書記官花房於17日攜帶訓令副本及長崎電報前往中國公使館會晤徐承祖。徐承祖此時尚未接獲長崎方面的消息，對於中日衝突的情形不太清楚。及後接獲長崎領事蔡軒的電報，得知中國兵死傷慘重，始向日方提出照會表示抗議。他認為此次事件的發生顯示日方「預存殺害之心」，當15日晚間華兵上岸購物時，並未滋生事端。而日本警民居然無故遂行圍砍，致死傷多人，且有9人失蹤，「聞之殊為駭異」。因此，他表示已電飭長崎領事轉囑丁提督「嚴束兵丁無再報復」。向日本提出要求：（一）迅即電飭長崎縣令，將無下落之中國水兵9人查出送交；（二）會同丁提督汝昌秉公查訊究辦肇事人員；（三）電飭長崎日警不得再與中國水兵尋事爭鬥，免傷友誼。此時，青木已自箱根返京，隨即接手處理此事，而與徐承祖展開談判。8月18日，青木首對徐承祖的照會正式提出答覆。除了同意徐氏所議，訓令日下知事會同蔡領事及丁提督秉公查辦之外，對於徐氏所指責的日人「預存殺害之心」及日警「故意尋釁」之事一概加以否認。相反地，他認為此次事件的發生應該由中國方面負責。蓋以中國水兵在13日即因發生暴行而與日警衝突。15日，又為報復13日之恨而向日本警察大施攻擊，對於帝國該等官廳的權威毀損殊甚。此外，他對於徐氏所言9名中國水兵失蹤之事亦加以糾正，因為依據長崎電報，失蹤者已全部找回。[035]

先是李鴻章在8月16日亦曾接到丁汝昌的報告，知道中國水兵傷亡甚重，當時頗感震驚。旋即於18日致電徐承祖：「問日政府何意？」並望速飭長崎領事與縣官查辦。[036] 及徐承祖探獲青木照會，見日方強詞奪理，深感事情棘手。於是乃一面派參贊楊樞赴長崎相機商辦，一面致電李鴻章，

---

[035]　《日本外交文書》第20卷，第532～533頁。
[036]　《李文忠公全集》電稿，卷七，第32頁，〈寄日本徐使〉。

第五章　清政府「大治水師」與北洋海軍成軍

請其命令丁汝昌與琅威理商覓西洋證人，或延聘洋人律師，以免吃虧。

不料，由於此時中國南洋艦隊的「南琛」、「南瑞」、「開濟」、「保民」4艦北上，竟然發生一場意外的風波。根據李鴻章拍發給總署的電稿，可知南洋快船的調赴朝鮮操巡遠在當年8月7日即已決定。此時長崎事件並未發生，其目的乃在防俄。未虞，當該4艦於8月20日離滬時，剛好值中日崎案發生糾葛，隨即引起各方人士的注目。日本人不明真相，一時頗感緊張，而青木亦對此事非常激動。除於次日前往中國公使館親向徐承祖面詢外，並正式照會表示異議。他的理由是中日崎案發生之後，人心洶洶，尚未安穩。中國軍艦在崎者已有4艘；如再增加4艘，即有新舊8艘之多，必使人心倍感驚愕，以為將有不測之禍。因此建議徐氏迅即設法阻止。最好由長崎之中國海軍派船通知4艦停止前進。這場誤會，由於徐承祖的否認，以及琅威理的解釋，方才歸於消失。不過，這一次徐承祖也曾就便向日本提出一個反建議。

即為了尊重兩國邦交，維持國際和平，若干日本報紙經常對於中國加以輕侮，尤以長崎事件之後更是變本加厲，日本實有約束之必要。青木接受了此項要求，允於翌日起實行新聞檢查，凡有罵或涉及機密者，一律禁止揭載。[037] 雖然此種新聞檢查為期僅有1月，可是日本極端分子的排華言論總算稍加抑制。

當南洋四艦引起風波之際，北洋大臣李鴻章又曾兩次來電催促徐承祖向日嚴重交涉。一次在8月20日，內言：「我船赴崎塢修理，足示睦誼，乃致此釁。若日不認真查懲，關係非輕！」一次在8月21日，告以：「崎

---

[037]　參見《日本外交文書》第20卷，第532～533頁；F. O. 46/346，No.139；日本所發表的有關長崎事件英文節略 Precis of Negotiaions at Tokio in Relation to the Nagasaki Affairs (See. F.O. 46/365) P.2. 此等報紙的言論甚至日本當局也認為太過。唯此項新聞檢查僅有1個月，至9月21日，即行廢止。

第三節　中日長崎事件

事實出意外，面告津領事屬電外務嚴重懲辦，於兩國交情有關。」[038] 由此兩電，李鴻章態度的積極可想而知。因之徐承祖乃於 25 日再度照會外務省，將中國已派英籍律師擔文（W. V. Dummand）及北洋水師提督業已奉調返國之事通知日本政府。並且聲言中國決定派遣擔文前來長崎之目的，乃在希望崎案秉公查訊究辦。

中國政府既已決定延聘洋人律師，遵循法律途徑辦理。日本方面原本有意將之視為「地方事件」，草草結束，遂亦不得不改換步調，以與中國配合。8 月 27 日，正式通知徐承祖，決定派遣法部顧問克爾沃（Mr. Montague Kirkwood）隨同外（法）務局長鳩山前往長崎查辦，崎案的發展至此進入一個新的階段。蓋以長崎事件原為一偶發的地方事件，本來不難解決。現在決定訴之於法，勢將使之愈趨複雜而困難。可是在一方面吃虧甚大，而另一方面卻毫無歉意表示的情形之下，中國雖明知並非明智之舉，然亦唯有如此而別無選擇。

為了更進一步討論長崎會審之事，徐承祖與青木二人並分別於 9 月 1 日、9 月 3 日及 9 月 11 日舉行多次會談。其一為委員會的組織問題。青木認為長崎鬥毆乃係一地方性事件，會審委員應以長崎知事日下及長崎領事蔡軒「擔任處置」。中國所派之參贊楊樞及英籍律師擔文，日本所派之鳩山及法部顧問克爾沃，則僅居於輔佐地位，協助日下及蔡軒審查證據並備諮詢。可是徐承祖對此卻不同意，認為楊樞與擔文之權責與蔡軒相等，可以聯合審問證據及裁決是非曲直。最後青木勉為同意，並決定任命鳩山及克爾沃以及日下知事同為委員，而由雙方組成一聯合會審委員會，負責該案之偵訊及調查工作。其次為懲戒方式問題。青木主張依據國際法，軍艦在他國享有治外法權，中國水兵應按其海軍法懲治；日本警察應按日本法

---

[038]　《李文忠公全集》電稿，卷七，第 33 頁，〈寄日本徐使〉。

第五章　清政府「大治水師」與北洋海軍成軍

懲戒。徐承祖亦表贊同。再次為委員會的權責問題。經過長時間的討論，決定由徐承祖與青木聯名致電長崎，告訴聯合委員會以下各事：第一，其權責僅係委任調查該案發生的原因，以及依照事實及證據，應當科以何等之罪？而並不能作最後之裁斷。第二，中日兩國政府認為該案為一地方事件，為了維持兩國間現存之親密關係，各委員應毫無國際成見，秉公調查，相互審查並交換證據。如對於何方有罪，兩國委員不能解決，則宜將其證據、報告以及會議紀錄，送往東京，呈交具有高等職權者處理。第三，依據雙方委員之協議，當罪過確定時，其罪犯人等應移送各本國之司法機關處分。聯合委員會成立後，由於天氣炎熱，最初每日開會僅有3小時，審問工作進行甚為遲緩。為了增加時間，早日了結，徐承祖與青木復於9月11日聯名發送第二次訓令，要求委員會於天氣稍涼之後，增加會議時間，每日最好6小時至7小時。然以會議時間過長，該會決定每日上午9點至下午2點，每日開會5小時。9月1日，外務大臣井上馨由北海道回京，徐承祖與青木之間的會談暫告一個段落。

當徐承祖與青木於東京會談之時，在事件原發生地的長崎，中日雙方的談判也在同時進行。先是在長崎大鬥毆的第二天下午，長崎縣知事日下即曾致函中國領事蔡軒，希望早日會談，解決爭端。唯因蔡氏懷疑日下背後主使，且未接獲中國公使的指示，並未立即作覆。嗣以英國領事尤斯列（Mr. Euslie）的奔走調停，琅威理的出面轉圜，復經蔡軒與丁汝昌的協商，方於8月17日提出口頭答覆，表示願意與日下會談，以在自由與友誼的精神之下解決問題。8月19日下午4點，中日代表在長崎縣政府舉行第一次會議。除日下及蔡軒之外，琅威理及其助理哈瑞斯（Mr. Harris）亦被邀請參加在此次會議中雙方並未互相指責，氣氛頗為融洽，可是亦未產生任何結果。其唯一的成就，就是同意日下的提議，將此事作為地方司

第三節　中日長崎事件

法事件處理，決定於兩天後再繼續會議。第二次會議於 8 月 21 日舉行（時間、地點同前）。唯於不久之後談判即告決裂。一以日下於會議開始之際即對中國方面採取攻勢。謂 15 日之事為中國水兵先對日警尋釁，要求中國負責；一以蔡軒接奉使館通知，知道即將派遣參贊楊樞前來長崎，並且可能延聘洋人律師會同處理，決定暫停調查。對此，日下頗表不滿。他認為大鬥毆的發生，乃是由於一群放假的中國水兵未能服從長官的命令所發，只要丁汝昌願意承認錯誤，並且向日方表示遺憾及道歉，而使日方感到滿意，問題即易解決。及聞中國方面決意遵循法律途徑，派遣英籍律師擔文由上海赴日，更是不禁大感失望。

　　自日下與蔡軒第二次會談決裂以後，雙方因為等待新的人事部署，均未再次接觸。當月下旬，楊樞、鳩山、擔文及克爾沃等分別抵達長崎。人事方面又趨於活躍，尤以擔文為甚。他以「英國首席律師」及「中國特別委員」的身分，先後與日下、琅威理及英國領事尤斯列等人接談。聲言：「中國現在決定採取堅定立場，其唯一之事，即希望崎案可以完全滿意解決。而他之受聘來日，亦即在為實現中國人之此種願望。」又云：「中國人對於自己的路已看得很清楚，目下他們內部並無後顧之憂。對於歐洲的政治，他們也相當的了解。認為東歐問題已將俄國的注意力吸引住，暫時無法東顧。因此他們可有充分的機會去解決中日之間的朝鮮問題而無懼於外界的干涉。」[039] 8 月 31 日，他又與克爾沃進行了一次冗長的辯論，除了列舉種種的事實及理由，以說明日警故意尋釁造成不幸以外，並進而指出中國方面之態度。謂：「此案中國政府決意徹底根究，定不肯含糊了事。但是如果日廷能夠行文知照中國認過，謂此案確曲在日捕，並議撫

---

[039]　F. O. 46/347, No.48, PP.3、8、9, Nagasaki, Sept.2, 1886, Euslie to Plunkett.

第五章　清政府「大治水師」與北洋海軍成軍

卹，……諒可化大為小。」[040] 其後，他並於會談之時不斷地電催北洋派送人證赴日，以便應審（因四船業已分批回華）。並向中國當局保證「此案不至輸」，倘使中國政府能夠繼續「作勁」則「更易贏」云云。[041] 擔文的此一態度，固然不免過分誇張，但也表現其負責精神。一時中國人士對之頗具好感。如丁汝昌即曾以充滿樂觀的口氣向李鴻章報告稱：「辦理頗得手，日雖狡而已畏！」徐承祖也致電總理衙門，要求政府予以電獎。當然擔文也從中國政府方面支取了一筆為數可觀的律師費，據云每日即有 300 兩之多，至其全部的金額，估計最少亦當在白銀 6 萬兩左右。

至於長崎聯合調查委員會的成立，則在 9 月 4 日。依照東京中日大臣的聯合訓令，中國方面的委員為蔡軒、楊樞及擔文，日本方面的委員為日下、鳩山及克爾沃。其中除克爾沃於 9 月 26 日因事離開，而由日方另派美籍外務省顧問端迪臣（Mr. H. W. Denison）補充外，其餘皆始終參與其事。為了完成上級所賦予的任務，他們曾經不斷地舉行冗長的會議。計第一次會議於 9 月 6 日在長崎縣政府召開，至當年 12 月 4 日會審停止，他們最少也應開會在三四十次之多。其所從事的工作，最主要的便是會審雙方的證據（包括人證物證）。由於證據可以顯露事件的是非曲直，並且進而決定孰贏孰輸，故雙方對於證據的蒐集皆全力以赴。鳩山到達長崎後，即不斷地傳訊有關證人，諸如梅香崎巡查瀨猿太郎、川上多吉、渡邊仁三郎、喜多村香、陳郡太郎、宗正喜；肇事之樂遊亭妓館主人中桂新三郎，以及市民山口光太郎、高野平鄉、磯田印三郎與英人甲、乙二人等，都曾先後於交親館接受偵訊。結果一共提出人證 140 名。中國方面，蔡軒與擔文等也不敢怠慢，不僅每日調查案內之人，逐一復訊，並一再致電北洋，

---

[040] 《清光緒朝中日交涉史料》卷一〇，第 8～10 頁，(472) 附件一，〈擔文與日狀師克爾沃問答〉。
[041] 《李文忠公全集》電稿，卷七，第 38 頁，徐承祖電報轉引蔡軒語。

第三節　中日長崎事件

要求海軍將有關人證 100 多人載回長崎候審。在會審方面，由於「濟遠」、「威遠」、「定遠」、「鎮遠」4 船業已分別於 8 月 23 日及 9 月 3 日返國，調查工作一時不易著手，決定先審日方 13 日事件之證。至 9 月 17 日第 6 次會議時，該項日證審查完結，本來應該接著審查中國方面 13 日事件之證，但因中國證人未到，遂改而再審日方 15 日事件之證，並預計於 10 月 8 日審畢。不料，當日證審查完結，續審中方之證時，日方鑑於情勢不利，突又要求增添新證。中方不允，因而引起爭議。為了打開僵局，11 月 11 日擔文又提出一個折中的方案，限定日方至多提出 5 人，可是日方卻表示不肯。其後中國方面雖然再度表示讓步，謂：「日如欲添新證，應限定至多一月審竣。」[042] 依然毫無結果。此時兩國委員因 13 日之案會審意見不合已停審多日，直至 11 月 27 日方由彼此大臣商定將 13 日之案暫行停審，飭令各委員開審 15 日之案。不過由於利害所關，各委員仍是各說各理，絲毫不肯退讓。長崎會審既然難以產生滿意的結果，留下的問題也只有依靠更高階層的會議尋求解決。

　　當長崎聯合委員會不斷地舉行會議進行會審之際，東京方面的高層談判亦在節節展開。首先是中國公使徐承祖與日本外相井上馨之間的談判，繼之以徐承祖與外務省公使陸奧宗光的談判。自 9 月 20 日開始，至 12 月 6 日停審，前後為時兩個半月。雙方反覆辯論，脣槍舌劍，爭執之烈，較諸長崎的聯合委員會，實有過而無不及。

　　自 9 月 20 日至 11 月 24 日，徐承祖與井上馨會談，或在中國公使館，或在外相官舍，或在外務省，前後共達 7 次之多。

　　徐承祖與井上馨於外相官邸舉行第一次會議。此次為時甚短，所談者亦僅限於外交辭令。雙方均表示希望崎案早日解決，免傷中日友誼。唯井

---

[042]　《李文忠公全集》電稿，卷七，第 52 頁，〈寄譯署〉。

第五章　清政府「大治水師」與北洋海軍成軍

上認為除靜待長崎調查結果外，似乎別無他法。但徐承祖則認為可由他與井上直接商談來解決。

9月26日，徐承祖復與井上於中國使館長談。雙方曾為肇事的責任問題發生激辯。井上鑑於15日事件由於日警涉嫌甚大，且中國水兵傷亡慘重，竟置今日之事而不談，特地強調13日事件之重要。他認為軍艦之訪問友邦港口，友邦固應依國際法而予以優待。但軍艦之長官對於其水兵亦應嚴予約束。丁提督未曾注意及此，13日竟准200多人登岸，15日又准600多人外出，此實為釀成爭端之本源。故唯有將13日事件調查清楚，方能獲得正確與公平的審判，否則必將導致混亂與延宕。徐承祖對於井上之說當然不能同意。他認為13日之事是各國常見的一件小事，不值得爭議；主要的問題乃是15日的大鬥毆，故必須將15日發生的原因調查清楚，是非曲直方可水落石出。論及長崎委員會之事，徐承祖因為其調查遲緩，律師費又高，甚願提早了結。但井上卻認為如其調查工作無法速完，該會之時間延長，實有必要。

經過兩次談判，徐承祖對井上的態度大致獲得兩點的理解：一是其言過狡，似乎無法加以說服；二是故意延宕，恐怕難以早日解決。基於此一理解，他乃致電北洋轉告總署，意欲以兵威迫使日本讓步。

沒想到，總署及李鴻章對於此一建議非特未予支持，反而謂其「似涉張皇」。總署與李鴻章的指示還是要他耐心與日談判，如有必要，或可依青木的意見，作為地方案件處理；「如不能在長崎了結，即將全案送東京商辦，彼此均應遵辦」，務必「權度輕重妥辦」，以便「善於結局」。[043] 徐承祖的計畫，至此遂告觸礁。

---

[043]　《李文忠公全集》電稿，卷七，第42頁，〈寄日本徐使〉。

第三節　中日長崎事件

　　自上次會談後，中間經過3週，長崎會審依然是延宕之局。於是井上乃於11月12日下午3點，再度往訪徐承祖，討論於東京完結之事。當徐承祖將賠償卹金問題委婉提出之時，頓遭井上拒絕，謂日人遭遇中國水兵殺害，反須付予中國卹金，實不合理。且長崎會審現在進行之中，有罪無罪，證據尚未審問分明，究竟何方有罪應當受罰，亦難確定。經過反覆辯論，始經雙方同意，起草長崎事件完結條文，並議另締《軍艦規則》作為附錄。

　　11月15日，徐承祖前往井上官邸舉行第4次談判，除對於日下知事及丁汝昌提督是否應當負有連帶責任，而予以一定程度的處罰問題發生爭論外（徐承祖主張該罰，井上表示反對，結果刪而不議），並進而討論結束長崎事件草案。經過一番修正之後，其約文始告擬就，略謂：「巡捕與清國水手因言語不通，彼此誤會，以致爭毆，互有死傷，彼此國家均深為惋惜。」並規定中日兩國「允認嚴拿凶手」、「即行照例懲辦」、「彼此政府既將此案，因顧和局，均允撤審了結，嗣後自應互議妥善辦法，借保將來無事為要」。關於《中日善後兵船章程》，日方稱之為《日清兩國軍艦取締規則》，共有5條，其主要精神乃是水手登岸加以某些限制。[044]

　　此次協議，中日雙方頗有不同的動機。日本方面由於修約問題造成軒然大波，兼以此次協議，徐承祖又幾乎完全依從其要求，因此樂於早將此案結束。中國方面，徐承祖鑒於長崎會審的了結無期、井上的狡黠善辯、律師費用過高，而他的武力逼和計畫又為政府所不取，亦覺不如提早結局，以便向政府有所交代。當然，他也知道此種「將就了結」，並非善策，可能會受到總署大臣的非議。果然，不論總理衙門大臣與北洋大臣李鴻章乃至醇親王都對此種協議深表不滿。不過，儘管清廷上下對於此一協議非

---

[044]　《日本外交文書》第20卷，第542～545頁。

第五章　清政府「大治水師」與北洋海軍成軍

常不滿，但卻無意因此小事而與日本決裂。故仍令徐承祖據理以爭，再與日人繼續談判。

當第4次會議訂定結束崎案草約之時，徐承祖原無一定的信心。

故特地再向井上宣告：該一草案，必須電告本國政府，獲得認可，方才有效。及於11月19日接奉李鴻章轉來總理衙門電報，獲悉政府當局對此草案甚為不滿。乃於次日午後再往井上官邸，展開第5次會談。當徐承祖將中國政府之意轉告井上，並提出依照彼此死亡之數，互增卹金的要求之時，井上立即再予反駁。謂其事為萬國所未有，日本政府絕不能同意。且謂此次事件最初乃以中國水師提督不遵國際法慣例，一時允許多數水兵上岸所引起，其曲實在中國。本大臣對於兩國葛藤之延而不決，甚表遺憾。如果中國政府對此條約不予同意，則非令長崎委員會再開，充分清楚其事實不可。接著徐承祖又將延聘歐人仲裁之事提出，井上依然反對。謂本案尚未充分調查，證據不足，仲裁者亦無法對此作出滿意的裁決。至此，雙方遂不歡而散。

11月24日，井上與徐承祖於外務省作第6次會談，日方突然又提出改組長崎委員會的問題。徐承祖對於改組長崎委員會之事避而不談。僅謂此種辦法，本人尚應多加考慮，倘有意見，當於日後再行提出。同時他又再度表示希望崎案問題能由他與井上在東京商談解決。

他此次並非由總理衙門而係由皇帝親自授權，可以獨斷處理。不過，為了不使本案空言了結，懲凶之外，對於死亡者互增撫卹金實為必要。

否則中國政府必將難以批准。井上不僅對於互贈卹金斥為兒戲，並對雙方各按法律懲罰罪犯之事加以強調。承祖又謂，假令其後各該法庭對於本案有關犯人加以曲庇而不予懲處，此約豈非仍落空論？井上當即不憚，

第三節　中日長崎事件

認為徐承祖失言，有悖外交禮儀。最後依然毫無結果。

11月27日，徐承祖又往井上官邸，是為第7次會議。這一天所討論的仍為長崎委員會改組的問題。首先由徐承祖提出對日的修正案，其主要之點是與崎案有關涉之人，如丁提督及日下知事，皆不作該會之委員。對此，井上亦不表同意。他一直認為不徹底調查13日事件是不明智之舉，因為該事件乃關係於其後的全局。至於15日事件的調查日期以及有關人證的數目，也不應予以限制。同時，他又認為將日下知事自長崎委員中剔除，不只對日下本人為一不當的輕蔑，即對日本政府的尊嚴亦為一嚴重的傷害。如果中國政府願意任命丁提督為該會的委員，日本亦絕不會反對。

接著，又是一場冗長的辯論。最後徐承祖雖於臨別握手之際，仍然希望此案能由他與井上之間在東京解決。但是他已經知道談判的決裂為不可避免了。

自11月20日第5次談判之後，徐承祖即深刻意識到井上態度的倔強，絕不可能稍作讓步。同時，他也很清楚地看出，日方所採取的乃是一種拖延戰術，每多延長一天，中國的「濟遠」輪以及100多名水兵證人便須多留長崎一天，不能返國。而中國所花的律師費也將一天比一天沉重。這對中國當然是一種不利。因此，深感非再向日本政府施加壓力，定難將問題解決。而他此次所擬用的壓力便是斷絕與日本的邦交。至11月24日第6次談判失敗，徐承祖尤覺憤慨，認為除非絕交，否則即無他法，又認為長崎會審已屬無益，不如乾脆停審。如果政府不允與日絕交，而又別無他法，則亦唯有依照前議，以彼此拿凶結案。不過，因為他尚未奉到政府的訓令，還是在11月27日與井上又舉行一次會議。並且再度爭論得面紅耳赤，不歡而散。徐承祖固感不耐，井上亦已感厭倦，於是乃由陸奧宗光與徐承祖會談。

第五章　清政府「大治水師」與北洋海軍成軍

　　陸奧宗光為日本外交界中的一位新人，明治初服務於外交事務局，西南戰役後一度入獄，後為伊藤博文所識拔，遊歷歐美各國，西元1886年秋回國，充外部之辦理公使。參與修約問題的談判，表現頗為突出。在第6次會議時，已由井上口頭通知徐承祖，任命他以後參與談判。徐氏與井上第7次談判失敗，其後遂由他代替井上單獨與徐承祖會談。前後共有3次：第1次會談在該年11月28日，於校閱英、日文長崎會議紀錄後，話題仍置重於長崎委員會的改組以及賠償卹金，往復辯論均無結果。第2次會談是在11月30日，此次陸奧又提出一個新的解決崎案草案，實際上其內容仍與以前相差不多。第3次會談在12月1日，經往復申辯，雙方為進一步討論，擬定一修正案，然對賠償恤金之事仍然未提。中日談判至此已達最後的階段，再也無法進展。徐承祖表面上對此修正案表示同意，實際上卻藉口尚需政府批准而等待訓令，這個訓令便是「停審」。

　　崎案既成拖局，中國方面自因勞費不貲而難以久耐。當時所擬之最後方案有二：一為伍廷芳與徐承祖二人所擬的斷絕邦交，停止通商，但如此即可能有引起戰爭的危險，此時中法締結和約僅只數月，清廷當然不願再度捲入戰爭漩渦；一為醇親王與李鴻章所擬的停止談判，使成懸案，希望日本自我轉圜，仍然和平解決。最後清廷乃決定採取李鴻章的穩健辦法，於11月29日毅然下令停審：「長崎一案，徐承祖與該外部屢議不合，諒難在彼完結。著照李鴻章所議，電飭停審，將已審兩造證供全案鈔送來京，由總理衙門詳復，交李鴻章承辦。」[045] 這個上諭迅速地即經軍機處電告北洋，於是李鴻章遂立即致電徐承祖，告以奉諭停審之事。囑彼遵旨將全案證供鈔送來京，同時亦諮送北洋一份。「前議彼此拿凶，應作罷論，

---

[045]　《光緒朝東華錄》，光緒十二年十一月癸巳，第125頁。

第三節　中日長崎事件

擔文可即辭回。」[046] 沒想到，由於上海與長崎間電報受阻，直至 12 月 3 日徐承祖方才接到此電並且照會日本。首先告以奉旨停審之事，謂：「頃據北洋大臣來電，稱長崎一案因本大臣與貴大臣屢議不合，諒難在京了結，囑將已審兩造供證，鈔送總理衙門及北洋大臣核辦，並飭停審。所有此案，已奉旨交北洋大臣辦矣。」最後宣告以前所議全部作廢：「所有貴大臣及陸奧公使與本大臣所商各節，此時自應暫作罷論。」[047]

井上接此照會，頗感驚詫，旋即覆函，表示異議。12 月 16 日，又約徐承祖至外務省會議，復就前述各點反覆置辯，而對於徐承祖所言奉有全權之事指責尤力。至於所謂前議種種皆作罷論，則亦深感遺憾。然而事已至此，井上亦覺無法挽回。故除與徐承祖聯名訓令將長崎委員會解散外，並於今日正式照會，對中國之所為表示無法同意。長達將近 4 個月之久的中日長崎交涉，至此乃完全陷於停頓。

三　崎案的議結及其影響

崎案談判既經停頓，中日關係遂陷低潮。中國官方固然故示緘默，諱莫如深。日本政府也無任何跡象願意讓步，伊藤、井上雖到中國使館來詢數次，卻一無轉圜之語。在中國，一般人對於此案均表憤慨。

如當日本於此後不久要求中國允其派艦前來閩、粵各港，訪尋其失蹤的「傍畝」兵艦之時，粵督張之洞即曾覆電拒絕。其理由為：「長崎殺戮華兵一案，華民憤極，粵民尤甚，倭艦來粵，恐難保其無事。」[048] 在日本，原來即有若干極端分子因為朝鮮問題及琉球問題對於中國表示不滿。至

---

[046]　《李文忠公全集》電稿，卷七，第 52 頁，〈寄日本徐使〉。
[047]　《日本外交文書》第 20 卷，第 536 頁。
[048]　《光緒朝中日外交史料》卷一〇，第 21 頁（五〇八），〈粵督來電〉。

第五章　清政府「大治水師」與北洋海軍成軍

此，反華空氣更為高漲。諸如東京《獨立日報》、《日本每日先驅報》以及《日日新聞》等，皆曾先後著論對於崎案的延而不決表示不耐，並對日本政府的軟弱態度予以抨擊。儘管兩國政府皆未聲言用兵，可是中日即將開戰的新聞卻不脛而走。西元1887年1月31日《申報》所譯的一則《長崎日報》即有如下的一段記載：「傳聞中國內閣，謂長崎事遷延至今，日本人實屬非理。今後可不必口舌相爭，務與日人相見於煙彈炮雨中。又稱，日國人民知政府決意與中國開戰，已將軍情密備矣。唯寄居東洋之西人，則稱長崎之事，有欲戰之形，而無必戰之事，早晚當能言歸於好也。」[049] 當然，這種消息也並非純係空穴來風，蓋以中法戰爭雖已結束，沿海沿江並未撤防，而北洋方面似於初期亦略有準備，以防萬一。而日本方面，亦有一定程度的布置，以備不虞，不僅增調艦艇分泊於五島及平戶一帶，伊藤並親往沿海視察防務。而其海軍的士氣則尤為激昂慷慨，躍躍欲試。

中日崎案的決裂，也引起國際人士的注意，一時外交活動頗為頻繁。大致言之，俄、法二國則唯恐天下不亂，乘機挑撥，希望造成中日的衝突，以便從中漁利。像俄國公使庫滿（Alexis Coumany）及法國公使恭斯當（Ernest Constans）即是表面上出面調停，實際上卻對日本駐華公使鹽田宣傳中國正在備戰。並謂：「目前已可看出若干特殊的活動，天津機器局內外國僱用人員的冬季假期已被取消；中國正與英國某一公司訂定合約，購買二十二艘戰船，每艘價值二十萬兩；李鴻章手下的德國工程顧問漢納根已被派往北京，可能攜帶李氏致總理衙門的密信。……由此可知中國已決定將此問題向前推進一步。而俄國領事亦言，此種謠傳甚為盛行云云。」[050] 俄國此時正謀向朝鮮半島發展，法國則與中國剛剛經過一場戰

---

[049]　參見大英博物館東方室藏新加坡華人所刊之《叻報》轉載《申報》4951號。
[050]　《日本外交文書》第20卷，第573～574、578～581頁。

第三節　中日長崎事件

爭，其不懷好意自有原因。實則即使日本的駐華武官也看不出中國有任何向日本攻擊的企圖，至多不過虛聲恫嚇而已。因為中國沿海並沒有增兵，而李鴻章又循例由天津前往保定過冬，以便明春入京恭賀清帝親政。鹽田公使對俄、法的用心看得非常清楚，亦未曾受其愚弄。

英、德兩國則因立場不同，而與俄、法大異其趣。英為阻止俄勢南下，維持東方商務利益，頗盼中日兩國和平解決事端，而不希望發生戰爭。關於此點，我們可由下列英人的活動看得很清楚：一是長崎英國領事的調停。自長崎事件發生後，英領尤斯列即不斷地奔走於長崎知縣日下與中國長崎領事蔡軒之間，企圖出面調停，希望中日兩國能將此事當作地方事件處理，以便早日解決。不過由於他的觀點錯誤，認為長崎事件的發生，主要乃是因為中國海軍缺乏紀律，故其態度也不免稍有偏頗。二是北洋總查琅威理的態度。依據池仲祐《海軍大事記》謂長崎事件發生後，琅威理力請即日宣戰，實則恐係傳聞所誤。從英國駐日使領的報告中，可知琅氏非特未曾主戰，反而極力主和。他不僅與中國海軍當局力辯，並且還將他的看法透過德璀琳（Gustav von Detring）轉告於李鴻章。謂：「中國的海軍並無準備，可能會敗於日本人之手。」[051] 可是此種意見並未為深受8月15日事件所激動的中國人所接受。三是英國駐日公使普拉凱脫（F. Plunkett）的活動。在崎案發生後，普拉凱脫亦對此事的發展密切注意，並為此事先後與徐承祖、青木、井上、伊藤等保持接觸。不過，不知是由於他個人的偏見，抑或是他受尤斯列的影響。雖然他有意調停，但是卻具有一種「中國水兵粗暴而無紀律，長崎事件過在中國」的錯誤觀念。為此，他甚至還曾致函於英國駐華公使華爾身（John Walsham），間接地向中國提出警告。

---

[051]　關於琅威理主和之言論與行動，長崎英領報告頗詳。See F. O. 46/346, No.36, 37; 46/347, No.41, 47, 48, 51, 52.

第五章　清政府「大治水師」與北洋海軍成軍

謂：「我相信中國政府正在為水兵在妓館暴行一事，拉緊與日本的爭端。可是，我想我也有責任向你提出警告，即此種行為的持續，特別是擔文先生所明顯假定的，將對國家產生最不幸的結果。」[052] 這種態度當然招來中國方面的不快。

後經英使華爾身命令天津英領璧利南（Byron Brenan）向李鴻章解釋，這場誤會方告冰釋。四是英使華爾身的活動。華氏除乘機向李鴻章進言，希望和平解決爭端外，並曾數度往訪日使鹽田三郎，就崎案與之長談。鑑於日方對於中國所提之卹金一事堅決拒絕，以致形成談判的僵局，他提議使用「救卹金」一詞而不用「撫卹金」，以作為轉圜。其法即由中日雙方共同提供若干金額（譬如各出 5 萬元），作為一種共同基金（共 1 萬元），然後發給死傷者的家屬。至於兩國的是非曲直則可一概不予追究。鹽田頗為所動，以為能如此將爭端解決，倒也不失為一個「至極圓滑的辦法」。因此特將此意以英文書翰，報告於外務卿井上馨：「英國駐華公使來此訪問，提議一個和平解決爭端的觀念，其辦法即不是賠償金而是某種稱作『救卹金』的共同基金。該一基金乃由二國政府平均所提供者，用以分發給各死傷者的家屬。此一觀念，無疑的將可使兩國的尊嚴憑藉這種安排而得以保存。並且建立在雙方都有錯的假定上，今後亦將不致再陷入有關是非曲直的爭端。私意以為不無可行之處。」[053] 在同一信內，鹽田並同時報告井上，依照英、德二使的觀察、戰爭的謠言，完全是若干有興趣人士的虛構。他最近曾看過曾紀澤，如有必要，將來可能會用彼之處。不過，在德人的活動之下，此時，圓滿解決的機會已近成熟。

---

[052]　關於普拉凱脫的活動，可參考 F. O.46/346, No.139, Aug.28, 1886; F.0.46/347, No. 148(Confiden-tial), Sept.22.1886; No.205, Dec.9.1886(Confidential); No.212(Confidential); No.214, Dec.17.1886; No.226, Dec.21.1886(Confidential); F.0.46/365, No.23. Jan.19, 1887(Confidential).

[053]　《日本外交文書》第 20 卷，第 581～583 頁，1887 年 1 月 25 日鹽田對於外務卿井上馨所作之有關與英使談話報告。又見同書第 585 頁，Peking, Jan.28th，1887，Shioda to Inouye.

第三節　中日長崎事件

德、法二國可謂為仇國。自普法戰爭後，俾斯麥（Otto von Bismarck）即在外交上採取孤立法國之策。故此次所採取的立場亦與法俄不同。有關德人的活動，可由以下三方面加以了解：一為德璀琳的忠告。德璀琳出任天津海關稅務司業已數年，深獲李鴻章的信任。此次頗思出而調停，以便爭取李鴻章的好感。他首先致電與李鴻章，希望允其派人前往日本協商。二為駐華德使的斡旋。自長崎談判停頓之後，德國駐華公使巴蘭德（Maximilian von Brand）曾經數度與日使鹽田密談，對之加以勸說。大致謂長崎事件乃為一件小事，不應因此而損傷中日友誼。並謂當曾紀澤返國時，曾於德國拜會首相俾斯麥，俾氏曾以「為中國計，將來應與日本聯結」相勸告。且中國幼帝親政大典在即，亦希早日將此事端解決。井上接此報告，頗感興趣，乃致電鹽田，囑彼以私人名義請巴協助。不過當巴氏再度提出答覆時，事情已早有著落。三為駐日德使的斡旋。當巴蘭德在北京與鹽田商談之時，德國駐日公使霍萊本亦在同時分別與徐承祖及井上密商。並與徐承祖之間早已達成一個初步的協議。唯以此時償金之事尚有爭執，一時並無結果。英使華爾身倡以「救卹金」代「撫卹金」之說，再經德使的極力調停，此案方得邁進一步。先今日廷於 12 月 21 日即曾為崎案之事召開廷議。會議由日皇親自主持，出席者計有伊藤、井上、山縣、大山、山田、松方、森（有禮）、榎本等大臣，外務次官青木、法制局長官山尾、書記官田中以及長崎縣知事日下義雄等亦奉命列席。唯經過 5 個小時的討論（自上午 10 點至下午 3 點），似乎並未作成最後的定議。[054] 拖了一個多月，直至此時（1 月 28 日），方才突然決定讓步，而使崎案的解決峰迴路轉進入順利的地步。

1 月 29 日上午，霍萊本親往中國使署訪問，將日廷願遵「傷多恤重」

---

[054]　《申報》，光緒十二年十二月十三日及同年十二月十四日，〈長崎瑣記〉。

第五章　清政府「大治水師」與北洋海軍成軍

的意思轉告徐承祖，並約徐承祖於申刻（約下午 4 點）赴德使館與日外次青木先行三面私議。結果言定：「彼此各給撫卹，在東議結。」不過在卹金的數目方面以及應否仍須彼此拿凶懲辦，與另訂水手登岸章程之處，均未做最後的決定。李鴻章得電後，立即將之轉達給總署，認為日本既願自我轉圜，遵傷重恤重之議，「歸結尚不失體」，若照徐承祖所擬恤銀數目亦「似可准行」。唯於拿凶懸辦及水手章程二點深不以為然，謂：「彼此拿凶懲辦，是面子話；水師登岸本照兩國通行章程，似無庸另議。」[055] 逾日，1 月 30 日得旨准行，並命徐承祖妥慎將事：「崎案現經德使轉圜，日外部願遵傷多恤重之議歸結而不失體，事屬可行。如別無翻覆，及另添枝節，即著徐承祖與之妥慎定議，先行電覆，再降全權諭旨，以便畫押結案。徐承祖承辦此事，務須步步詳慎，不可稍涉輕忽。拿凶本屬空言，登岸已有西例，兩層均勿庸置議。」[056] 中國政府既有詔書對於徐承祖的行動加以認可，而日本方面也在接到德使巴蘭德的轉告之後，採取同樣的步驟。2 月 3 日，首由井上馨將今日下午 4 點與徐承祖進一步談判之事報告於伊藤總理，請求上奏。另於當晚 10 點又由青木與徐承祖、德使霍萊本三人再作一次最後的會談。經過 5 個小時的馬拉松會議，方於次日 3 點達成最後的協議。即卹金部分：日應付華 52,500 元，內士官 1 名，6,000 元；水兵 7 名，每名 4,500 元，合為 31,500 元；廢疾 6 名，每名 2,500 元，合為 15,000 元。華應付日 15,500 元，內警官 1 名，6,000 元；巡查 1 名 4,500 元，廢疾 2 名，每名 2,500 元，合為 5,000 元。先是徐承祖原議軍官死亡者，每名應付 7,000 元，士兵每名 5,000 元，傷殘者一律每名 3,000 元。可是日方卻一度要求減至 5,000 元、4,000 元、2,000 元。最後之數字實可謂雙方討價

---

[055] 《李文忠公全集》電稿，卷八，第 1～2 頁。同電又見《清季外交史料》卷七〇，第 2～3 頁。
[056] 《光緒朝東華錄》，光緒十三年正月乙未，第 3 頁。

第三節　中日長崎事件

還價折中的結果（唯以日允長崎病院華兵醫療費 2,700 元，由日方繳付，故實際與徐氏前擬者相差無幾）。此外，雙方尚同意由代表及政府交換一個議定書，以私函形式出之，並不發表。至於是否拿凶懲辦，則由雙方政府自行決定，互不干涉。[057]

縱觀長崎一案之交涉，歷時半年，時間不可謂不長。論其原因，亦頗錯綜複雜。其一是日本政府處置失當。當時中國法學家伍廷芳對於此事，曾有一段精闢的評論：「兵船駛往各埠，水手請假登岸，因小故與該埠士民巡捕互相滋鬧，以致鬥殺，不時有之。此案起事之由，既無日官主使，只可視為地方鬥殺之案，於兩國友誼無傷也。查我國鐵甲兵輪數艘，駛往長崎船塢修理，事屬創始。各水手等既經請假上岸，不無購買什物，在該埠商民生意實有裨益。乃今日彼此爭鬥，中國兵船人死者八名，受傷者四十二名，誠屬慘矣。日人死者只二人，傷者二十七人，主客不敵，勢所必然。日人近年專效西法，鬥爭既在境內，無論禍由誰起，日政府一聞此事，應即照會中國駐紮東京大臣，婉言慰藉，以見悼惜死亡之意，方為得體。我國家胞與為懷，亦以婉言照復。如此，則爾我既無猜嫌，隨即推誠商議，自不難冰消瓦解。聞日廷並無照會惋惜，只允派員查辦。似於交涉和誼，未免失當。」[058] 其次是西報的偏袒。長崎事件發生，不論英國領事及新聞記者，都認為係中國水兵紀律欠佳，行為粗暴所致。此種不公態度，對日頗具影響。如次年 1 月 11 日的《時報》，即曾於其社評中特將此點指出。謂：「寓日英報偶聽風聞，不加詳察，意存左袒，妄行登報，日即恃此為公論。了結之難，職此之故。」再次是日本屢次違約，引起華人的不快。自中日建交以來，日本侵臺，併琉，謀韓，對華極不友好。此次

---

[057]　井上與徐承祖 2 月 3 日之談判，見《日本外交文書》第 20 卷，第 585 頁。
[058]　《李文忠公全集》譯署函稿，卷一八，第 49～50 頁，〈伍廷芳擬籌長崎案辦法〉。

第五章　清政府「大治水師」與北洋海軍成軍

中國兵艦赴日修理，日警又對華兵妄加殺戮，自為華人所難忍受，因此務期此事水落石出，獲一公平結果。可是日人卻態度倔強，堅不認錯。因此一再延宕，無法解決。上述《時報》社評對於此點亦曾論及，謂：「中國屢梗和約，其故蓋由琉球、高麗之嫌。然此案據各國局外人公論，其曲在日。唯現在中國官員深恨日之所為，頻加藐視。而日官則又夜郎自大，未肯折衷。」[059] 僵局之成，殆以此故。再次為西洋律師的聘用，日本既然理曲而不願認錯，中國乃決定延請西洋律師，遵循法律途徑解決。結果，兩造律師互相詰駁，頭緒紛繁。兼以律師之意亦願多延時日，俾便多收費用。而日方又企圖狡賴，續添新證，因此使事情更難解決。最後，中國忍無可忍，乃不顧一切，下令停審。日本既陷於修約的困境，又感於日警的越軌，再兼以英、德公使的奔走調停，方才願做讓步，而使此案結束。

然就崎案所產生的後果而言，亦有二事值得一提。一為法紀之重視與否問題。日本於長崎事件告結之後，將有關殺傷中國水兵重犯依照法律程序，宣判有罪，分別使之入獄，雖各獲減刑，較諸平常為輕，然無論如何，多少在形式上尚表示其對法律的尊重。可是李鴻章對於涉嫌肇事之北洋海軍官兵，卻未聞有何調查與審判，而於北洋海軍提督亦不過切戒了事，甚至當有人指出水兵缺乏紀律，丁汝昌約束不嚴之時，李鴻章反而代為辯護，謂：「至於弁兵登岸，為狡邪遊生事，亦係恆情。即謂統將約束不嚴，尚非不可當之重咎，自不必過為隱飾。」[060] 又謂：「爭殺肇自妓樓，約束之疏，不無可辭。若必歸獄雨亭，以為戀慕妓風，借名駛往，則是揣測無根之說，前後情事全不符也。武夫好色，乃其天性，但能貪慕功名，

---

[059]　上引《時報》見《日本外交文書》第20卷，第566～567頁附件，〈西報譯略，時報二〇七號〉。
[060]　于式枚編：《李文忠公尺牘》卷四，第13頁，〈覆欽差出使日本大臣徐孫麒（承祖）〉。

自能就我繩尺，屢切戒之，近已改矣。」[061] 二為軍力之進退問題。自長崎事件發生後，日本鑒於中國軍艦「定遠」、「鎮遠」形式新穎，威力強大，深感自力不如。於是乃不斷地修築炮臺，增加經費，加強組織，務期超過中國。此種關係，又是何等重大？可是，當徐承祖將其事電告於北洋之時，李鴻章卻認為：「倭人治海軍，築臺壘，或以歐西將有變局，預為巡防，似不僅由於一闋之集。」[062] 而未加重視。以上二事，看似甚微，實則關係於日後國家之安危者甚巨。甲午海戰之敗，可謂由來有自，而李鴻章實亦不能不負一部分責任。

第四節　北洋海軍正式成軍

一　清政府批准《北洋海軍章程》

西元 1888 年，是北洋海軍發展的最關鍵一年。

1888 年 5 月 2 日，奕譞以在英、德訂造的 4 艘快船到華，北洋艦隻漸多，致電李鴻章，「囑將北洋定額、兵制、駐紮、會哨各章程，擬底寄京，公酌會奏」[063]。3 日，李鴻章覆電表示，此章程將與諸將領熟議後擬稿，俟出海驗駛 4 快船及查勘各口防務後，再由北洋水陸營務處津海關道周馥赴京呈交。6 日，李鴻章率同周馥、前署津海關道劉汝翼、總統盛軍湖南提督周盛波等，由大沽口出海，巡閱旅順口、大連灣、威海衛各處防務。10 日，他在大連灣令 4 艘快船一起開快車，往返試駛兩次，以驗速

---

[061]　《李文忠公尺牘》卷二，第 72 頁，〈覆寧紹臺道薛叔耘（福成）〉。
[062]　《李文忠公尺牘》卷四，第 13 頁，〈覆徐承祖〉。
[063]　《李文忠公全集》海軍函稿，卷三，第 7 頁。

第五章　清政府「大治水師」與北洋海軍成軍

度,大致符合設計要求。14日,在威海衛口外依法複驗,英製「致遠」、「靖遠」兩艘快船完全達到每小時航行1海里的設計標準。對此,李鴻章非常滿意,增強了對北洋海軍成軍的信心。

《北洋海軍章程》

5月16日,李鴻章回到天津,立即著手草擬章程。7月15日,《北洋海軍章程》底稿草成,李鴻章命周馥攜之進京。致書奕譞,說明制定此章程所遵循的原則:「竊查各國水師,唯英最精最強,而法、德諸國後起學步,其規模亦略相仿。吾華船政學堂,本襲英國成法。故現在辦法及此次所擬章程,大半採用英章;其力量未到之處,或參仿德國初式,或仍遵中國舊例。蓋人才猝難多得,經費未能順手,量時度勢而有不得不然者也。」他在信中還提出了兩項重要建議:

第一,仍須添置戰艦。他說:「即就北洋一支而論,英員琅威理老於此事,每謂船不足用。各將領曾出洋肄業,遊歷見聞較廣,亦皆以添置戰艦為請。誠以中國海面太長,日本、朝鮮及俄境之海參崴等31處,近接臥榻,有事時既須分守遼渤,亦不得不相機抽調援應他處。現計各船,除守口蚊炮船外,唯鐵甲、快船九艘可以馳騁大洋,以之駐巡旅順、大連

第四節　北洋海軍正式成軍

灣、威海衛，上下數百里間，溟渤門戶或可抵禦；若再撥他處，殊覺勢弱力單。然如該將領所請添艦之數，約計購價三百多萬兩，其常年餉需、後路經費尚須逐漸增加……經遠宏觀，唯在殿下綜攬全局而預籌之。」他在《章程》的「船制」一章中更實際地提出，添置大快船1艘、淺水快船4艘、魚雷快船2艘、魚雷艇6艘、練船1艘、運船1艘、軍火船1艘、測量船1艘、信船1艘，「合之原有者，共得戰艦十六艘、雷艇十二艘、守船六艘、練運等船八艘，共大小四十二艘，以之防守遼渤，救援他處，庶足以壯聲威而資調遣」。[064] 此項建議非常及時，可惜清廷未予重視。

第二，用人不拘一格。他說：「各國水師皆以學堂、練船為根本，按資推擢，材武輩興，未有不學而能任海軍者。中國風氣未開，士紳爭趨帖括，議論多不著痛癢。目前僅以公款設一二學堂，造就實虞不廣，若升擢、保舉兩途仍如舊例，不能變通，實無以鼓勵士氣啟其觀感。」[065] 這一主張在《章程》中多有展現。如《升擢》一章稱：「三品以上官員俸滿應升，而無缺可升，必致上下壅滯，後來材俊登進無路，是應廣其升途，准升他省員缺，並准保舉升階開缺候補，另派別差，薄予官俸，所以儲將才也」；「凡海軍各缺，如一時無合例人員，准擇其資深勞多者升署」；「凡水手出身人員，只准升至實缺千總為止，如當差勤奮無過，或有戰功，准予奏保都、守以上官職」等等。「簡閱」一章稱：「每年由北洋大臣閱操一次，副將以下擇優存記匯獎，首領以下酌賞功牌、頂戴，其藝生者分別記過、降罰」；「每逾三年，由總理海軍事務衙門王大臣請旨特派大臣，會同北洋大臣出海校閱一次，擇其操練勤熟，曾經遠涉外洋巡防各島、屬國，辦事妥洽，能耐艱苦者，照異常勞績酌保，其次者照尋常勞績附保，不稱職者

---

[064]　《北洋海軍章程》，〈北洋海軍資料彙編〉（下），第 746～747 頁。
[065]　《李文忠公全集》海軍函稿，卷三，第 7～8 頁。

第五章　清政府「大治水師」與北洋海軍成軍

分別記過、降罰」等等。實踐證明，用人不拘一格，唯賢唯才是舉，對北洋海軍的發展是發揮正面作用的。

9月間，《北洋海軍章程》定稿。9月30日，由海軍衙門繕具清冊，呈於慈禧太后。其奏曰：「海軍係屬初創，臣等此次所擬章程，本無成例可循。且因時制宜，間有參用西法之處，與部章未能盡合。應飭部免其核議。至章程內容有未備及臨時應行變通者，由臣等隨時酌擬具奏。」轉述了李鴻章進一步籌款擴充海軍的意見：「俟庫款稍充，再添數船，即成勁旅。入可以駐守遼渤，出可以援應他處，輔以各炮臺陸軍駐守，良足拱衛京畿。」[066]

《北洋海軍章程》共14章，其主要內容如下：

一、北洋海軍編制，為鐵甲2艘、快船7艘、炮船6艘、魚雷艇艘、練船3艘、運船1艘，計25艘，如下表。但按實戰要求來說，其編制還是不夠完備。故〈船制〉一章又提出：「海軍一支，局勢略具。然參稽歐洲各國水師之制，戰艦猶嫌其少，運船太單，測量、探信各船皆未備，似尚未足云成軍。」[067]

船型		船名	定員	排水量（噸）	馬力（匹）	航速（節）
戰艦	鐵甲	定遠	329	7,335	6,000	14.5
		鎮遠	329	7,335	6,000	14.5
	快船	致遠	202	2,300	7,500	18.0
		靖遠	202	2,300	7,500	18.0
		經遠	202	2,900	5,000	15.5
		來遠	202	2,900	5,000	15.5

---

[066]　《清末海軍史料》，第470頁。
[067]　《北洋海軍章程》，〈北洋海軍資料彙編〉（下），第746頁。

第四節　北洋海軍正式成軍

船型		船名	定員	排水量（噸）	馬力（匹）	航速（節）
戰艦	快船	濟遠	202	2,300	2,800	15.0
		超勇	137	1,350	2,400	15.0
		揚威	137	1,350	2,400	15.0
守船	炮船	鎮中	55	440	400	8.0
		鎮邊	54	440	400	8.0
		鎮東	55	440	350	8.0
		鎮西	54	440	350	8.0
		鎮南	54	440	350	8.0
		鎮北	55	440	350	8.0
魚雷艇		左一	29	108	1,000	24.0
		左二	28	108	600	19.0
		左三	28	108	600	19.0
		右一	28	108	900	18.0
		右二	28	108	597	18.0
		右三	28	108	597	18.0
練船		威遠	124	1,300	840	12.0
		康濟	124	1,300	750	12.0
		敏捷	60	750	—	—
		利遠	57	—	110	—

二、設提督1員、總兵2員、副將5員、參將4員、游擊9員、都司27員、守備60員、千總65員、把總99員、經制外委43員。提督在威海衛擇地建造公所或建衙署，為辦公之地；總兵以下各官皆長年住船，不建衙署和公館。規定將現有戰船分為中軍、左、右翼三隊，每隊三船，以一船為一營。中軍三船：中軍中營致遠快船，中軍左營濟遠快船，中軍

第五章　清政府「大治水師」與北洋海軍成軍

右營靖遠快船。左翼三船：左翼中營鎮遠鐵甲戰艦，左翼左營經遠快船，左翼右營超勇快船。右翼三船：右翼中營定遠鐵甲戰艦，右翼左營來遠快船，右翼右營揚威快船。鎮中、鎮邊、鎮東、鎮西、鎮南、鎮北六炮船則為後軍。

三、北洋海軍提督有統領全軍之權，凡北洋兵船，無論遠近，均歸排程，仍統受北洋大臣節制調遣。提督他往，則聽左翼總兵一人之令；如左翼總兵他往，則聽右翼總兵一人之令。凡沿海陸路水師文武大員，如無節制北洋海軍明文，兵船官概不得聽其調遣，藉詞違誤軍事。

四、各船逐日小操，每月大操一次，兩個月全軍會操一次。北洋各船每年須與南洋各船會哨一次。提督於立冬以後小雪以前，統率鐵、快各船，開赴南洋，會同南洋各師船巡閱江、浙、閩、廣沿海各要隘，以資歷練。或巡歷新加坡以南各島，至次年春分前後，仍回南洋。各船在北洋，每年春、夏、秋三季沿海操巡，應赴奉天、直隸、山東、朝鮮各洋面以次巡歷，或以時遊歷俄、日各島。每年由北洋大臣閱操一次。每逾3年，由總理海軍事務衙門王大臣請旨特派大臣，會同北洋大臣出海校閱一次。

10月3日，清廷批准《北洋海軍章程》，北洋海軍正式成軍。1月17日，海軍衙門根據李鴻章提名，奏請以北洋水師記名提督直隸天津鎮總兵丁汝昌補授北洋海軍提督，記名總兵林泰曾補授北洋海軍左翼總兵，總兵銜水師補用副將劉步蟾補授北洋海軍右翼總兵。

北洋海軍的成軍，既象徵著它發展到了巔峰，也是它轉入停滯階段的開始。

第四節　北洋海軍正式成軍

北洋艦隊「定遠號」鐵甲艦

二　成軍後的北洋海軍

北洋海軍成軍之日，正是慈禧大修頤和園工程之時。

頤和園原名清漪園，為乾隆皇帝所造，歷時 15 載而成，用銀近 450 萬兩。西元 1860 年，英法聯軍占領北京，將清漪園和圓明園等幾座皇家園林一起焚毀。1877 年冬，奕訢就想以在昆明湖側設機器局的名義，重建清漪園，以固慈禧之寵幸。但為御史郭從矩條陳所阻，此議未得實行。此後，奕訢耿耿於心，迄未忘懷。1886 年，他奉懿旨巡閱北洋海防，卻受到啟發，想出一個重建清漪園的最好藉口。同年 8 月 14 日，上《奏請復昆明湖水操舊制折》，提出：「查健銳營、外火器營本有昆明湖水操之例，後經裁撤。相應請旨仍復舊制，改隸神機營，海軍衙門會同經理。」當日即奉懿旨：「依議。」[068] 但這只是表面文章，他在一份奏摺中卻道出了他的本

---

[068]　《清末海軍史料》，第 396 頁。

第五章　清政府「大治水師」與北洋海軍成軍

意:「因見沿湖一帶殿宇亭臺半就頹圮,若不稍加修葺,誠恐恭備閱操時難昭敬謹……擬將萬壽山及廣潤靈雨祠舊有殿宇臺榭並沿湖各橋座、牌樓酌加保護修補,以供臨幸。」[069]這個主意雖發自奕譞,卻是與奕劻一起策劃的。據《翁同龢日記》,奕劻曾親自出面,託人轉告翁同龢等,「當諒其苦衷」。於是,翁在日記中寫道:「蓋以昆明易渤海,萬壽山換灤陽也。」[070]「渤海」,指北洋海軍;「灤陽」,為承德的別稱。意謂用訓練水師之名,行修建清漪園行宮之實。此乃「偷梁換柱」之計也。

從西元1886年起,在籌建昆明湖水師學堂的旗號下,頤和園(清漪園)工程便悄悄地開始了。此項工程既隸於神機營,由海軍衙門會同經理,而奕訢正管神機營兼總理海軍事務,所以他是當然的大總管,神機營全營翼長兼海軍衙門總辦章京恩佑,便成了工程的實際負責人。

設昆明湖水師學堂的堂而皇之的理由,是從紈褲子弟中培養海軍人才,可勝駕駛輪船之任。但是,在海軍衙門致奉宸苑的一份諮文中,卻是這樣寫的:「查該學堂演駛輪船,原為恭備拖帶安瀾御坐船,係屬要差,自非尋常操船可比。」昆明湖水師學堂分內學堂和外學堂兩部。西元1887年,內、外學堂先後竣工。「內學堂,恭備輪船;外學堂,恭備頤和園電燈與西苑安設電燈。」此外,還有火器營官兵,「收管輪車鐵路」、「按期試演,常川駐守」。[071]1888年1月27日,是內學堂正式開學的日子,清漪園內的主要大殿排雲殿也剛好在這一天舉行上樑大吉儀式。

3月13日,清廷以光緒的名義釋出上諭:清漪園改名為頤和園,「殿宇一切,亦量加葺治,以備慈輿臨幸;恭逢大慶之年,朕躬率群臣,同申

---

[069]　內務府檔案,奉宸苑,第4604號卷。
[070]　《翁同龢日記》,光緒十二年十月二十四日。
[071]　《清末海軍史料》,第397、401、406頁。

第四節　北洋海軍正式成軍

祝悃，稍盡區區養尊微忱」。聲稱：「凡苑囿之設，搜狩之舉，原非若前代之肆意遊畋。此舉為皇帝孝養所關，深宮未忍過拂；況工用所需，悉出節省羨餘，未動司農正款，亦屬無傷國計。」[072]這真是「此地無銀三百兩」！所謂「未動司農正款」，也不過是掩人耳目而已。

西元1888年，三海工程將告竣工，奕譞與朝廷的明詔相配合，開始大力為頤和園工程籌款。他馳書李鴻章，以萬壽山工程用款不敷，屬其致書各處，共集款200萬兩，儲存生息，以備工程分年使用。在李鴻章的活動下，廣東籌銀100萬兩、兩江籌銀70萬兩、湖北籌銀40萬兩、四川和直隸各籌銀20萬兩、江西籌銀10萬兩，共計260萬兩。所籌數目竟然超額，使奕譞和李鴻章喜出望外。李致書湖北巡撫奎斌說：「此次各省集款，遂至二百六十萬兩之多，實非初意所及。海軍剛創辦，局面艱窘，得此鉅款儲備，亦足昭示四遠，不至過形空虛。故以海防為名，立義亦自正大。慈聖勤勞宵旰，垂三十年。茲當歸政頤養之初，預為大慶稱觴之地，中外臣子仰承聖上孝敬至意，各盡微忱，書之史官，本無疑義。」[073]此款號稱「海軍鉅款」，是分年交足的。「自光緒十五年二月起，至十八年五月止，將前項鉅款銀二百六十萬兩一律如數解清，匯存生息。」如果從西元1889年起，到1894年底為止，「海軍鉅款」各年的息銀數目大致如下表：

年分 （西元）	1889	1890	1891	1892	1893	1894 前三季度	1894 第四季度
匯存本銀	1,000,000	2,000,000	2,200,000	2,400,000	2,600,000	2,600,000	1,010,000
本年息銀	32,335	64,669	71,136	77,603	84,070	63,052	8,083
累計息銀	32,335	97,004	168,140	245,743	329,813	392,865	400,948

---

[072]　《清德宗實錄》，光緒十四年二月癸未。
[073]　《李文忠公尺牘》，第9冊，〈覆湖北撫臺奎樂山〉。

第五章　清政府「大治水師」與北洋海軍成軍

連本帶利是一個巨大的數字，其用途如何呢？海軍衙門奏稱：「本銀專備購艦、設防一切要務，其餘平、捐輸二款，擬另款儲存，專備工作（頤和園工程）之需。蓋今日萬壽山恭備皇太后閱看水操各處，即異日大慶之年，皇帝躬率臣民祝嘏臚歡之地。先朝成憲具在，與尋常僅供臨幸遊豫不同。」又稱：「茲得諸臣急公濟用，相助為理，不唯海防緩急足恃，騰出閒雜各款專顧欽工，亦不致有誤盛典。」[074] 息銀40萬兩不用說是在「另款」或「閒雜各項」之內，全部用於頤和園工程。而本銀26萬兩專門用來生息，變成了死錢，根本無法及時用來發展海軍。

慈禧太后

慈禧一群人的倒行逆施，遭到一些憂心國事的官員的反對。御史屠仁守揭露頤和園工程經手者「多方需索」，恩佑「幹設獨多」、「遂使謗騰衢路而朝廷不聞，患伏隱憂而朝廷不知」。[075] 抨擊「將試行輪船於昆明湖」之舉，懇請朝廷改弦更張，「長河可以不開，湖淤可以不浚，省此勞費」。[076]

---

[074]　《清末海軍史料》，第646、641～642頁。
[075]　《清末海軍史料》，第640頁。
[076]　繆荃孫：〈亡友屠梅君別傳〉，《清代碑傳全集》(下)，第894頁。

第四節　北洋海軍正式成軍

疏上，特旨革職永不敘用。御史吳兆泰奏請停止頤和園工程，慈禧斥為「冒昧已極」、「著交部嚴加議處」。[077] 還有一位御史林紹年，也上疏請罷頤和園工程，內稱：「夫絲毫之細，無非出自小民。今以督、撫之權，競言報效，安保其不削百姓、歸怨朝廷？且風氣所趨，法令難禁，乃封疆大吏先欲以此取悅朝廷，若朝廷受之，將為督、撫者開其端，其屬吏勢必竭民脂膏，以奉迎其上。上下相蒙，交徵不已，天下之吏治民生尚可問耶？……時事艱難，深宮所當念也。朝廷所以示天下者，當以節儉為先，不尚貨財之進奉；朝廷所以責督、撫者，當以地方為重，無取貢獻之殷勤。是在朝廷不宜受此報效也。」提出：「籌款必歸戶部，方為正大之經；外庫各有儲藏，方備緩緊之用。應請特降諭旨，飭下各督、撫及北洋大臣，將報效一項未解者停解，已解者立即發還。庶天下臣民共曉然於朝廷愛民求治之心，則所保全者甚大。」慈禧大為惱火，但林紹年所奏義正詞順，只好詭辯，說：「各省籌解之銀，專備海軍不時之需；其每年息銀，則以補海軍衙門放項之不敷。並無令各省督、撫報效之事。」進而以「任意揣摩，危詞聳聽，實屬謬妄」為由，傳旨「嚴行申飭」[078]。不久，林紹年就被逐出北京，外調西南邊遠地區，授雲南昭通府知府。奕譞、李鴻章等對「以昆明易渤海」的「傑作」更是得意揚揚，李致曾國荃函稱：「海署籌款一案，竟為言路所疑，遂以委巷之傳聞，上瀆明廷之諤諭，故知前日奏牘具有深思。」[079] 從此，滿朝文武官員皆如金人三緘其口，再沒有人敢明目張膽地提頤和園工程的事了。

不過，「海軍鉅款」儲存天津洋行，均訂明期限，非隨時可取，且息銀無多，猶如杯水車薪，難濟頤和園工程之需，必須另開別的財源。於是，

---

[077]　《光緒朝東華錄》，光緒十六年九月壬午，第 88 頁。
[078]　《清末海軍史料》，第 643～644 頁。
[079]　《李文忠公尺牘》，第 10 冊，〈致曾沅帥〉。

第五章　清政府「大治水師」與北洋海軍成軍

奕譞又瞄準了海防捐。此捐係西元1889年9月倡辦，用以購備海防急需軍器。原議以一年為限，即行停止。1886年11月15日，海軍衙門又以「庫款暫可支持，轉年勢必不敷，若不預事詳籌，貽誤實非淺鮮」為由，奏請：「將海防捐輸，自光緒十三年二月初八日起，再行展限一年，所收捐銀統歸臣衙門動支，概不准移作他用。」[080] 據統計，海軍衙門收到各省解到的海防捐銀，1886年為1,004,525兩，1887年為271,823兩，1888年為301,710兩，共計1,578,058兩。[081] 這筆捐銀，「陽借海軍為名，實用以給園工」[082]。梁啟超說：「名為海防捐者，實皆頤和園工程捐也。」[083]

西元1889年底，又續辦新海防捐。由於文件不全，新海防捐共募集了多少款，無法進行統計，但看來是不會很少的。據1891年3月25日奕劻等奏：「海軍初創，布置一切，用度實繁，幸賴海防新捐稍資補苴。欽工緊要，需款益急，思維至再，只有騰挪新捐暫作權宜之計。所有工程用款，即由新海防捐輸項下暫行挪墊。」僅直隸一省，從1890年至1894年的5年間，所收新海防捐銀約100萬兩，全解北洋海軍。北洋海軍的經費本由海軍衙門指撥，如今既將新海防捐劃撥給北洋海軍使用，海軍衙門只須補撥不足之數就可以了。這樣，從指撥專款變為劃撥新海防捐，海軍衙門便可將劃撥新海防捐所省下的專款，挪用於頤和園工程了。無論是鉅款生息還是海防捐，都滿足不了「欽工」之需，奕譞等又想出了提撥「藥厘」的主意。「藥厘」者，鴉片煙稅也。奕譞等奏：「現聞各海關洋藥稅厘徵收頗有起色，請在洋藥厘並徵項下，自光緒十四年起，每年籌撥庫平銀一百萬兩，解交臣衙門供用。」戶部以庫款「萬分支絀」，藥稅「自有專用」，

---

[080]　《清末海軍史料》，第627頁。
[081]　醇親王府檔，清二，第195、197、198號。
[082]　胡思敬：《國聞備乘》卷二，第3頁。
[083]　《飲冰室文集》，第2集，卷一九，第50頁。

第四節　北洋海軍正式成軍

復奏拒絕撥款。「藥厘」100萬兩沒有到手，奕譞便把海軍衙門的「閒款」457,500多兩，全數用於「頤和園等處接修各工」。

奕譞等不僅挪用海軍衙門「閒款」，而且挪用海軍經費正款。西元1889年7月8日，海軍衙門奏：「頤和園工程需款，亦屬不貲，又不能不竭力兼籌，用蕆要工。通盤計算，海軍經費果能按年全數解清，尚可勉強挹注。以今歲而論，即可每年騰挪銀三十萬兩，撥交工程應用。」

西元1891年3月25日，海軍衙門又奏：「查頤和園自開工以來，每歲暫由海軍經費內騰挪三十萬，撥給工程處應用。」據此看來，每年撥給頤和園工程30萬兩，從1888年就開始了。從1888年到1894年的7年間，當共撥銀210萬兩。

海軍衙門的斂財手段是無孔不入的。從西元1887年起，除洋員薪水仍按舊章如數發給外，南、北洋海軍經費和東三省練兵餉項，則仿照神機營放餉章程，「自光緒十三年正月起，統按二兩平核發，所有扣存六分平餘銀兩，均解交臣衙門即作為各項雜支用款。並請飭部免其造冊核銷」[084]。所謂「二兩平」，即指「京平」；所謂「扣存六分平餘銀兩」，即發放南、北洋海軍及東三省練兵經費時，將庫平銀之數改為京平銀數，以94兩庫平銀頂京平銀100兩。根據這一規定，海軍衙門每發放100兩即可扣除庫平銀6兩。據粗略的估計，從1887年至1894年的8年間，北洋海軍在1894年的追加經費不計，共撥銀約1,000萬兩，扣除「平餘」為庫平銀60萬兩；南洋海軍共撥銀約400萬兩，扣除「平餘」為庫平銀24萬兩；東三省練兵共撥銀約800萬兩，扣除「平餘」為庫平銀48萬兩。以上3項，共扣除「平餘」132萬兩，也都用於「園工」了。

---

[084]　以上引文均見《清末海軍史料》，第685、635～636、684～685、627～628頁。

第五章　清政府「大治水師」與北洋海軍成軍

　　西元 1891 年以後，頤和園工程進入全面施工階段，需款更多。6月 16 日，海軍衙門奏：「頤和園工程緊要，請借動出使經費。」[085] 慈禧傳懿旨：「依議。」9月 27 日，奕劻、福錕奏：「此次奉報出使經費一百九十七萬兩款內，已於本年四月間准總理衙門諸開奏准，暫行借撥頤和園工程銀一百萬兩，由津生息項下按年盡數歸還。」[086]「海軍鉅款」在天津洋行生息，每年也只有 8 萬多兩，需 12 年才能「盡數歸還」借撥的 100 萬兩出使經費。可見「海軍鉅款」不過是個幌子，打著它可以借撥各種款項，以用於頤和園工程。

　　海軍衙門除主管海軍外，還兼管鐵路。關東鐵路於西元 1891 年開始興建，自灤州之林西破土動工。每年築路專款為 200 萬兩。到 1893 年春，鐵路已修至山海關，購地已至錦州。當時，李鴻章致函奕劻說：「前因慶典緊要，戶部商借二百萬，極形支絀。」[087] 戶部的意圖非常明確，就是要關東鐵路停工一年，李鴻章也只能照辦。1894 年 3 月 22 日《申報》載：「今歲躬逢皇太后六旬大壽，戶部總司出納……遂將鐵路經費暫停支放」、「關外工程，今年並未創辦」[088]。鐵路停工，200 萬兩築路費便歸了頤和園。

　　頤和園工程的花銷，當然不止這些。因為頤和園工程是在恢復昆明湖水操舊制的名義下興辦的，所以西元 1886 年學堂創辦時，即一次「放給修建水操學堂等處工程，動用庫平銀六十七萬八千七百一十二兩」[089]。昆明湖水師學堂的常年經費是多少，沒有文字記載，但它和威海水師學堂的規模相似，可以大致算出其常年經費數目。據記載，威海水師學堂的經

---

[085]　《清德宗實錄》，光緒十七年四月己未，卷二九六，第 8 頁。
[086]　轉見北京史學會編：《北京史論文集》，第 261 頁。
[087]　《李文忠公全集》電稿，卷一四，第 31 頁。
[088]　《中國近代鐵路史資料》，第 1 冊，北京，中華書局 1984 年版，第 196～197 頁。
[089]　醇親王府檔，清二，第 198 號。

第四節　北洋海軍正式成軍

費是每年 12,720 兩。昆明湖水師學堂先後招收過兩屆學生，參照威海水師學堂的經費開支，估計從 1887 年到 1895 年春為止，共開支約 14 萬兩。為了慈禧遊玩的需求，還由北洋先後承造小輪船「捧日」、「恆春」等 3 號、鋼板座船 1 號、洋舢板 6 號（內購置號）、炮劃 8 號、洋劃 4 號，昆明湖船塢及西苑等處電燈、鐵路工程，並向國外訂造火車 7 輛及鐵軌 7 里。據有人考證，這些開支約需 40 萬兩[090]。此外，還有許多爛帳，恐怕是永遠也算不清的。

頤和園工程開支各項如下表：

經費來源	開支經費數（庫平兩）	掛海防名義的經費數（庫平兩）	備註
「海軍鉅款」息銀	400,948	400,948	1889 年至 1894 年
海防捐	1,578,058	1,578,058	1886 年至 1888 年
海防新捐	1,000,000	1,000,000	僅直隸一省，1890 年至 1894 年
海軍衙門「閒款」	457,500	457,500	1888 年
海軍經費正款	2,100,000	2,100,000	每年 30 萬兩，188 年至 1894 年
扣除六分「平餘」銀兩	1,320,000	840,000	1887 年至 1894 年
出使經費	1,000,000	100,000	由「海軍鉅款」息銀歸還，1891 年
關東鐵路經費	2,000,000	—	戶部商借，1893 年春至 1894 年春
昆明湖水師學堂創辦費	678,712	678,712	1886 年

---

[090]　鄒兆琦：〈慈禧挪用海軍費造頤和園史實考證〉，《學術月刊》1984 年第 5 期。

第五章 清政府「大治水師」與北洋海軍成軍

經費來源	開支經費數（庫平兩）	掛海防名義的經費數（庫平兩）	備註
昆明湖水師學堂堂年經費	140,000	140,000	1887年至1895年春
北洋為頤和園承造項目	400,000	400,000	1887年至1894年
合計	11,075,218	8,595,218	

由上表可知，據不完全的統計，迄於甲午戰爭為止，清政府用於頤和園工程的經費為庫平銀1,100多萬兩，其中挪用的海防經費約為庫平銀860萬兩。

清廷不僅在頤和園工程上挪用海軍經費，而且在三海工程上也大量挪用海軍經費。據有人統計，從西元1885年5月到1895年5月的10年間，三海工程共挪用了海軍經費436.5多萬兩。[091] 再加上頤和園工程所挪用的860萬兩，清廷大修園林所挪用的海軍經費總數達到了1,300萬兩。儘管這個統計很不完全，仍然是一個十分龐大的數目。當時，北洋海軍的主力是7艘戰艦，即「定遠」、「鎮遠」、「濟遠」、「經遠」、「來遠」（以上購自德廠）、「致遠」、「靖遠」（以上購自英廠），共花銀77萬兩。如果將頤和園工程和三海工程所挪用的經費全部用於購置新艦的話，那麼，差不多可以再增加兩支原有規模的北洋艦隊，甲午戰爭的結局也就會完全不同了。

論者或謂，慈禧挪用海軍經費對北洋海軍並無實質性的影響。因為：第一，對海軍經費並非無償占用，而是挪用；第二，「海軍鉅款」並未挪用，而是用來生息。其實，挪用必然要擠掉北洋海軍發展的急需之項；巨款用來生息，也就變成了不能應急的死錢。問題的關鍵在於：海軍經費的

---

[091] 葉志如、唐益年：〈光緒朝三海工程與北洋海軍〉，《歷史檔案》，1986年第1期。

第四節　北洋海軍正式成軍

大量挪用，使北洋海軍的發展錯過了難得的機遇。

當北洋海軍成軍之初，其實力是超過了日本海軍的。當時，日本海軍2,000噸級以上的戰艦只有「浪速」、「高千穗」、「扶桑」、「金剛」、「比睿」5艘，其噸位不足1.5萬噸。而北洋海軍則擁有2,000噸級以上的戰艦「定遠」、「鎮遠」、「經遠」、「來遠」、「致遠」、「靖遠」、「濟遠」7艘，共2.7萬多噸，是日本的近2倍。尤其是「定遠」、「鎮遠」兩艘7,000噸級的鐵甲艦，為日本所未有，因此畏之「甚於虎豹」[092]。可是，為了發動一場大規模侵略中國的戰爭，日本明治政府銳意擴建海軍。天皇睦仁甚至節省宮中費用，撥內帑以充造船經費。這與慈禧的驕奢淫逸、挪用海軍經費大修殿宇亭臺，形成鮮明的對比。日本海軍還以打敗「定遠」、「鎮遠」為目標，專門設計製造了「橋立」、「松島」、「嚴島」3艘4,000噸級的戰艦，號稱「三景艦」。

這樣，在甲午戰前的6年間，日本平均每年添置新艦2艘，其裝備品質遠遠超過了北洋海軍。

相反，北洋海軍成軍以後，卻從此不再添置一艘軍艦，不再更新一門火炮。如果說清朝統治集團在幾年前還有一點危機感的話，那麼，在稍有所成之後，便開始忘乎所以，躊躇滿志。西元1891年，北洋海軍成軍3年，是第一次校閱之期。李鴻章在校閱後，尚頗為自信，於6月11日奏稱：「綜核海軍戰備，尚能日新月異，目前限於餉力，未能擴充，但就渤海門戶而論，已有深固不搖之勢。」剛好在此月，戶部有「南、北洋購買外洋槍炮、船隻、機器，暫行停購兩年」之奏。李鴻章復奏稱：「忽有汰除之令，懼非聖朝慎重海防、作興士氣之至意也。」但仍然表示：「現經

---

[092]　《中日戰爭》（叢刊一），第169頁。

第五章　清政府「大治水師」與北洋海軍成軍

再三籌度，目前餉力極絀，所有應購大宗船械，自宜照議暫停。」[093] 不過，他還是有牢騷的，致函雲貴總督王文韶說：「已見部中裁勇及停購船械之議，適與詔書整頓海軍之意相違。宋人有言：『樞密方議增兵，三司已云節餉。』軍國大事，豈真如此各行其事而不相謀？」[094] 其憤慨之情溢於言表。等他理解戶部停購船械之議與頤和園工程需款有關之後，便不再做聲。北洋海軍右翼總兵劉步蟾「知日本增修武備，必為我患」，力陳於李鴻章，請「按年添購如定、鎮兩艦，以防不虞」。李鴻章答曰：「子策良善，如吾謀之不用何？」[095] 津海關道周馥也向李鴻章建議：「痛陳海軍宜擴充，經費不可省，時事不可料，各國交誼不可恃，請飭部、樞通籌速辦。」李鴻章答曰：「此大政須朝廷決行，我力止於此，今奏上必交部議，仍不能行，奈何？」[096] 周復力言，李嗟嘆而已。

西元 1893 年初，北洋海軍 25 艘船應進行大修，更換鍋爐 81 座需銀 8 萬兩，各船大修需銀 60 萬兩，旅順船塢添置機器、廠房需銀 6 萬兩，共需庫平銀 150 萬兩，分 10 年籌辦，每年需撥經費才 15 萬兩。李鴻章考慮到適逢慈禧六十慶典，主動提出將大修推遲一年，從 1895 年起每年撥銀 15 萬兩，至 1904 年為止。同年 3 月，丁汝昌提出在「定遠」、「鎮遠」、「濟遠」、「經遠」、「來遠」等戰艦上配置克魯伯快炮 18 門及新式後膛炮 3 門，共約需銀 61 萬兩。李鴻章也以「目下海軍衙門、戶部同一支絀，若添此購炮鉅款，誠恐籌撥為難」，奏請「先請購鎮、定二船快炮十二尊，俟有贏餘陸續購置」[097]。但直至甲午戰爭爆發，仍然一門快炮也未添置。

---

[093]　《李文忠公全集》奏稿，卷七二，第 4、35～38 頁。
[094]　《李文忠公尺牘》，第 23 冊，〈覆雲貴制臺王夔石〉。
[095]　《清末海軍史料》，第 372 頁。
[096]　《周愨慎公自訂年譜》卷上，第 29 頁。
[097]　《李文忠公全集》奏稿，卷七八，第 1 頁。

第四節　北洋海軍正式成軍

　　西元 1894 年 5 月，李鴻章第二次校閱海軍事畢，奏稱：「西洋各國以舟師縱橫海上，船式日異月新。臣鴻章此次在煙臺、大連灣，親詣英、法、俄各鐵艦詳加察看，規制均極精堅，而英尤勝。即日本蕞爾小邦，猶能節省經費，歲添鉅艦。中國自十四年北洋海軍創辦以後，迄今未添一船，僅能就現有大小二十餘艘，勤加訓練，竊慮後難為繼。」[098] 此時，他已經看到北洋海軍與包括日本在內的世界各國海軍的差距，並發出了「竊慮後難為繼」的慨嘆。無奈為時晚矣！

　　本來，當時的國際形勢是對中國有利的。進入 1860 年代後期，遠東形成了英、俄對峙的局面。俄國暫時尚無力東進和南下，英國則想維護既得利益，保持既定的格局。在此後近 30 年中，遠東形勢是相對穩定的，這正是中國發展和振興的大好時機。日本就是在這時開始明治維新。但是，清朝統治集團不是居安思危，勵精圖治，而是粉飾太平，耽於安樂，以致錯過了這次百年難逢、稍縱即逝的機遇。北洋海軍成軍後，認為聲勢已壯，更可高枕無憂了。慈禧太后作為最高統治者，驕奢淫逸，揮霍無度，為大修殿宇亭臺，竟挪占大筆海軍經費。當時，造艦技術日新月異，而由於海軍經費挪撥於欽工，北洋海軍成軍之後，既無力添置新式戰艦，也不能更換新式快炮，以致與日本相比，優勢在數年之間化為烏有。而日本海軍的實力，反倒一躍而在北洋海軍之上。時人評甲午戰爭海軍之敗時說：「蓋自朝議停購船炮，復取海軍專款為園苑建築之需，自隳綢繆牖戶之計。日本乘此時機，上下協力，造艦修械，奮發圖強，侵蝕朝鮮，迤及神州，致海軍計劃左（宗棠）、沈（葆楨）諸賢數十年積銖累寸之功，一朝而盡，參之肉不足食也。」[099]

---

[098]　《李文忠公全集》奏稿，卷七八，第 17 頁。
[099]　《洋務運動》（叢刊八），第 495～496 頁。

第五章　清政府「大治水師」與北洋海軍成軍

　　北洋海軍成軍僅僅 6 年之後，這支龐大的艦隊竟然折戟沉沙，檣櫓灰飛煙滅。不是別的，正是清朝統治集團的腐朽沒落，成為北洋海軍最終全軍覆沒的最根本的原因。

三　琅威理辭職風波及其後果

　　西元 1890 年春間，北洋海軍成軍剛一年多之際，發生了一起「爭旗事件」，竟導致北洋海軍總查琅威理的辭職。此事表面上看來似是一孤立事件，實則原因非常複雜，其後果又是十分嚴重的，故成為晚清海軍發展中一個眾所矚目的重大事件。

　　琅威理在英國並無藉藉之名，亦無赫赫之功，與清末的中國海軍卻有一段奇緣，因而使其在華名聲大噪。琅氏生於西元 1843 年 1 月 19 日，1857 年就讀於皇家海軍學校，1859 年 3 月畢業。旋即分發於海軍實習。歷任海軍準尉、代海軍少校、海軍少校、中校副艦長等職。1864 年 6 月晉升為上校艦長。1898 年列入海軍退役準將，次年改為副將。1906 年 12 月 15 日卒，年 66 歲。[100] 因其借聘來華，出任北洋海軍總查，對於中國海軍初期的組建與訓練關係至大，故歷來為史學界所津津樂道。

　　琅威理與中國的關係開始頗早。西元 1863 年，他曾隨同阿思本（Capt. Sherard Osborn）率領「英中艦隊」（Anglo-Chinese-Fleet）初度來華。俟因該艦隊於不久即告解散，旋即返國。1877 年及 1879 年，他又先後為中國海關駐英代表金登幹（James D. Campbell）所延，護送炮船前來中國。至此方才引起李鴻章對他的注意，因之蓄意延攬。[101] 而於 1882 年及 1885 年

---

[100]　See Naval Cadrets to Admirals, ADM169, Vol.15, PP.249, 256, Elected New-New; Navy List, Vol.95, PP.104, 127, 131～137, 140, 144.

[101]　See Stanley F. Wright, Hart and the Chinese Customs, PP.473～476; Robert Ronald Campbell James D. Campbell, A Memoir by His Son, P.43.

第四節　北洋海軍正式成軍

兩度受聘為北洋海軍總查，在華服務近6年。由於其人沉毅果敢，熱誠負責，對於中國海軍貢獻頗巨。

　　琅威理出身於英國皇家海軍，為人熱情負責。任職之後，治軍非常嚴厲。至其貢獻：一為訓練嚴格。加以其經驗豐富，舉凡官兵的教育、航海的技術、槍炮的施放、魚雷的工程、機械的操作、炮臺的修建，以及其他的各種訓練，無不經於其手。因此，不久即為海軍官佐所敬憚，「中外稱之，一時軍容頓為整肅」[102]。不僅東方的日人為之側目，而北鄰的俄人亦因之稱讚不已。[103] 二為國際禮節的採用。海軍原為國際性的兵種，彼此交往均有一定的禮節。中國海軍建軍之初，對於此事未遑講求，海上軍艦往來交際尚付闕如。自從琅威理任事之後，始與外國海軍講求往來迎送、慶弔交接之禮，而使中國的海軍納入國際行列的正軌。[104] 再次為大批英國海軍人員的聘用。琅氏野心勃勃，頗擬將中國的海軍訓練，達到世界的水準。為了使其計畫順利推進，於是先後設法延聘大批的英國海軍專門人才，參與北洋海軍工作。先是西元1883年12月，他曾向英國海部申請3名炮術教習。其他則為海上活動的加強。海上活動原為海軍的例行工作，亦為重要的訓練功課。自琅威理至軍後，中國海軍的海上活動大為加勤，範圍亦遠為擴大，北至海參崴，東至朝鮮與日本，南達香港、新加坡以及南洋群島各地，不僅使中國的海防大為增強，也使中國的海軍成為西北太平洋上最活躍的一支艦隊。據倫敦報載，1891年中國的海軍占世界第8位，而日本則占第16位。[105] 果能長此以往，中國的海軍力量自必日益壯大，足以成為保衛國家的海上長城。沒想到，1890年竟以升旗問題引起糾紛，使琅

---

[102]　池仲祐：《海軍大事記》，光緒八年記。
[103]　See Bland G.0. P, LiHung-Chang, PP.227～228. 崔國因出使日記。
[104]　池仲祐：《海軍大事記》，光緒八年記。
[105]　參見《萬國公報》卷八八，第24～25頁，林樂知〈各國新政治記〉。

第五章　清政府「大治水師」與北洋海軍成軍

威理憤而辭職,而他與中國海軍的關係亦因之不愉快地結束。

所謂「升旗事件」發生於香港,時在西元 1890 年春。根據《海軍大事記》的作者池仲祐的記載,其事乃由琅威理與北洋海軍右翼總兵劉步蟾二人之間因為升旗問題所引起的。「時值各艦巡海香港,丁汝昌以事離船。在法,宜下提督旗而升總兵旗。劉步蟾照辦。而琅威理爭之,以為:丁去我固在也,何得遽升鎮旗?不決,則以電就質北洋。北洋覆電,以劉為是。由是琅拂然告去。」[106] 此外,劉體智在他的《異辭錄》中,對於此事也有類似的記述。不過,根據琅威理的報告及李鴻章的電報,則知此事發生於當年 3 月 6 日。其時北洋海軍援例開赴南洋度冬,船泊香港。丁汝昌率領「鎮遠」等 4 艦巡邏海南島,以琅威理留港照顧並修理其他各艦。沒想到,當丁離開後,其提督旗遂即為其部屬所卸下。琅威理因中國曾賞予提督銜,且時人每謂「軍中有兩提督」,故亦常以提督自命。認為提督旗乃彼與丁汝昌所共用,該軍官等未經其允許即將提督旗降下,殊為無禮,因之爭執乃起。爭之不得,乃電北洋大臣李鴻章請示,問:「彼在軍中應懸何旗?」原以為李鴻章會對他支持。沒想到李鴻章並不直接對他答覆。僅覆電林泰曾及劉步蟾等,謂:「琅威理昨電請示應升何旗?章程內未載,似可酌製四色長方旗,與提督有別。」[107] 李氏的態度,使琅氏深覺羞辱。俟南巡北返,琅威理至天津面謁李鴻章,表示如無實權,工作將無法繼續。而李氏卻仍堅持前說,且認為琅氏並無辭職之理由。本來當升旗事件發生之後,琅威理即曾先後致書其海軍部長漢密爾頓(Richard Vesey Hamilton)、英國駐華公使華爾身及英國駐華艦隊司令沙爾曼(Sir Namell Salman),表示其決心辭職之意。見李鴻章不得其直,乃立刻提出辭呈,

---

[106]　池仲祐:《海軍大事記》,十六年記。
[107]　《李文忠公全集》電稿,卷一二,第 12 頁,光緒十六年二月十七日辰刻電。

第四節　北洋海軍正式成軍

而李鴻章亦遂加以接受。情況發展至此，雙方唯有趨於決裂之一途。

琅威理的辭職，不久即引起中外報界的注意。《申報》遠在南方的上海，對於此事似乎不甚清楚，以為琅之離職乃是因為其「遇下驕傲寡恩，不為人所服，故特辭退」[108]。可是天津的英文《中國時報》(The Chinese Times) 的消息卻比較靈通，早在該年的 6 月 21 日即曾刊出琅威理辭職的新聞。謂：「琅威理已於本月十五日（四月二十八日）辭去其中國艦隊合督 (Co-Admiral) 之職，並已於同時為總督所接受，預料以後將不會再有英國軍官步趨琅氏之後塵」。[109]

接著，該報並於 9 月 6 日及 10 月 18 日發表兩篇短評，對於琅威理辭職之事有所論列。他們以為琅威理二次受聘來華之時，即曾向李鴻章表示，要他做事，必須要使他有權。否則，他將無法執行任務。

其後，在實際上也可證明琅與丁汝昌提督居於同等的地位，並與丁負責聯合指揮官 (Joint Commander) 的職務。舉凡軍官的會報以及一切的命令都須由他二人聯合審閱和釋出。不料，事經數年，現在中國對於琅的提督地位竟然不予承認。對於琅而言，不僅為一欺騙，亦為一大侮辱。升旗事件絕非偶然，下級軍官早有預謀。此舉已充分地顯示中國絕不允許任何外國軍官去指揮他的艦隊，其情形剛好與西元 1863 年的阿思本兵輪案 (Lay-Osborn Flotilla) 相同。而且無疑地，琅雖有中國皇帝賜以榮譽的提督之銜，但他並非服務於中國政府，而僅不過為一總督的奴僕。[110] 同時，上海的《北華捷報》對於此事也大加報導。除了釋出新聞之外，且曾先後發表 3 次冗長的社論，對於中國有所責罵與攻擊。第一篇是在 7 月 4 日，

---

[108]　《叻報》第 2964 號轉載《申報》消息。
[109]　See The Chinese Times, June 21.1890, P.386, Notes.
[110]　Ibid. PP.365～366, Sept.6, 1890, Notes.

第五章　清政府「大治水師」與北洋海軍成軍

言辭最為激烈。首先他們認為中國人之逼迫琅威理去職，乃是一種過河拆橋的行為。外國人以其辛勞與忠誠，所換得的乃是忘恩與負義；外國軍官除非不願盡忠職守，並且願與中國的軍官同流合汙，否則即會遭受妒嫉、陰謀與排擠。毫無疑問，自從琅威理來華，北洋海軍方才大有起色。現在琅威理已去，行將見中國海軍「混亂的狂歡」(The Carnival of Disorder) 即將開始。次論琅威理在中國海軍中的地位，認為琅與丁居於一種同等的地位，北洋海軍由他們二人聯合指揮。依據琅威理在英海軍中的階級與地位，他不可能作為中國人的一個僚屬。此一原則乃自西元 1863 年即行訂立，雖經恭親王各方努力亦未改變。最後則對李鴻章大表不滿，認為琅威理為其部下所辱，還是小事，設使李鴻章能夠加以適當的處置，事情即可很快地過去。沒想到，李鴻章卻對其下級軍官加以袒護，故始迫琅威理辭職。[111] 第二篇是在 7 月 31 日。認為琅威理事件表示中國意欲將其所聘用的外國人員完全驅逐。蓋以「中國乃中國人之中國」的呼聲，外人已經早有所聞。當然，中國人有權作此決定，無人能夠對之加以遏止。

如果他們認為現在可以擺脫外國的顧問，即應該他們自己去嘗試。論及「琅是自己解職而非中國人解聘」之說，該報亦加以駁斥，認為那是欺人之談。認為只有海軍軍官才會知道當他的面扯下他的旗是多麼大的難堪。由此可見其實際遠較其外表為重要。[112] 第三篇是在 8 月 1 日，再度強調琅威理在北洋海軍中的地位，認為琅既非為丁提督之海軍教習，亦非其顧問，而實係該艦隊的副司令官。關於此點，乃由英國外交大臣沙侯 (Lord Salisbury) 勸導，並經李鴻章同意，琅始答允前來中國服務。並言：「有許多理由令人相信，琅之免職，乃是反對外人在中國服務的一種反

---

[111]　North China's Herald, July 4th. 1890, PP.7～8, China and Her Foreign Employes.
[112]　Ibid. July 31st. 1890, PP.123～124, China and Her Foreign Employes.

第四節　北洋海軍正式成軍

動。此事我們並不以為奇。當得知丁提督離港赴海南時，一部分軍官已預先安排好將琅趕走。當然，有如此一位廉潔負責的外國軍官在此等地位，自然難使中國的軍官覺得高興。」[113]

此外，該報並曾於 8 至 11 月之間，先後發表 4 封讀者投書，對於琅威理事件加以熱烈的討論與辯駁。其中，1、3、4 封為外國人所投寄，第 3 封信討論琅在北洋海軍中的職稱問題；第 4 封信提出琅在北洋海軍中的地位。二信尚屬心平氣和，就事論事。唯有第 1 封信感情較為衝動，言辭亦較激烈。該信雖然屬名為「老震旦」，實則出於琅威理本人之手。在這信的一開始，他即憤慨地表示：「希望當此消息傳抵英國之時，海部立即下令召回在中國海軍服務之所有英員。因為李鴻章匆促地接受琅之辭職，並未與女王陛下政府協議。」最後並提出警告稱：「中國以後也許可以請到他國之人幫忙。不過，那些不顧自尊而只為薪津的人，如果沒有適當的知識，恐怕亦將無助於中國。行見中國的戰艦不久將變成為破銅爛鐵；中國的水兵變成為散漫無紀的流氓。那時候，中國的較高當局以及天津海校裡的紳士們，便將會以高價聘請外國的朋友去救援了。」[114]

第 2 封信是由天津寄出的，署名為無名氏，猜測可能為李鴻章的英文祕書羅豐祿（Robert Hart），亦可能為天津水師學堂的總辦嚴復。此信主要係對琅威理投書答辯，認為琅在中國海軍之中僅是一名副將而並非提督；是一位海軍顧問而不是海軍指揮官。至於琅為什麼被一般人稱之為琅提督則不太清楚，或者是由於禮貌所致。實際上，以一位海軍副將及海軍顧問，琅並不能與提督丁汝昌相提並論。丁乃欽命之北洋水師提督。「提督」是中國名詞，可以譯為 Major-general，而與西方有所不同。丁提督並

---

[113]　Ibid. Aug.15th.1890, P.181, Admiral Lang's Resignation.
[114]　Ibid. Aug.15th.1890, P.133.

第五章　清政府「大治水師」與北洋海軍成軍

　　不如一般人所想像的位在李鴻章之下。因為他可以直接上奏皇帝，並可未經協商海部而對皇帝表示意見。琅威理之受聘為北洋海軍顧問，在丁提督來說，是對李鴻章的一種讓步。因為丁自知其本身有缺點。如他不願意去做，李亦無可奈何。由是觀之，可知琅與丁之關係與諾德尼（Mr. Denny）與高麗之王大臣相同。理解上述情形之後，始可以一種新的眼光去看「香港事件」（Hong Kong Incident）。當時丁率4艦去海南，在丁離去後，當然應將提督旗降下。否則人們即會以為北洋艦隊有二位提督，而實際上則只有一位，可是琅卻不作如是想。李鴻章為了嘉獎其服務，並使之不與丁提督衝突，所以特允升四色長旗。沒錯，李可以做很多事，但他卻不能未經皇帝的准許而任命琅為提督。可惜琅不了解李之厚意，竟憤然辭職。以過去情形而論，不論何時，一切命令均出於丁提督，而琅實際上並無權力。作為一位海軍顧問，琅忠於職守，組成艦隊，訓練士卒，指導演習，的確一切表現良好。但上述一切亦均須賴全軍艦長及軍官之協助，該等艦長及軍官大部分均曾在國內受過海軍教育並曾在英國接受海軍訓練。

　　那是真的，琅之辭職的確使中國海軍失去了一位優秀的軍官。然而無論如何，中國的海軍雖不能立即與歐洲的強大海軍相提並論，但在其現有的提督、艦長及軍官等的帶領下，依舊可以日趨強大。誠然，海軍並非一日可以建立起來，但中國可以等待。[115]

　　由上所述，可知外國在華人士對於琅威理辭職一事所表之重視，且與中國人士有不同之意見。由於雙方的立場不同，彼此所持之觀點亦各互異，此殆為必然之事。尤堪值得吾人注意者，即琅威理事件在英國亦曾引起一陣軒然大波，以致使中英關係大受影響。當琅威理的辭職報告送達海部時，海部大臣以為琅氏為其部下所辱，而李鴻章非但不予支持，且謂

---

[115]　Ibid. Aug.5th.1890, P.192～193.

第四節　北洋海軍正式成軍

「琅乃僅總督所聘請或承認,而非為中國政府」,殊覺太為無禮,因之大感不快。於是乃迅即批准琅之辭職,並命其早日返國。適於此時,北洋海軍所聘英國水雷教習羅覺斯(Scott Rogers)任期將滿,電令駐英公使薛福成與英國外部交涉。外部以之轉商於海部,海部立加婉拒。謂除非中國方面對於琅威理之事提出滿意的解釋,否則即對此事不予同意。[116] 外部乃一面訓令其駐華公使華爾身提出調查報告;一面知照中國駐英公使要求對於琅案提出解釋。3月3日,英使對於琅案提出報告。內謂琅威理辭職之事乃係由於兩位高級軍官不承認其權力而起。且李鴻章又不予以支持,故琅除辭職外,別無他途。依照華爾身的觀察,他認為李鴻章不久必將再會請求英國派人接替琅的職務。但卻以為當他對於此事未作完全報告以前,對於李的請求,英國不應再加接受。[117] 中國方面的反應卻非常的冷淡。當月19日薛福成致電北洋詢問李鴻章「能否轉圜,邦交有益」之時,李的態度依然毫未改變。且於覆電之內謂:「琅威理要請放實缺提督,未允,即行辭退。不能受此要挾!」接著,他並要求薛福成向英解釋,認為此事「似與邦交無涉」[118]。薛無奈,只有將此事向後延宕,直到1月27日,方才向英國外部提出如下的一個覆文:「接海軍衙門兼北洋大臣文內開:琅威理請派水師實缺以代虛銜,若不准給,定須告退。查此項實職給與外國官員實屬向來所未有,是以未能答允,只得准其告退。琅威理在中國水師效力殊屬有功,唯因有此情形,以致不能任用,中國海軍衙門甚為悵惜。」[119] 中國之遲遲答覆,不僅使英國海部人士日益憤怒,一再地要求其政府改變對華政策,甚至英國外部亦覺深為不滿。經過數度考慮之後,決

---

[116]　See APM.1/7048, APM. to F. O. July 15th.1890.
[117]　See F. O.17/1170, Aug.3.1890, Peking, Sir G. Walsham to the Earl Salisberg.
[118]　《李文忠公全集》電稿,卷一二,第30頁,〈英京薛使來電〉、〈覆倫敦薛使〉。
[119]　See F.0.17/1104,英國外交部「中國公使館」檔,光緒十六年十月十六日,〈薛福成致沙侯〉。

069

第五章　清政府「大治水師」與北洋海軍成軍

定遵照海軍意見，召回在華之英國軍官。同時於9月22日知照中國公使，除拒絕羅覺斯之續聘，對於李鴻章深表不滿外，並且鄭重地對琅威理事件表示遺憾：「女皇陛下政府，深為被中國政府臨時聘用之英國海軍軍官居於一種不滿意之地位而感到遺憾。此一事件顯示，英國無法不批准琅威理海軍上校辭職之行動。同時，彼等亦被迫宣告：關於選擇軍官接替琅威理或羅覺斯之事，除非接獲有關琅威理事件發生的滿意說明，並確信英國的軍官將來不致再度遭到類似的待遇；否則，即將難以考慮。」[120]

同時，琅威理的辭職，中英關係的不快，也使赫德（Robert Hart）陷入極端的失望，並對琅略有微詞。在琅威理提出辭呈後不久，他便致函與金登幹指出：「琅已辭職，我所長期掌握在英國人手中的艦隊，也許要落入外人之手。」[121] 及見琅威理的讀者投書，他更表示大為不滿。認為琅在信上所說的簡直是一個「非常古老的故事」。試問：「琅的辭職確證到什麼聰明，而又如何去證明？」因此，他以為「琅的最大錯誤即是他從未說出整個的故事」。在赫德看來，琅的辭職未免過於輕率，雖然他的行動似乎很謹慎。事實上，當他在香港為著降旗而大發脾氣之時，他已下定決心要與大眾，尤其是海軍的大眾作對。「所以正如我以前所說的，他使政策屈服於人格。」[122]

琅威理的辭職乃係由於升旗事件而起，升旗事件爭執的最大焦點便是琅在北洋海軍中的地位問題。關於此點，池仲祐於其《海軍大事記》中曾經有所記載。他說：「先是北洋之用琅界以提督銜，此在吾國不過虛號崇銜，非實職也。而軍中上下公牘則時有丁、琅兩提督之語。故自琅威理及

---

[120]　See F.0.17/1170, Sept.22th.1890, Salisberg to Hsieh.
[121]　See The L. G. in Peking, Vol. I, P.797, No.753.
[122]　Ibid. P.815, No.772.

第四節　北洋海軍正式成軍

諸西人言之,中國海軍顯有二提督。而自海軍奏訂章程言之,則海軍則有一提督兩總兵也。」[123] 由這一段記載來看,可以顯見琅威理在北洋海軍中的地位,似乎隱存著兩個問題:一為理論與實際的問題。琅威理既僅擁有提督的虛銜,按理自非真正的提督。可是當時軍中上下公牘卻時有丁、琅二提督之語,豈不有問題?二為中西理解的差異。西人對於中國的官銜不甚清楚,以為虛銜與實職並無二致,中國海軍顯有中英兩位提督。然依中國的規定,則海軍卻僅有一位提督,這又是另外一個問題。可是,無論如何,如就西元1882年與1883年李鴻章與琅威理所訂的聘用合約以觀,則琅在北洋海軍中的地位至為明顯。因為在上述二次合約裡,均曾清楚說出:提督丁汝昌是該艦隊的最高指揮官,具有指揮該艦隊任何船隻及中外軍官的全權。至於琅威理則為丁汝昌之下的一位高級助手,其職位為副提督銜(後改為提督銜)北洋海軍總查,其任務為負責全軍的組建、操演、教育以及訓練等工作,如非副署提督,他即無釋出命令之權。再以實際情況而論,中國為一獨立自主之邦,任用外人亦有原則。尤其是軍事方面,以其為輔佐人員尚可;以之為統帥或指揮官則不可。以往阿思本兵輪案之發生,中國之極力反對,甚至犧牲百萬兩白銀而不惜者,即係為其軍權不能交與外人的問題。沒想到,此次竟然又蹈20多年前的覆轍。此外,假如我們再由北洋海軍提督丁汝昌對於琅威理辭職一事所發表的感想,當更能增加事實的若干了解。他說:「我很難過,琅為此種小事而自尋煩惱。琅為中國做了很好的服務,也實在幫了我不少的忙。當他回國時也要繼續服役,升什麼旗有何分別?龍旗專為北洋提督所用,因為只有一位提督,故別無他法可想。假如有兩位提督(那該多好!),可是我絕不相信政府

---

[123]　池仲祐:《海軍大事記》,光緒十六年記。

第五章　清政府「大治水師」與北洋海軍成軍

會任命一位外國人為第二個提督。」[124]

　　不過，當再進一步地分析時，即知上述的爭執僅屬一種藉口，或者僅係一種表面的理由。究其實際，尚有其他諸多錯綜複雜的內幕。其一，琅氏一向對於中國的官員表示不滿，認為其官僚氣味太重，虛偽而不求實際。他對於張佩綸等人的印象尤為惡劣，因為張及其他官吏時常對他不太尊重。[125] 故當第二次重聘來華之時，他即曾表示他不願再接受新職。後以英政府一再地勸說，方才勉強答應，「為了英國的利益，而寧願暫時喪失國籍」[126]。其次，他的眼疾也使他時常感到煩惱，其間且曾一度的有失明之虞，而向海部提出辭職，並使神經過敏的赫德為之惴惴過慮，私下致函於金登幹，要他尋覓適當的替代人選。赫德的這封信寫於西元 1888 年的 9 月初旬，他說：「琅的眼疾再次使他煩惱，我懷疑他是否能夠支持到新年。請你悄悄地查訪，並確定何人適以取代他的職位？好脾氣、具有廣泛的知識、願意去做任何的事，並且還要健康，這些都是必備的資格。當然，我尚不能確信我有提名之權。但是鑒於一旦琅去，而法、德之人可能抓住海軍，無論如何我總要有人以備萬一。」[127] 再次，他與若干高級中國軍官的激烈衝突，也是導致他此次去職的一個主要因素。琅威理熱情負責，勤於訓練，的確使中國的海軍獲得很大的進步，但是他那盛氣凌人的傲慢態度，他那認真不苟的嚴格要求，也的確引起不少中國軍官的反感。尤其是那些船政學堂畢業而又曾留學於英國的少壯派分子，更是覺得接受一個外國人的管理為可恥。這批人被琅威理稱為「福建幫」，他們非但暗中反對，不予合作，甚至還在李鴻章面前對於琅時加責罵與中傷，以

---

[124]　See F. O.17/1170, PP.97～101, March10.1890, Notes of a Conversation Between Ting And Lang.
[125]　See Hart and The Chinese Customs, PP.480～481.
[126]　Ibid. P.482.
[127]　The I. G. In Peking, Vol. I, P.118, No.664.

第四節　北洋海軍正式成軍

便改變李的印象。根據琅威理對於其海部的報告，可知所謂「福建幫」，其主要分子便是兩位北洋海軍中的第二號人物：一為左翼總兵林泰曾；一為右翼總兵劉步蟾。而李鴻章的英文祕書羅豐祿，則為他們在北洋大臣跟前的耳目。當琅辭職之後，羅豐祿與嚴復（北洋水師學堂總辦）還曾分別致函於英人以繼其缺。羅氏所擬請者為前船政學堂教習德勒塞（Captain Tracey）；嚴氏所擬請者為前格林尼茨皇家海院教習藍保德（Captain Lambert）。當然，由於英國政府的不准而毫無結果。琅威理對於林、劉等人的印象至為惡劣。認為「福建幫」在艦隊之中的勢力很大，一旦使之當權，則海軍即可能為他們所毀壞。那時候，「該艦隊即將變成為福建人家族的艦隊；各艦艇即將為他們的親戚所充滿；而訓練有素的北方人也將要被他們所踢開」[128]。琅威理所言或者不免稍嫌激憤，唯琅去而北洋海軍日壞則為不爭的事實。甲午戰後，文廷式曾經上書奏陳羅豐祿陰謀排斥琅威理之非。並議：「海軍復設，斷不可用閩人舊黨。」[129] 亦可證琅氏所言者當非全誣。

　　關於琅威理辭職後之影響，可由以下二事加以說明：其一是中英邦交陷入低潮。自琅威理受聘來華之後，不僅使中國的海軍聲勢蒸蒸日上，中英邦交亦因之日趨融洽。像是海軍學生留英問題，英政府或允其進入皇家海軍學校就讀，或允其參加基地練船訓練，或允其登上各大兵船、各大海軍艦隊實習，無不盡力協助，使我海軍在英教育順利展開。又如在英購船之事，英海部亦時時樂意派員為中國代為查驗或試航，藉以發現其缺點。遇有需要延聘專門人才之時，英政府亦特地允許彼等來華服務。而李鴻章且曾數度向英表示，有意達成中英同盟，共同對付帝俄侵略。不虞，竟因

---

[128]　See F. O.17/1170, Lang to Sir Halliday, Chefoo, July 20th. 1890.
[129]　《芸閣先生奏稿》，第 138 頁，光緒二十二年十月十九日奏摺。

第五章　清政府「大治水師」與北洋海軍成軍

琅威理的辭職,而使中英邦交大為受損,一面不允中國水電學堂教習羅覺斯延期,命令彼於期滿之後立即返國,一面將天津水師學堂管輪教習霍爾克(H. W. Walker)及副教習希耳順(S. H. Hearson)等全部由中國撤走。此外,中國海軍留英學生也被拒絕。其後雖於1904年改變態度,重允中國海軍學生留學英國,然以事隔10多年,終難恢復舊觀。關於此點,池仲祐記載頗詳。謂琅威理歸國以後,依然懷恨,因而「向人輒謂受我侮辱。英政府信之,有來質問者。厥後我擬派學生赴英就學,竟不容納。蓋惑於琅氏之說也。而中英親睦之情,亦坐是為之銳減,惜哉!」[130] 其二是北洋海軍的日壞。自琅威理去後,北洋艦隊領導非人,一方面將帥不合,內部呈現嚴重的分裂;一方面軍紀不整,訓練日益廢弛。有心人士有鑒於此,早已深懷隱憂。姚錫光於其《東方兵事紀略》之內,曾慨乎言之。謂:「琅威理督操綦嚴,軍官多閩人,頗惡之。左翼總兵劉步蟾與有違言,不相能,乃以計逐琅威理。提督丁汝昌本陸將,且淮人,孤寄群閩人之上,遂為閩黨所制,威令不行。琅威理去,操練盡弛,自左右總兵以下爭挈眷陸居,軍士去船以嬉。每北洋封凍,海軍歲例巡南洋,率淫賭於香港、上海。識者早憂之!」[131] 王樹枬也於論海軍時指出,中日海軍之一勝一敗,不純在於船炮之優劣,而在於海軍人員之能否守法與肯否受教。如言:「中日初立海軍之始,掌其教者皆英人也。乃一以琅威理而敗;一以英格爾斯(John Ingles)而勝。非教之法不同也,法同而有守法與不守法之殊;教同而有受教與不受教之別。且不唯不守法不受教也,又復售其譖,從而逐之。是何異於奕秋之誨二人奕哉!」[132] 其他類似之論尚多,毋庸於此一一贅述。要之,琅威理辭職對我海軍影響之深遠,於茲可以證

---

[130]　《海軍大事記》,光緒十六年記。
[131]　姚錫光著:《東方兵事紀略》卷四,第4～5頁。
[132]　劉錦藻:《清朝續文獻通考》卷二二七,兵二六,海軍。

第四節　北洋海軍正式成軍

明。甲午戰後，國人鑒於海軍教育之重要，請求重聘琅威理來華之呼聲時起，足示一般人對其欽佩與懷念之情。唯以時過境遷，兼以琅威理老病侵尋，無法成行，其事遂寢。

綜上所述，可知琅威理之受聘來華組建訓練中國海軍，從表面上看來，固然是由於北洋海軍成船多日，乏人領導，故不能不借才於異邦，實則為了要控制中國的海軍，美、德、法各國幕後的激烈角逐，以及英國為其利益的考慮，也是促使英國政府應允借聘海軍軍官的重要原因。琅威理出身於英國皇家海軍，具有優越的能力與經驗，憑著他的精力、野心與責任感，在短短的數年之內，將散漫無紀的中國海軍，訓練得嚴整可觀，對於中國近代海軍的發展的確作出很大的貢獻。設使此種訓練維持不變，再過數年，中國的海軍戰力必將更為壯大。沒想到，由於升旗事件而辭職，實為令人扼腕。

對於李鴻章的態度也值得吾人研究。在其借聘琅威理之初，他的表現是何等的殷切與熱情！為了促成琅的早日來華，他甚至不惜花費九牛二虎之力，方才達到目的。可是正當琅威理將中國海軍整頓得初步就緒之時，他卻毫無顧惜地聽任這位外國愛將辭職他去，殊覺令人不可思議。從日後琅威理對其海部的報告來看，他的憤然辭職似乎並不像李鴻章所指責的「請派水師實缺以代虛銜，若不准給，定須告退」。以琅在華服務年數之久，對於提督的虛銜與實缺豈不清楚？至於要將一個中國艦隊交由外國人統率，本為中國的制度所不許，且阿思本兵輪案已有前車之鑑，他當然也知道為不可能之舉。故知其辭職的關鍵所在，乃是因為發生升旗事件時，致電於北洋請示，可是李鴻章並不直接致電於琅予以答覆。琅到天津之後，當面向李報告升旗事件的經過，並且表示如其威權不能保持，勢必無法指揮艦隊，唯有辭職一途，但是李鴻章非特未加溫語慰留，反而立即

第五章　清政府「大治水師」與北洋海軍成軍

加以接受。關於此點，若干西方的史家每喜以李鴻章具有排外的潛意識來解釋，實際上並不正確。[133] 或謂其為閩人所讒，似乎接近事實，但恐亦非全部。此外，倘使吾人能由李鴻章的用人原則及其倔強性格兩方面加以觀察，或可獲得進一步的詮釋。在用人方面，李鴻章雖主借用洋將，但以為中國必須有自主之權，一切均須聽從中國的約束。[134] 在性格方面，李鴻章個性兀傲，自視甚高，向來我行我素，不願接受洋人的壓力。由其以往所對白齊文（Henry Burgevine）、戈登（Charles Gordon）、德璀琳、黎熙德（Richter）等人的態度，即可予以證明。琅威理之不聽李鴻章勸告，決心提出辭呈，正是對他倔強個性的一個挑戰，因而使他覺得異常憤怒，認為琅是在要挾他，因而不惜與之決裂。故當英政府透過中國公使薛福成要求李鴻章對於琅威理辭職一事提出解釋時，他便毫無保留地覆電與薛，謂「不能受此要挾」。當李鴻章一怒允許琅氏去職之時，他當然不知道3年以後，他所花費20年辛勤締造的海軍竟然遭受毀滅的命運。小不忍則亂大謀，後雖痛悔，又何能及！

　　再者，從琅威理事件之發生，也觸及中國近代化過程中的另外一個問題。是即由於中國科技的落後，人才的缺乏，在進行近代化之初，自不能不賴先進國家的援助。可是過分依賴於外人，而不知培養自己的人才，亦為一大錯誤。李鴻章於建立近代海軍之初，即知派遣青年軍官，前往英國留學；設立北洋水師學堂，培養自己的幹部。其出發點未嘗不知從根本之處著手，目光亦不可謂不為宏遠。所惜者時間過於短促，不論訓練與經驗都嫌不夠，以致未能培養出一批屬於自己的海軍優秀將才，而不能不仰賴於外國專家的援助，這實在是中國海軍發展史上的一個很大的關鍵。

---

[133] See R. K. Douglas, Europe and the Far East, P.424, 1904; North China's Herald, July 4th.1890, P.123～124.

[134] 《李文忠公全集》奏稿，卷二，第48頁，〈白齊文滋事撤換片〉。

第五節　洋務思潮勃興與近代海防論的發展

近代海防論萌發於第一次鴉片戰爭時期，其倡導者為林則徐和魏源。後因時局變化，海防運動趨於式微，議海防者遂亦漸銷聲匿跡。迄於1860年代初，洋務思潮勃興，議海防者漸出。然而，在此後的20多年間，近代海防論的發展並不是一帆風順的，它時斷時續，在艱難的探求中前進。迄於中法戰爭爆發，其發展歷程，大致可分為以下三個時期：

第一時期，從西元1861年到1874年，歷時13年，是近代海防論的重興時期。

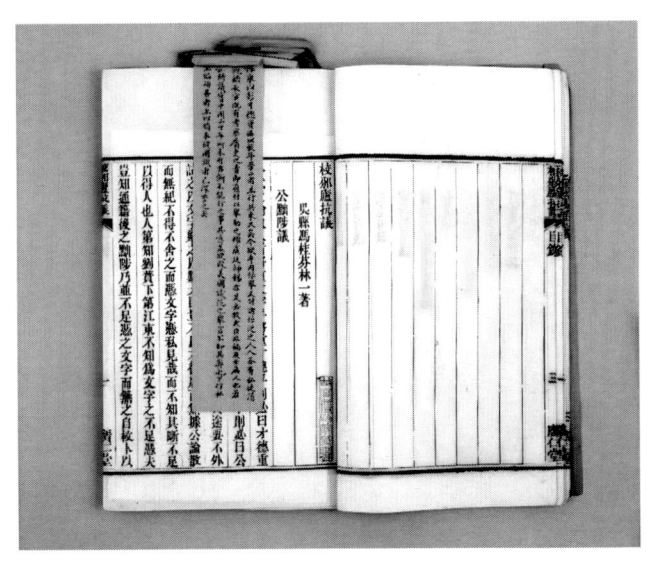

校邠廬抗議

近代海防論在1860年代初重興，是與洋務思潮的勃興相關的。第二次鴉片戰爭的失敗，使中國有志之士莫不義憤填膺，亟思救國之策。馮桂芬即曾在《校邠廬抗議》一書中寫道：「有天地開闢以來未有之奇憤，凡有

第五章　清政府「大治水師」與北洋海軍成軍

心知血氣，莫不衝冠髮上指者，則今日之以廣運萬里地球中第一大國，而受制於小夷也。」為什麼會出現這種情況呢？他找到了一些原因，而其中一個很重要的原因，就是「船堅炮利不如夷」。強調指出：「然則有待於夷者，獨船堅炮利一事耳。」因此，他非常贊成魏源「師夷長技以制夷」之說，認為：「獨『師夷長技以制夷』一語為得之。夫九州之大，億萬眾之心思材力，殫精竭慮於一器，而謂竟無能之者，吾誰欺？」[135] 此書成於西元 1861 年。

此前不久，曾國藩鑒於列強「恃其船堅炮大，橫行海上」的嚴峻局面，也產生了「師夷智以造炮製船」[136] 的想法。並於同年 8 月 23 日奏稱：「輪船之速，洋炮之遠，在英、法則誇其所獨有，在中華則震於所罕見。若能陸續購買，據為己物，在中華則見慣而不驚，在英、法亦漸失其所恃。……購成之後，訪募覃思之士，智巧之匠，始而演習，繼而試造，不過一二年，火輪船必為中外官民通行之物。」[137] 其後，左宗棠也多次提出「必應仿造輪船，以奪彼族之所恃」[138]。李鴻章還進一步指出：「唯各國洋人，不但輳集海口，更且深入長江，其藐視中國，非可以口舌爭，稍有釁端，動輒脅制，中國一無足恃，未可輕言抵禦，則須以求洋法、習洋器為自立張本。」[139] 可見，「師夷長技」之說已被廣泛認同，成為近代海防論得以重興的觀念基礎和前提。

馮桂芬也好，曾國藩等人也好，都不是簡單地接過了「師夷長技」之說。應該說，他們對西洋「長技」的理解比林則徐、魏源要深刻得多。如

---

[135]　馮桂芬：《校邠廬抗議》卷下，〈制洋器議〉，光緒丁西聚豐坊校刻本，第 70～72 頁。
[136]　〈欽差大臣曾國藩複奏俄使陳助攻太平洋及代運南漕二事可利用情由折〉，《第二次鴉片戰爭》（五），第 330～332 頁。
[137]　〈覆陳購買外洋船炮折〉，《曾國藩全集》，奏稿三，岳麓書社，1987 年，第 1603 頁。
[138]　《左文襄公全集》，書牘卷七，第 25 頁。
[139]　〈收上海大臣李鴻章函〉，《海防檔》丙，機器局（一），第 3 頁。

第五節　洋務思潮勃興與近代海防論的發展

馮桂芬專門寫了一篇〈採西學議〉，認為學習外國不能只限於堅船利炮，還應包括一切自然科學和工程技術，統稱之日西學。建議在廣東、上海設翻譯公所，選譯西方著作，「由是而秒算之術，而格致之理，而製器尚象之法，兼綜條貫，輪船火器外，正非一端」[140]。李鴻章則提出，一面派人出洋學習製造，「寬以歲月，董之勸之，所學既成，或載其機器，或譯其圖說而歸」；一面「仿照外國語言文字館之例，在於京城或通商海口，設立外國機器局，購買外洋人鐵廠現有機器，延請洋匠，教習製造，而別選中國精於算術之士，分充教習，以洋匠指示製造之法，以中士探明作法之原」[141]。他們不僅將西洋「長技」的內容由「船堅炮利」擴展到西學，而且在「師夷」的方法上提出了更為實際的步驟，這表明洋務派不是簡單地重複「師夷長技」說，而是在重倡林則徐、魏源未能實現的主張的同時，更為注重以培植海防的物質基礎為入手功夫。

重倡海防論的中心問題是仿造輪船。曾國藩、左宗棠等都一致認為，仿造輪船乃海疆長久之計。針對當時盛行的僱用外國輪船主張，左宗棠堅決反對，指出：「僱不如買，買不如自造。」[142] 關於自造輪船的必要性，馮桂芬作了深入的論述：「借兵僱船皆暫也，非常也。目前固無隙，故可暫也。日後豈能必無隙，故不可常也。終以自造、自修、自用之為無弊也。夫而後內可以蕩乎區宇，夫而後外可以雄長瀛寰，夫而後可以複本有之強，夫而後可以雪從前之恥，夫而後完然為廣運萬里地球中第一大國，而正本清源之治，久安長治之規，可從容議也。」並以日本為例，建議切莫錯過建立海上防禦的歷史機遇，他說：「前年西夷突入日本國都，求通市，許之。未幾，日本亦駕火輪船十數，遍歷西洋報聘各國，多所要約，

---

[140]　馮桂芬：《校邠廬抗議》卷下〈采西學議〉，第68頁。
[141]　〈收上海大臣李鴻章函〉，《海防檔》丙，《機器局》（一），第18～19頁。
[142]　《左文襄公全集》，書牘卷八，第47頁。

第五章　清政府「大治水師」與北洋海軍成軍

諸國知其意，亦許之。日本蕞爾國耳，尚知發憤為雄，獨我大國將納汙含垢以終古哉！……今者諸夷互市，聚於中土，適有此和好無事之間隙，殆天與我以自強之時也。不於此急起乘之，只迓天休命，後悔晚矣。」[143] 應該說，洋務派還是抓住了這一歷史機遇。江南製造總局開始造船和福州船政局的創設，便是這次重倡海防論的最大成就。

不僅如此，洋務派還為引進西學而提出了一個處理中西學關係的基本準則。馮桂芬說過一段著名的話：「愚以為，在今日又宜曰鑑諸國。諸國同時並域，獨能自致富強，豈非相類而易行之尤大彰明較著者。如以中國之倫常名教為原本，輔以諸國富強之術，不更善之善者哉？」[144] 他的「中本西輔」說，便成為爾後洋務派「中本西末」論之濫觴。洋務派的代表人物無一不是「中本西末」論者。[145] 如李鴻章對此做過清楚的表述：「中國文物制度，迥異外洋獉狉之俗，所以郅治保邦固丕基於勿壞者，固自有在。必謂轉危為安、轉弱為強之道，全由於仿習機器，臣亦不存此方隅之見。顧經國之略，有全體，有偏端，有本有末，如病方亟，不得不治標，非謂培補修養之方即在是也。如水大至，不得不繕防，非謂浚川澮、經田疇之策可不講也。」[146] 認為中國文物制度不可動搖，是本；西學猶如急病不得不用治標之方，是末。儘管洋務派的本末觀頗有可訾議之處，但卻成為洋務派反對封建頑固派的觀念武器，從而為近代海防論的重倡和發展奠定了理論基礎。

正由於此，近代海防論重倡之後，建立海軍的問題很快就提到議事日程上來了。丁日昌是晚清創設海軍的最早設計者。先是西元1867年，

---

[143]　馮桂芬：《校邠廬抗議》卷下〈制洋器議〉，第73～74頁。
[144]　馮桂芬：《校邠廬抗議》卷下〈制洋器議〉，第69頁。
[145]　參見戚其章：〈從「中本西末」到「中體西用」〉，《中國社會科學》雜誌，1995年第1期。
[146]　〈置辦外國鐵廠機器折〉，《李文忠公全集》奏稿，卷九，第35頁。

第五節　洋務思潮勃興與近代海防論的發展

　　他還在江蘇布政使任上，便草擬了《建立輪船水師條款》，建議製造輪船30艘，派一位提督統之，分為北洋、中洋、南洋三路，「有事則一路為正兵，兩路為奇兵，飛馳援應，如常山蛇首尾交至，則藩籬之事成，主客之形異，而海氛不能縱橫馳突矣」[147]。西元1868年，他升任江蘇巡撫後，在《建立輪船水師條款》的基礎上又前進一大步，重擬了〈海洋水師章程〉六條。這是中國近代史上第一個創設外洋海軍的實際方案。其主要內容有四：

　　一、購置兵輪、尤其是大兵輪，以創設外洋海軍。「外海水師，專用大兵輪船，尤以大兵輪船為第一利器。……擬先在花旗（美國）購買此種兵輪船約二三號，即以提督所演之陸兵赴船學習，由粗而精。一面招募中國能駕駛之人，優其廩餼，蓋寧波、漳、泉、香山、新會一帶，能駕駛輪船之人甚多。茲擬重價招募，分別等第，設法撫馭。使全船皆無須資助外人，方可指揮如意。其次，則購買根駁輪船，以資淺水之用。以上兩種輪船，初則購買，繼則由廠自製。」

　　二、在中國沿海擇要改築西式炮臺。「推原中國炮臺之所以無用，非炮臺之無用，乃臺之式不合其宜，炮之製不得其法，演炮不得其準，守臺不得其人。查西人重城池，不如重炮臺，凡海口及要隘之地，無不炮臺森列，嚴為防禦。……擬仿照其式，沿海仍擇要修築炮臺。其炮之製，亦如西國。演炮必求其準，守臺必求其人。與沿海水師輪船，相為表裡。奇正互用，則海濱有長城之勢，而寇盜不為窺視矣。」

　　三、創立三洋海軍，分割槽設防：北洋提督駐天津；東洋提督駐吳淞；南洋提督駐南澳。「每洋各設大兵輪船六號，根駁輪船十號。三洋提督，半年會哨一次。」有事則相互呼應，「聯為一氣」。

---

[147]　《清末海軍史料》，第1～2頁。

第五章　清政府「大治水師」與北洋海軍成軍

　　四、精設機器局，不但製造輪船、槍炮，還要發展民用工業。「水師與製造相為表裡，偏廢則不能精。擬三洋各設一大製造局。每一製造局，分為三廠：一廠造輪船，選通算學、熟輿地沙線能外國語言文字之人，董理其事；一廠造槍炮、火箭、火藥及各軍器，選諳兵法、優武藝、有膽略之人，董理其事；一廠造耕織機器，選諳農務、通水利之人，董理其事。是今日督造輪船之人，即他日駕駛輪船、出使外國之人；今日督造槍炮之人，即他日辦理軍務之人；今日督造耕器之人，即他日盡心民事之人也。」[148]

　　在此時期中，林則徐、魏源的「師夷長技」觀念重新受到重視。並且在洋務派的大力倡導下，將「師夷長技」發展為採西學，進一步將「師夷」觀念付諸實踐，創辦了造船工業。尤其是第一個創設外洋按：此章程擬於西元 1868 年江蘇巡撫任內，而於 1874 年 11 月 19 日又由廣東巡撫張兆棟代奏，始引起較大影響。海軍的實際方案的提出，不僅象徵著真正意義上的近代海防論的出現，而且表明近代海防論開始進入了一個新的發展時期。

　　第二時期，從西元 1874 年到 1879 年，歷時 5 年，是近代海防論的發展時期。1874 年冬，因日軍侵臺事件而引發了一場關於海防問題的大討論。其中，涉及的重要問題主要有三：

　　第一，是關於購買鐵甲船的問題。總理船政大臣沈葆楨與福州將軍文煜、閩浙總督李鶴年會奏，根據對侵臺日軍實力的了解，極力主張購買鐵甲船，稱：「該國尚有鐵甲船二號，雖非完璧，而以摧尋常輪船，則綽綽

---

[148]　丁日昌：〈海洋水師章程六條〉，《籌辦夷務始末》（同治朝）卷九八，文海出版社影印本，第 24～27 頁。

第五節　洋務思潮勃興與近代海防論的發展

有餘。彼有而我無之，水師氣為之奪，則兩號鐵甲船，不容不購也。」[149] 儘管官員們對購買鐵甲船一事意見不一，有反對者，也有主張緩辦者，但主張購買者還是占了上風。如署山東巡撫文彬認為，「用火輪船，必須鐵甲船以衛之」，建議「每水軍一營先購一二只以為根本」。[150] 湖廣總督李瀚章奏稱：「鐵甲船為封鎖全軍、衝擊敵軍之具，亦屬萬不可少，應由南北洋大臣酌量購買，擇海口最深之處駐泊。」[151] 浙江巡撫楊昌濬說得最為懇切，指出：「雖沿海各省本有額設戰艦，然以禦外洋兵船，勝負不待智者而決，是必須擴充輪船，置備鐵甲船，俾各練習駕駛，方有實際。明知其費甚巨，其效難速，而不能不如此也。日本以貧小之國，方且不惜重貲，力師西法，豈堂堂中夏，當此外患方殷之際，顧猶不發憤為雄，因循坐誤，以受制於人哉？」[152] 大學士文祥正患重病，也扶病上疏，亟陳購買鐵甲船之必要。

其奏有云：「夫日本東洋一小國耳，新習西洋兵法，僅購鐵甲船二只，竟敢借端發難。而沈葆楨及沿海疆臣等，僉以鐵甲船尚未購妥，不便與之決裂。是此次之遷就了事，實以製備未齊之故。若再因循洩沓，而不亟求整頓，一旦變生，更形棘手。」建議：「將前議欲購未成之鐵甲船、水炮臺及應用軍械等件，趕緊籌款購買，無論如何為難，務須設法辦妥，不得以倭兵已回，稍涉鬆勁。」[153] 丁日昌先將〈海洋水師章程〉請廣東巡撫張兆棟代奏朝廷後，又寫了一份〈海防條議〉，請李鴻章代為轉奏，其中甚至提出：「中國洋面，延袤最寬，目前大小鐵甲船，極少須十號，將來

---

[149]　《清末海軍史料》，第 3 頁。
[150]　〈署山東巡撫漕運總督文彬奏〉，《籌辦夷務始末》(同治朝) 卷九八，第 32 頁。
[151]　〈湖廣總督李瀚章奏〉，《籌辦夷務始末》(同治朝) 卷一〇〇，第 15 頁。
[152]　〈浙江巡撫楊昌濬奏〉，《籌辦夷務始末》(同治朝) 卷一〇〇，第 36 頁。
[153]　〈大學士文祥奏〉，《籌辦夷務始末》(同治朝) 卷九八，第 41 頁。

第五章　清政府「大治水師」與北洋海軍成軍

自能創造，極少須三十號，方敷防守海口以及遊歷五大洲，保護中國商人。」[154] 清廷對這些意見不能說不重視，但考慮到「鐵甲船需費過巨，購買甚難」，決定命李鴻章、沈葆楨「酌度情形，如實利於用，即先購一兩只，再行續辦」。[155]

第二，是關於沿海分割槽設防與統一指揮問題。自丁日昌提出三洋分割槽設防的方案後，多數官員對此表示贊同，只是對分割槽名稱的叫法不盡相同，或對提督的駐地有不同的建議。如下表：

官員及職別	分割槽名稱	提督駐地		
		北洋	東（中）洋	南洋
前江蘇巡撫丁日昌	三洋	天津	吳淞	南澳
江西巡撫劉坤一	三洋	天津	吳淞	南澳
直隸總督李鴻章	三洋	煙臺、旅順	江口	廈門、虎門
署山東巡撫文彬	三大營	天津	江口	閩省
福建巡撫王凱泰	三路	大沽	吳淞	臺灣

也有些官員對三洋分割槽設防的方案並不滿意，甚至反對。如左宗棠指出：「洋防一水可通，有輪船則有警可赴。北東南三洋只須各駐輪船，常川會哨，自有常山率然之勢。若劃為三洋，各專責成，則畛域攸分，翻恐因此貽誤。分設專閫，三提督共辦一事，彼此勢均力敵，意見難以相同。七省督撫不能置海防於不問，又不能強三提督以同心，則督撫亦成虛設。議論紛紜，難言實效，必由乎此，不可不慎也。」[156] 後來的實踐證明，左宗棠的擔心不是沒有道理的。所以，湖南巡撫王文韶又對三洋分割

---

[154]　丁日昌：〈海防條議〉。見朱克敬輯《邊事續鈔》卷三，光緒庚辰刻本，第10頁。
[155]　〈著李鴻章沈葆楨分別督辦南北洋海防諭〉，《清末海軍史料》，第12頁。
[156]　〈上總理各國事務衙門〉，《左文襄公全集》，書牘卷一四，第56頁。

第五節　洋務思潮勃興與近代海防論的發展

槽設防辦法提出補充建議，即：「簡任知兵重望之大臣，督辦海防軍務，駐節天津，以固根本。即由該大臣慎選熟海洋情形之提鎮等，不拘實任候補，作為分統，分布沿海各洋面，以資防禦。其戰守機宜，仍聽海疆各督撫隨時節制排程，庶幾事權各有攸屬，而經制亦無庸紛更矣。」[157]

如何解決分割槽設防與統一指揮的問題，的確是不容忽視的。李鴻章雖然同意丁日昌三洋分割槽設防的方案，但又傾向於劃分為最要、次要兩區。他說：「自奉天至廣東，沿海袤延萬里，口岸林立，若必處處宿以重兵，所費浩繁，力既不給，勢必大潰。唯有分別緩急，擇優為緊要之處，如直隸之大沽、北塘、山海關一帶，係京畿門戶，是為最要；江蘇吳淞至江陰一帶，係長江門戶，是為次要。蓋京畿為天下根本，長江為財賦奧區，但能守此最要、次要地方，其餘各省海口邊境，略為布置，即有挫失，於大局尚無甚礙。」[158] 由此可見，他的真實意見是主張南北兩洋分割槽設防，當然要由南北洋大臣分別督辦，只是沒有清楚地說出來而已。不過，李鴻章沒說完的話，卻由閩浙總督李鶴年替他說了：「今海防緊要，沿海疆臣，均屬責無旁貸。第無統帥專任此事，講求實際，仍恐意見分歧，臨事毫無把握。……請飭下南北洋大臣，督辦海防，以重事權，南洋北洋分設輪船統領，由該大臣節制排程，先盡現有輪船，配齊弁兵炮械，歸兩統領訓練，以後陸續添造，分隸兩洋。每年春秋二季會哨，春至北洋，秋至南洋，由該大臣校閱，分別功過賞罰，據實具奏。」[159] 事實上，這種辦法仍然解決不了分割槽設防與統一指揮的衝突問題。

總署章京周家楣提出的「另立海軍」的建議，最應受到重視。他奏

---

[157]　〈湖南巡撫王文韶奏〉，《籌辦夷務始末》（同治朝）卷一〇〇，第29頁。
[158]　〈籌議海防折〉，《李文忠公全集》奏稿，卷二四，第16頁。
[159]　〈閩浙總督李鶴年奏〉，《籌辦夷務始末》（同治朝）卷一〇〇，第19頁。

第五章　清政府「大治水師」與北洋海軍成軍

稱：「各海口固須設防,然非有海洋屹然重兵可迎堵,可截剿,可尾擊,則防務難於得力。應就外海水師及各營洋槍隊中,挑選精壯曾經戰陣之兵勇,另立海軍,以一萬二千五百人為率,簡派知兵大員帥之,就中分五軍,每軍二千五百人,各以得力提督大員分統之。每軍需鐵甲船二只,為衝擊衛蔽之資,其餘酌量人數,配具兵船若干,先立一軍,隨立隨練。其餘以依增辦,日加訓練,務期律嚴志合,膽壯技精,詳悉沙線,神明駕駛,狎習風濤,嫻熟演放槍炮,以成勁旅。……創設之初,如須僱募外國善於駕駛演放之人為之教習,亦酌量僱募,由任事者悉心經理。其無事之日,分駐何口;遇有徵剿,若何調度,由統帥大員酌量布置。」[160] 此建議若被採納,可能早就解決了海軍的統一編制和指揮問題,不至於發生像後來那樣「畛域攸分」的情況。周家楣之疏,本是為總理衙門擬稿,然在總理衙門大臣中未能通過,竟被棄置一邊,真是令人惋惜!

第三,是如何對待海防與陸防、戰與守的關係問題。當時議海防者雖多贊同購艦設防,然卻又主張以陸守為主。當時,普魯士人希理哈(Hirihah)於西元1868年所著之《防海新論》18卷,也已經被英人傅蘭雅(John Fryer)與華蘅芳翻譯出來,於1874年由江南製造局刊行。國人之留意海防者,每置諸案頭,時時披覽,增長了不少海防知識,而對其要義之理解則不免有歧異之處。如李鴻章奏稱:「查布國《防海新論》有云:『凡與濱海各國戰爭者,若將本國所有兵船,徑往守住敵國各海口,不容其船出入,則為防守本國海岸之上策;其次莫如自守。如沿海數千里,敵船處處可到,若處處設防,以全力散布於甚大之地面,兵分力單,一處受創,全局失勢,故必聚積精銳,止保護緊要數處,即可固守』等語。所論極為精切。中國兵船甚少,豈能往堵敵國海口?上策固辦不到,欲求自守,亦非

---

[160]　周家楣:〈擬奏海防亟宜切籌武備必求實際疏〉,《清末海軍史料》,第7～8頁。

第五節　洋務思潮勃興與近代海防論的發展

易言。」至於固守之法，他認為，大要分為兩端：「一為守定不動之法。如口內炮臺壁壘格外堅固，須能抵禦敵船大炮之彈，而炮臺所用炮位，須能擊破鐵甲船，又必有守口巨炮鐵船，設法阻擋，水路並藏伏水雷等器。一為那移泛應之法。如兵船與陸軍多而且精，隨時游擊，可以防敵兵沿海登岸。是外海水師鐵甲船與守口大砲鐵船，皆斷不可少之物矣。」[161]其基本觀念是，大力加強重點海口防禦，以陸防為主，兵船與陸軍相互配合，隨時游擊，防敵兵登岸為上策。王文韶亦有同見，如稱：「水師固不可廢，而所重優在陸防；防亦不必遍設，而所重專在扼要。」提出：「水師不必迎戰，但令游弋海上，伺其來攻陸防，即從後襲其輪船，以分兵勢。」[162]兩江總督李宗羲甚至建議：「以陸兵為禦敵之資，以輪船為調兵之用。」[163]可見，當時議海防者尚未意識到水師是一支能夠獨立作戰和機動性很強的軍種，因此主張以陸守為基本防禦方針，將水師視為陸師的附屬之物，也就很理所當然了。

以上所述，主要概括了當時一些封疆大吏們對海防問題的觀點。應當說，他們的認知，尤其是對於陸防與海防、戰與守問題的主張，還是非常滯後的，仍未從根本上擺脫中國傳統的陸防主義的束縛。與他們相比，早期維新思想家鄭觀應的見解則具有較多的正面內容。他在西元1875年編成的《易言》一書，其36篇本有〈論水師〉一文，20篇本有〈水師〉一文，可為他在此時期論述海防問題的代表作。鄭觀應的海防觀也可主要歸納為3點：

其一，是炮臺與外海水師相表裡，並非常重視鐵甲船的作用。「築臺

---

[161]〈籌辦海防折〉，《李文忠公全集》奏稿，卷二四，第16～17頁。
[162]〈湖南巡撫王文韶奏〉，《籌辦夷務始末》(同治朝) 卷九九，第60頁。
[163]〈兩江總督李宗羲奏〉，《籌辦夷務始末》(同治朝) 卷一〇〇，第3頁。

第五章　清政府「大治水師」與北洋海軍成軍

必照西式之堅，製炮必如西法之精，守臺必求其人，演炮必求其準。使與外洋之水師輪船，表裡相資，奇正互用，庶海濱有長城之固，敵人泯覬覦之心。」因此，「為今計，宜合直、奉、東三省之力，以鐵甲船四艘為帥，以蚊子船四艘、輪船十艘為輔，與炮臺相表裡，立營於威海衛之中，使敵先不敢屯兵於登郡各島。而我則北連津郡，東接牛莊，水程易通，首尾相應。彼不能赴此而北，又不便捨此而東。就令一朝變起，水陸夾擊，先以陸兵挫其前鋒，後以舟師擣其歸路。即幸而勝我，彼亦不敢久留；敗則只輪片帆不返，則北洋之防固矣」[164]。

其二，是水師編分四鎮，派水師大臣統之。「綜計天下海防，莫如分設重鎮，勢成犄角，以靜待動，以逸待勞。擬合直、奉、東三口為一鎮，江、浙、長江為一鎮，福建、臺灣為一鎮，粵省自為一鎮。編分四鎮，各設水師，處常則聲勢相聯，緝私捕盜；遇變則指臂相助，扼險環攻。」、「四鎮水師提督外，另派一諳練水戰陣勢者，為統理海防水師大臣，專一事權，遙為節制，時其黜陟，察其才能，事不兼攝乎地方，權不牽掣於督撫。優其爵賞，重其責成。取西法之所長，補營規之所短。除弊宜急，立志宜堅，用賢期專，收功期緩，行之以漸，持之以恆。十年之後，有不能爭雄於外域者，無是理也。」[165]

其三，是外洋與海口並重，以戰為守。針對「守外洋不如守海口，守海口不如守內河之說」，指出：「今若置外洋、海口於不問，則設有師其故智，疲撓我師者，既難節節設防，人將處處抵隙。前明倭寇，殷鑑不遠，固未容偏執一說耳。」因此強調：「查前代但言海防，在今日當言海戰」、

---

[164] 〈論水師〉，見夏東元編《鄭觀應集》上冊，上海人民出版社，1982 年，第 128 ～ 129 頁。
[165] 〈論水師〉、《水師》，《鄭觀應集》上冊，第 129、216 頁。

第五節　洋務思潮勃興與近代海防論的發展

「不能戰即不能守」。即必須發揮大隊水師在外海的「衝突控馭」作用。[166]

在當時說來，鄭觀應的海防觀的確有其獨到之處。與同時代的洋務派代表人物丁日昌、李鴻章等相比，其見解要更勝一籌，也先進得多。惜乎曲高和寡，知音者少，響應者也就寥寥無幾了。

第三時期，從西元1879年到1884年，為近代海防論的深化時期。1879年，日本悍然吞併琉球，改為沖繩縣，再次引起朝野對日本侵略野心的警惕。於是，日軍侵臺事件所引起的「海防議」剛沉寂下來之後，日本吞併琉球事件又大幅喚起人們對海防問題的關心。

西元1879年，翰林院侍讀王先謙上疏條陳洋務，其中對海防問題頗有建言，他反對「以守為戰」之說，而認為海軍應採取攻勢策略，以戰為守。他指出：「夫目下籌經費備船械，原以先固海防，非遽輕言海戰。然通南北九千里之洋面，必在在籌防，毫無滲漏。我不敢出洋一步，坐待敵人來攻，而竭力以禦之，雖愚者亦知守之不盡可恃也。故必能戰而後能防。既能戰矣，焉有值可乘之隙而不乘，坐待他人之我侮乎？」[167]

繼王先謙之後，內閣學士梅啟照亦於西元1880年12月3日密陳海防十條。認為：「火輪者水師之利器，而鐵甲者又利器中之利器也。」泰西各國之所以狡焉思逞，居心叵測，「究其所以輕視者，皆因中國水師不尚輪船，且無鐵甲也」。梅啟照非常重視鐵甲船，與他的戰守觀相關。他說：「臣愚以為戰、守、和三字，一以貫之也。何也？自古及今，斷未有不能戰而能守，不能守而能和者也。」但是，他又不贊成無備而戰，強調「戰則必須大鐵甲船」。鐵甲船既備，「以鐵甲禦鐵甲，勢既均矣，力亦敵矣，然後以逸待勞，以主待客，以靜代動，敵且望而生畏，斯能戰能守而自能

---

[166]　〈論水師〉、〈水師〉，《鄭觀應集》上冊，第128～129、215頁。
[167]　王先謙：〈條陳洋務事宜疏〉，見葛士濬編《皇朝經世文續編》卷一〇二，第12頁。

第五章　清政府「大治水師」與北洋海軍成軍

和，長治久安之道得矣」[168]。力請嚴防東洋、設立外海水師提督和飭下海疆練習水戰。

大約在此前後，候補道王之春撰成《蠡測卮言》十三篇，其第五篇〈修船政〉即談海防之作。西元1879年日本吞併琉球後，南洋大臣沈葆楨曾派他渡日探查情況。他往返月餘，親歷長崎、橫濱等地，頗有所得，感觸良深，因於歸國後寫成此篇。他認為：「方今要務，全在戰守，兵船為急，商船為輔，其事須並行而不悖。」、「將來出洋征剿，必須鐵甲船十數號，以備戰攻。」主張中國外海水師應分為北洋、中洋、東洋、南洋四鎮；重點經營北洋之防。指出：「若以直、東、奉為一鎮，以鐵甲船或碰船數號，以蚊子船、轉輪船十餘號，立營於旅順口並威海衛之中，添築炮臺，相為表裡，又設分防於大連灣，據奉、直之要隘，則北可以聯津郡，東可以接牛莊，則北洋之防固。」[169]所論多深中肯綮。

此時，李鴻章的海防觀念也發生了明顯的變化，即從陸防為主、水陸配合，發展到海陸並重、「水陸相依」[170]，這是其海防戰略觀念的一大進步。雖然他並不同意王先謙的攻勢策略觀念，暗諷其為「空談無實」[171]，但終於意識到鐵甲船在水師中的核心地位和在外海的機動作戰能力。如早在西元1879年12月11日，他即奏稱：「夫軍事未有不能戰而能守者。況南北洋濱海數千里，口岸叢雜，不能處處設防，非購置鐵甲等船，練成數

---

[168]　〈內閣學士梅啟照奏籌議海防折〉，《清末海軍史料》，第15～20頁。
[169]　王之春：《蠡測卮言‧修船政》，見《清朝柔遠記》(中外交通史籍叢刊)，中華書局，1989年，第376～377頁。按：或謂《蠡測卮言》作於光緒四五年間，即西元1878或1879年（見點校者趙春晨先生為該書所寫之前言）。所定時間似乎早了一些。因〈修船政〉一篇中曾引用沈葆楨以未辦鐵甲船為憾事的遺折，據知沈卒於光緒五年十一月初六日（1879年12月18日），故《蠡測卮言》的成書時間不會早於光緒五年冬，定為光緒五六年間（西元1879或1880年）較妥，而定稿於1880年的可能性最大。
[170]　〈籌議購船選將折〉，《李文忠公全集》奏稿，卷三五，第27頁。
[171]　〈籌議購船選將折〉，《李文忠公全集》奏稿，卷三五，第47頁。

第五節　洋務思潮勃興與近代海防論的發展

軍，決勝海上，不足臻以戰為守之妙。……中國即不為窮兵海外之計，但期戰守可恃，藩籬可固，亦必有鐵甲船數只，游弋大洋，始足以遮護南北各口，而建威銷萌，為國家立不拔之基。」[172] 又謂：「北洋為京畿門戶，處處空虛，無論何國有事，敵之全力必注在北，若無鐵甲坐鎮，僅恃已購之碰快、蚊船數只，實不足自成一隊，阻扼大洋，則門戶之綢繆未周，即根本之動搖可慮。……蓋有鐵甲而各船運用皆靈，無鐵甲則各船僅能守口，未足以言海戰也。」[173]

李鴻章之所以屢次懇奏購置鐵甲船，是因為日本吞併琉球之後，他進一步意識到日本必為中國永遠之大患，因此決定以趕超日本為目標。他於西元 1880 年 3 月 29 日奏稱：「中國購辦鐵甲船之舉，中外倡議，已閱七年。沈葆楨、丁日昌等斷斷持論，以為必不可緩。臣深韙其說，只以經費支絀，迄未就緒。近來日本有鐵甲三艘，遽敢藐視中國，耀武海濱，至有臺灣之役，琉球之廢。彼既挾所有以相陵侮，我亦當覓所無以求自強。前李鳳苞來函，謂：『無鐵甲以為坐鎮，無快船以為近敵，專恃蚊船，一擊不中，束手受困，是直孤注而已。』洋監督日意格（Prosper Marie Giquel）條議，亦謂：『能與鐵甲船敵者，唯鐵甲船；與巡海快船敵者，唯快船。故鄰有鐵甲，我不可無。若僅恃數號蚊船，東洋鐵甲往來駛擾，無可馳援，必至誤事。』等語。日意格由法國水師出身，現帶藝徒在洋學習制駛，聞見既確，多閱歷有得之言。……土耳其八角船吃水十九尺九寸，用之中國海面，抵禦日本及西洋來華之鐵甲，最為相宜；且甲厚樣新，似出日本鐵甲之上。日本聞我有利器，當亦稍戢狡謀。」並謂：「若機會一失，中國永無購鐵甲之日，即永無自強之日。」[174]

---

[172]　〈籌議購船選將折〉，《李文忠公全集》奏稿，卷三五，第 28 頁。
[173]　〈定造鐵甲船折〉，《李文忠公全集》奏稿，卷三七，第 33～34 頁。
[174]　〈議購鐵甲船折〉，《李文忠公全集》奏稿，卷三六，第 3～4 頁。

第五章　清政府「大治水師」與北洋海軍成軍

對於內閣學士梅啟照的條陳，李鴻章持大致贊同的態度，在西元1885年1月10日〈議復梅啟照條陳折〉中稱其「誠思預防綢繆未雨之至針」。他贊成戰、守、和三字「一以貫之」的觀點，稱：「從來禦外之道，必能戰而後守，能守而後能和。無論用剛用柔，要當預修武備，確有可以自立之基，然後以戰則勝，以守則固，以和則久。」指出嚴防東洋之論與己意正合：「查日本國小民貧，虛驕喜事。長崎距中國口岸不過三四日程，揆諸遠交近攻之義，日本狡焉思逞，更甚於西洋諸國。今之所以謀創水師不遺餘力者，大半為制馭日本起見。」

李鴻章似非常欣賞梅啟照請設外海水師提督和令海疆提鎮練習水戰之議，提出：「北洋俟鐵甲二船購到，海上可自成一軍，擬請設水師提督額缺，其體制應照長江水師提督之例，節制北洋沿海各鎮，按期巡洋會哨，以專責成。」認為：「令海疆提鎮練習水戰，大致即是設立外海水師之說。梅啟照謂水能兼陸，陸不能兼水，敵船可以到處窺伺，我挫則彼乘勢直前，彼敗則我望洋而嘆，洵係確論。」還進一步指出：「夫水師所以不能不設者，以其化待著為活著也。今募陸勇萬人，歲餉約需百萬兩，然僅能專顧一路耳。若北洋水師成軍，核計歲餉亦不過百餘萬兩，如用以扼守旅順、煙臺海面較狹之處，島嶼深隱之間，出沒不測，即不遽與敵船交仗，彼慮我斷其接濟，截其歸路，未必無徘徊瞻顧之心。是此項水師果能全力經營，將來可漸拓遠島為藩籬，化門戶為堂奧，北洋三省皆在捍衛之中。其布勢之遠，奚啻十倍陸軍？」[175]「化待著為活著」、「拓遠島為藩籬」等論，表明李鴻章意識到海軍既具有機動作戰的作用，可以將防禦領域由海口拓寬到外海，這是他的海防戰略觀念的一大發展。

此後，有關海防的議論漸趨實際，所論內容較為注重實踐。薛福成時

---

[175]　以上均見《李文忠公全集》奏稿，卷三九，第30、33～34頁。

第五節　洋務思潮勃興與近代海防論的發展

在李鴻章幕中,是李鴻章辦理洋務的重要助手,對海防問題時時參加意見。西元1881年夏,翰林院侍講張佩綸至天津,薛福成與之討論北洋水師事宜後,草成《酌議北洋海防水師章程》十四條。認為擬議中的北洋水師,應包括大小兵船39艘,其中鐵甲船2艘,碰快船3艘,新式木殼大兵輪船4艘,二等兵輪船4艘,師丹式蚊船8艘,根缽小輪船8艘,水雷船10艘。「以津沽為大營,酌量分布遼海旅順、大連灣、東海煙臺、威海衛等第一重要口,不時巡哨操練。……每歲春秋二季調集各船大操一次。一旦有事,則鐵甲、碰快及大兵輪可戰可守,可以馳援追擊;蚊船可以守港;根缽船可備淺水巡剿之用;二等兵輪可以運兵送信,壯威助戰;水雷船依附鐵甲等大船,亦為戰守所必用。」[176] 添設外海水師提督,建閫津沽,受北洋大臣節制。

此外,北洋可以將防禦區域拓展至渤海海峽。「一旦有警,則以鐵甲及大兵輪船分排橫亙於旅順、北隍城島之間,扼截敵船,不使北上;即有一二闖越者,彼接濟既斷,又懼我師襲其後,心孤意怯,必且速退。如此,則大沽、北塘不守自固,燕齊遼碣之間,周圍洋面數千里,竟成內海,化門戶為堂奧,莫善於此。」北洋水師建成之後,南洋如法辦理,閩、粵兩省再合力創成一軍,「正符原議化一為三之說」。果真如此,即實施以攻為守之上策,又有何難?「萬一強敵憑陵,則合南北洋之力,可以一戰;若東人不靖,應將蚊船各守其口,由三軍抽簡精銳,分道趨長崎、橫濱、神戶三口,彼當自救之不暇,安敢來擾?此以攻為守之妙術也。」[177]

《酌議北洋海防水師章程》將「以攻為守」確定為創設水師的指導觀

---

[176]　劉錦藻:《清朝續文獻通考》(四)卷二二七〈兵考〉二六,〈海軍〉,浙江古籍出版社影印本,1988年,第9729頁。
[177]　劉錦藻:《清朝續文獻通考》(四)卷二二七〈兵考〉二六,〈海軍〉,第9730～9731頁。

第五章　清政府「大治水師」與北洋海軍成軍

念，並多著眼於水師制度的改革，對北洋海軍的建立做出了一定的貢獻。西元 1888 年所訂《北洋海軍章程》，雖已在 7 年之後，局勢又漸有異同，然仍多有採擇，可見其所論之精當。

西元 1882 年 10 月 31 日，翰林院侍講何如璋亦就海防問題向朝廷建言，提出整頓水師事宜六條，即立營制、編艦隊、辦船等、勤訓練、謀併省、精選拔。所論多係整頓水師應辦事項。他強調創設外海水師，將防禦領域擴大到外海。尤其重視水師的分防與指揮統一的問題，建議：「請旨特設水師衙門，以知兵重臣領之，統理七省海防，舉一切應辦之事，分門別類，次第經營。並將現有之兵船調齊，定為等差，編成艦隊，分布合操以資練習，按年責效，不效則治其罪。固海防，張國威，計無逾於此者。」[178]

當時，馬建忠已從法國獲博士學位回國，正為李鴻章辦理洋務，披覽何如璋之奏章，對其所陳六事頗有同識，因就其所論加以引申和詮釋，並附以己見，上書李鴻章。他以其淵博的西學知識和對西方海軍的深切了解，在書中對水師的指揮體制、水師的教育和訓練、水師人才的選拔、水師營制的建立、水師規章制度的制定、艦隊編成等等，都做了非常實際而深入的說明。其中，尤為值得注意的有四點：

一、強調水師的統一指揮。「酌設水師事宜分條為六，尤以設立水師衙門為重，誠深得整頓中國水師之要領。」否則，「徒以分省設防，劃疆而守，遇有事變，撥調他省師艦以為接濟，而號令不齊，衣械不一，平日既無統屬之分，臨時難收臂指之效」。[179]

---

[178]〈翰林院侍講學士何如璋奏〉，《洋務運動》（叢刊二），第 532～534 頁。

[179] 馬建忠：〈上李伯相覆議何學士如璋奏設水師書〉，《適可齋記言記行》記言卷三，文海出版社影印本，第 1 頁。按：原書是篇題下注曰「辛巳冬」，一似作於光緒七年冬者。然竊有疑焉。蓋何如璋奏設水師書乃光緒八年壬午九月事，馬建忠怎能早在辛巳冬即覆議何書？故「辛巳

第五節　洋務思潮勃興與近代海防論的發展

二、水師釐定制度應借鑑外國，以垂永遠。「我中堂殫精竭慮，整備水師，立有機器、支應、船塢各局，規模亦已略具。然問途必於已經，立法貴求至善。英、法創立水師，百有餘年至於今，舉數十萬水師之將士，而人皆自愛，事盡稱職，舉數萬萬之帑金而無絲縷之虛靡，無分毫之浮報者，豈以外洋之人賢於中國哉？亦法制使然也。……中國水師創製伊始，非得一大有力者，將一切制度為之釐定，俾得張弛因革，悉協機宜，以垂百世令典，將繼起者何以為蕭規曹隨哉？」[180]

三、船的功用不同，配用得當，始可應變。何謂應變？足以戰於外海也。「攻遠之船，以鐵甲為最，而仍宜配用快艦、防艦、雷艇，方足應變。西國水師公會嘗論之曰：『近有謂甲艦、快艦、防艦三種宜分用，無須配用者，不知三種之船功用雖異，而以之應變，缺一不可。』凡海洋巡哨，當有頭、二號甲艦數艘外，有快艦十餘艘，攜帶雷艇數十只，更有水炮臺式之防艦數艦尾之。海洋迎敵，則甲艦居中，其快艦、雷艇進則衝鋒陷陣，退則左右甲艦併力攻擊，水炮臺常隨甲艦遠發巨炮，以補快艦之不逮。夫水師之有快艦、甲艦、防艦，猶陸軍之有步隊、馬隊、炮隊，互有功用，其名雖異，其效實同。此應變之說也。」因此，中國水師欲具備應變之力，必須將各類戰艦添置齊全。「統計中國海疆綿亙之長，四倍於英，六倍於法，十倍於德，幾垺於美，而弱於俄，至少約需鐵甲六艘，大、中、小三號快艦各十二艘，一切船身、機器、炮式前議。除已訂鐵甲二艘、已購中號快艦二艘，以及閩廠製成鐵脇船三艘外，尚須鐵甲四艘，價約六百萬；大號快艦十二艘，價約一千二百萬；中號快艦七艘，價約四百二十萬；小號快艦十二艘，價約三百六十萬。統計二千五百八十萬

冬」當為「壬午冬」之誤。

[180]　馬建忠：〈上李伯相議何學士如璋奏設水師書〉，《適可齋記言記行》記言卷三，第 2～3 頁。

第五章　清政府「大治水師」與北洋海軍成軍

兩,以九年分計,每歲製造經費二百八十六萬有奇,尚不及英、法、德、俄各國每年續添新船經費四分之一。」[181]

四、設防宜有次第。「查西國水師建閫擇地,其要有六:水深不凍,往來無間,一也;山立屏障,以避風颶,二也;路連腹地,以運糧糧,三也;土無積淤,可建塢澳,四也;口濱大洋,以勤操作,五也;地出海中,以扼要害,六也。……細考濱海各口海勢,與六要相合者,此唯旅順,南唯北館,可以設營,可以建澳,可以造塢,足為水師之重鎮。他如澎湖,可以扼守閩、廣、臺灣;定海、膠州澳,足可顧及江、浙;廟島、威海衛,可為旅順犄角;海洋島,東可控制朝鮮,西可封鎖遼海。至朝鮮全羅道之巨文島,尤當仿照英國據有地中海馬爾他島之意,設防駐泊,以為防禦俄、倭往來之路。比皆天造地設以衛我東南數萬里海疆要害之區。」、「然而設防有次第焉,興工有先後焉。辰下創辦水師以北洋為最要,而北洋水師以旅順為歸宿,是宜竭力經營。九年之間,先使旅順屹然成一重鎮,則北洋之門戶可固;海洋島、廟島、威海衛三處,亦宜及時布置;繼及北館、澎湖;終及定海、膠州。至洋人垂涎之巨文島,尤當早為之計。此設防之次第也。……至長江吳淞、虎門、南澳等處,統由水師衙門按季輪派兵舶梭巡;以其餘力,則分年撥派甲艦、快艦先往鄰近島國,繼往歐美各國,環遊東西大洋,以彰國威,以練將士,計無有逾於此者。」[182]

馬建忠構想的是一項宏偉的發展海軍的藍圖,其九年規畫,目光遠大,目標明確,就是要把中國的海防第一線推向外海,不僅能化門戶為堂奧,甚至化外海為門戶。然發展海軍需籌鉅款,否則仍是空談。據他統

---

[181]　馬建忠:〈上李伯相議何學士如璋奏設水師書〉,《適可齋記言記行》記言卷三,第16～19頁。
[182]　馬建忠:〈上李伯相覆議何學士如璋奏設水師書〉,《適可齋記言記行》記言卷三,第19～20頁。

第五節　洋務思潮勃興與近代海防論的發展

計，大小金川之戰前後5年，用款7,000萬兩；鎮壓川、楚白蓮教起義，籌款逾一億兩；與太平軍、捻軍作戰長達10幾年，耗項近數億兩。而且自道光二十二年（西元1844年）以來，歷次對外賠款亦積至5,000萬兩。所以，他認為，籌此鉅款並非不能解決，關鍵在於當局是否有此決心。「今日承平，反不能籌此鉅款乎？抑曩時患氣已成，故應力為羅掘；今日患猶未見，不妨姑事因循乎？然則曰不能者，非不能也，是不為也。苟欲有為，則中國何事不可籌款，亦何在不可籌款！」馬建忠披肝瀝膽，大聲疾呼，唯恐中國失去這一百年難逢的發展海軍的最後歷史機遇。同時，他也十分樂觀地預計，若真能決心發奮圖之，行之9年，中國的海防建防建設必定全然改觀。「竊計九年之中，以之訓將可得三百人，以之練兵可得萬餘人，以之製造可得四十餘號，以之設防可得要害五六處，本三年求之深心，為十年教訓之遠略，未有不能稱雄海上者。」[183]

　　至此，中國近代海防論的發展似已到達頂峰，難以再前進一步了。後之議海防者雖頗不乏人，然皆不出上述諸家的範圍，或重複議論，或改變提法，甚至在海防戰略觀念上有所倒退，再也提不出多少有價值的新見了。其後，經過中法戰爭，清政府決定大治水師，北洋海軍也終於成軍。但是，海防戰略觀念發展的停滯固然是清朝最高決策者對發展海軍猶豫不決和決心不足，反過來必然要嚴重地影響海軍建設的進一步發展。甲午戰爭爆發之前，中日兩國海軍未來海上角逐的結果，似已不問而知了。

---

[183]　馬建忠：〈上李伯相覆議何學士如璋奏設水師書〉，《適可齋記言記行》記言卷三，第23～26頁。

第五章　清政府「大治水師」與北洋海軍成軍

第六章

甲午中日海戰

第六章　甲午中日海戰

第一節　戰前的日本海軍

甲午海戰，是清朝海軍面臨的一次最嚴峻的考驗。它的對手，已經不是西方列強，而是中國的近鄰、新興的具有軍事封建性質的資本主義國家日本。

早在幕府時代，日本的封建軍閥及其御用學者即多次發出入侵中國的戰爭叫囂。1790 年代，江戶後期的經世思想家本多利明在《西域物語》中發出的「復興的第一聲」，就是大談侵占中國東北等地的論調。西元 1823 年，佐藤信淵在《宇內混同祕策》一書中更加狂妄地宣稱：「皇大御國乃天地間最初成立之國，為世界各國之根本。」皇國號令世界各國乃是「天理」。根據這一「天理」，日本要首先併吞中國東北，繼而將中國的全部領土劃歸日本版圖，而後從東南亞進軍印度，「合併世界各國」。[184]

到幕府末期，日本也和中國一樣，受到西方資本主義國家的侵略，被迫簽訂了一系列不平等條約。如何擺脫日本深重的民族危機？一些號稱「明治維新先驅者」的人士，把本多利明、佐藤信淵等人的主張進一步實際化了。如吉田松陽說：「趁此時機培養國力，分割易於攻取之朝鮮、滿洲、中國，將同俄、美交易中之損失，復以鮮、滿土地補償之。」橋本左內則主張「盡量依賴美國」、「以俄國為兄弟唇齒，掠奪鄰國乃當務之急」。[185] 這種以屈從西方列強和侵略中國、朝鮮為日本出路的想法，實際上是一種「遠交近攻」的策略。這在當時的日本已成為一種社會思潮。

英、法兩國發動侵略中國的第二次鴉片戰爭後，日本鹿兒島藩主島律齊彬見中國「一弱至於如斯」，便又大彈入侵中國的老調：「先發制人，後

---

[184]　井上清：《日本帝國主義的形成》，人民出版社，1984 年，第 1～2 頁。
[185]　井上清：《日本帝國主義的形成》，第 9 頁。

第一節　戰前的日本海軍

發制於人。以今日之形勢論，宜先出師，取清之一省，而置根據於東亞大陸之上。內以增日本之勢力，外以昭勇武於宇內。」他主張先從侵占臺灣、福州二地入手，再擴大侵略範圍。但是，日本是個島國，要想跨海入侵中國，沒有海軍是不行的。因此，他建議擴充海軍：「唯無軍艦，則不足以爭長海上。故當今之計，又以充實軍備為急圖。」[186]

　　幕府倒臺後建立的天皇政權，接受了其先驅者的衣缽，而且準備將他們所鼓吹的海外擴張論付諸實行。西元 1867 年，明治天皇睦仁登基伊始，即頒布詔書，宣稱：「朕今與百官諸侯相誓，欲繼述列祖之偉業，不問一身艱難辛苦，親經營四方，安撫汝億兆，遂開萬里之波濤，宣布國威於四方。」[187] 翌年 10 月，睦仁又諭令軍務官：「海軍為當今第一急務，務必從速建立基礎。」[188] 明治政府一建立，就非常富有侵略性，開始了以發展海軍為中心的擴軍備戰活動。

　　日本有軍艦，始於 1850 年代。當時，荷蘭政府見日本急需輪船，便以一艘小軍艦贈送幕府，命名為「觀光」艦。西元 1855 年，「觀光」艦駛抵長崎。幕府決定效法歐洲海軍，派勝安房等為傳習生，從荷蘭人學習航海。設廠仿造西式船隻。這是近代日本發展海軍之始。到幕府末期，日本共擁有軍艦 10 艘。其中，接受贈送兩艦，名「觀光」、「蟠龍」；購進 7 艘，名「咸臨」、「朝陽」、「富士山」、「迴天」、「開陽」、「卡牙那巖」、「斯通倭爾」；自造 1 艘，名「千代田形」。此皆渺乎小艦，無足道者。

　　明治維新後，日本政府逐步收編幕府的軍艦。到西元 1870 年，盡收各藩船隻，皆歸兵部省管理。又從英國購進了「築波」、「肇敏」兩艦。同

---

[186]　王芸生：《六十年來中國與日本》卷一，三聯書店，1979 年，第 63～64 頁。
[187]　東京博文館編：《日本維新三十年史》，第 2 編，第 1 章，《改革時代》。
[188]　內田丈一郎：《海軍辭典》，弘道館，1934 年，第 1 頁。

第六章　甲午中日海戰

年，普法戰爭爆發，日本政府雖宣告局外中立，卻以軍艦警戒沿海。將軍艦編為三隊，每隊3艘，分別防守橫濱、兵庫和長崎。這是日本海軍正式編隊之始。同時，還聘請英國海軍大尉納爾遜（Horatio Nelson）為教習，在橫濱操練「龍驤」艦，命各艦觀摩，以熟悉操練之法。翌年，日本成立常備艦隊，包括各有4艘軍艦的兩個編隊。設測量船和練習船。1872年，為加強軍事指揮機構，日本政府撤銷兵部省，改設陸軍、海軍兩省。隸於海軍省的軍艦共14艘：「有東」、「龍驤」、「築波」、「富士山」、「春日」、「雲揚」、「日進」、「第一丁卯」、「第二丁卯」、「鳳翔」、「孟春」、「乾行」、「千代田形」、「攝津」。另有運輸艦3艘：「大坂」、「春風」、「快風」。其中，2,000噸級的唯有「龍驤」1艘，1,000噸級也只有「有東」、「築波」、「春日」、「富士山」、「日進」5艘。其餘都是幾百噸的小艦。總排水量不過18,332噸。至此，日本海軍算是初具艦隊規模了。

日本有了這樣一支不大的艦隊，就準備實行軍事冒險。西元1874年，日本藉口琉球船民被臺灣土著居民殺害事件，發兵侵臺，從琅嶠登陸。清政府下令布防，調集大軍至臺。日軍處境不利，不得不撤離臺灣。侵臺的失敗，使明治政府深感艦船之不足。翌年，日本軍艦「雲揚」號侵入朝鮮江華灣，迫使朝鮮簽訂了《江華條約》。這個條約是強加給朝鮮的不平等條約，它確認了朝鮮單方面開放港口，並使日本在朝鮮獲得了領事裁判權等特權。日本靠軍艦迫使朝鮮「開國」，使謀劃已久的中國政策邁出了第一步，開始嘗到了發展海軍的甜頭。所以，在日艦侵入江華灣的當年，日本又向英國訂造了「扶桑」、「金剛」、「比睿」三艦，到1877年造成。「至是，日本軍艦始稍有足觀者。」[189]

西元1878年，日本設立參謀本部，直屬於天皇，成為獨立於政府之

---

[189] 東京博文館編：《日本維新三十年史》，第3編，第2章，〈創立海軍下〉。

第一節　戰前的日本海軍

外的軍令機關。參謀本部一建立，便積極準備貫徹既定的中國政策。翌年秋，派遣桂太郎中佐等 10 多名軍官潛入中國和朝鮮，進行軍事偵察，為日後入侵中國做準備。桂太郎一行回國後，起草了一份〈對清作戰策〉。1880 年，又派小川又次少佐等 10 多人到中國各地調查。在間諜進行大量調查的基礎上，參謀本部編纂了詳述中國兵備的《鄰邦兵備略》六冊，由參謀本部部長山縣有朋呈送睦仁。山縣在〈進鄰邦兵備略表〉中提出了「強兵乃是富國之本」的軍國主義原則，強調日本當務之急為擴充軍備。第二年，日本便決定大力擴建海軍，議造新艦每年 3 艘，以 20 年為期，擬共造 60 艘。

西元 1882 年，在朝鮮漢城爆發了壬午兵變，這是亞洲發生的第一次反日暴動。雖然日本政府利用這次兵變迫使朝鮮簽訂了《濟物浦條約》，取得了在朝鮮的駐兵權，從而把自己的軍事力量第一次擴張到中國，但也感到了力量之不足，所以在兵變發生時連派遣軍艦都十分困難。右大臣巖倉具視在內閣會議上發言，極力強調擴大海軍的迫切性。他說：「目前既已如此，待至他年清帝國艦隊大體完備之日，中國如仍止於今日之狀態，則將何以備緩急？」[190] 當時，日本能夠用於實戰的軍艦有鐵甲艦「扶桑」、鋼骨木殼艦「金剛」和「比睿」3 號，都只有兩三千噸，而中國已向德國訂造了 7,000 多噸的鐵甲艦「定遠」、「鎮遠」和 2,000 多噸的巡洋艦「濟遠」。因此，日本海軍省以原定造艦計畫限期太緩，難以適應急欲向外擴張的需求，要求提前實現，改為每年造艦 6 艘，8 年內造艦 48 艘。同年 12 月，睦仁下諭擴充海軍，每年支出 300 萬元，以為造船費。然而，限於造船力量，日本在 3 年內自造軍艦僅成 4 艘。這些軍艦不是木製，就是鐵

---

[190] 《巖倉公實記》下卷，第 910 頁。轉見信夫清三郎：《日本外交史》上冊，商務印書館，1980 年，第 196～197 頁。

第六章　甲午中日海戰

骨木殼，而且都只有1,000多噸，根本不能用於實戰。

西元1884年，日本利用中法戰爭之機，在朝鮮策動政變，企圖建立親日傀儡政權。這就是有名的甲申政變。日本在陰謀遭到失敗後，感到兵備仍然不足，發動入侵中國的戰爭為時尚早。於是，明治政府便開始了10年的中國作戰準備活動。

西元1885年，明治政府決定進一步加速擴大海軍，議造鐵甲艦2艘、巡洋艦7艘、砲艦6艘，以組成4支艦隊。為使此計畫得以順利完成，它一方面大力提高自造艦船的能力，一方面從英、法兩國購進新式大型軍艦。1886年，日本公布海軍公債令，發行公債1,700萬元，作為第一期海軍擴張經費。其中，除提出一部分設立鎮守府，及充海防、水雷等費用外，大部分用於造艦和購艦，並限定8年完成。根據這個計畫，海軍繼設立橫須賀鎮守府之後，又開始建設吳和佐世保兩地為軍港，並規定吳港為中國作戰的後方基地，佐世保港擴大到足供出師準備之規模，以適應日後發動侵華戰爭的需求。

西元1886年8月，北洋海軍提督丁汝昌率「定遠」、「鎮遠」、「濟遠」、「威遠」、「超勇」、「揚威」6艦出海操巡，經釜山、元山、永興灣等處至海參崴，留「超勇」、「揚威」2艦俟吳大澂勘定俄界事畢駛回，其餘4艘折赴長崎進塢修理。此時，日本盛傳北洋艦隊來到長崎；是為了交涉琉球歸屬問題。正值水手放假登岸，日本巡捕向前尋釁，堵住街巷，逢人便砍，街民亦持刀追殺。中國水手被迫自衛。雙方皆有死傷。日本一時輿論沸騰，傳出北洋海軍大舉來襲的謠言。當時，日本還沒有一支敵得住北洋海軍的艦隊，只好於1887年2月實行妥協。此案的審理結果，使日本更進一步地意識到，要實行對外擴張而不加快發展海軍的步伐是絕對不行的。

第一節　戰前的日本海軍

　　長崎事件剛處理完結，睦仁便於當年3月14日頒發敕令：「立國之務在海防，一日不可緩。」[191] 撥出內帑30萬元，以為充實海防之用。內閣總理大臣伊藤博文接受天皇的海防賜金後，在鹿鳴館發表演說，呼籲一定要實現建設海國日本的理想。要求各方有志之士慷慨解囊，捐輸海防獻金。在睦仁帶頭和伊藤鼓動下，日本掀起一股海防擴張熱，半年之間所收集的海防獻金達到了203萬元。西元1889年，日本在法國訂購的4,000噸級「嚴島」艦造成。又設吳和佐世保兩鎮守府。增加海軍經費107萬元，使本年度的海軍經費達到930多萬元，占國家財政總支出的11.7%。若與陸軍經費合計，則占國家財政總支出的29.6%，達到了驚人的程度。同年，在東京灣大操艦隊，這是日本海軍大演習之始。1890年，在法國訂購的4,000噸級「松島」艦和英國訂購的2,000噸級的「千代田」艦先後造成。睦仁親任大元帥，在尾張三河之間及伊勢崎舉行海陸軍聯合大演習。1891年，仿「嚴島」、「松島」二艦造的「橋立」艦下水。「嚴島」、「松島」、「橋立」3艘巨艦，號稱「三景艦」，各配備1門32公分口徑的巨炮，以專門對付中國「定遠」、「鎮遠」的30.5公分口徑大砲。到1892年12月，在英國訂造的最新式的4,000噸級巡洋艦「吉野」竣工。至此，明治政府預定的八年擴充海軍計畫大致完成。

　　與此同時，日本內閣正在醞釀更大規模的發展海軍方案。計劃在9年內建造11,000噸級的鐵甲艦4艘和巡洋艦6艘，經費為5,860萬元。當時，日本正陷於經濟恐慌之中，增加預算的提案在議會未獲通過，松方（正義）內閣因之倒臺。伊藤博文再度組閣，他策動睦仁降詔：「國防之事，苟緩一日，或將遺百年之悔。朕茲省內廷之費，六年期間每年撥下三十萬日

---

[191]　信夫清三郎：《日本外交史》上冊，第212頁。

第六章　甲午中日海戰

元。」[192] 命文武官員於同期內獻納其俸 1/10，補充造艦之費。這種以「聖斷」壓制議會的辦法果然奏效。

迄於甲午戰爭爆發，日本海軍已擁有各種艦隻 33 艘，63,738 噸。

如下表[193]：

艦名	艦種	艦質	排水量（噸）	航速（節）	馬力	炮數（門）	製造地	下水年代
築波	炮	木	1,978	80	526	8	印度	1851
鳳翔	炮	木	321	75	317	7	英	1868
天城	炮	木	926	110	720	7	日	1877
金剛	巡洋	鐵骨木殼	2,284	135	2,535	9	英	1877
比睿	巡洋	鐵骨木殼	2,284	135	2,535	9	英	1877
扶桑	裝甲巡洋	鐵	3,777	130	3,932	15	英	1877
盤城	炮	木	667	100	659	4	日	1878
館山	練	木	543			2	日	1880
築紫	巡洋	鋼	1,372	160	2,433	12	英	1880
海門	巡洋	木	1,367	120	1,267	9	日	1882
天龍	巡洋	木	1,547	120	1,267	9	日	1883
和泉	巡洋	鋼	2,967	170	5,576	27	英	1883
浪速	巡洋	鋼	3,709	180	7,604	20	英	1885

[192]　信夫清三郎：《日本政治史》卷三，譯文出版社，1988 年，第 258 頁。
[193]　參見戚其章：《北洋艦隊》，山東人民出版社，1981 年，第 73～74 頁。

第一節　戰前的日本海軍

艦名	艦種	艦質	排水量（噸）	航速（節）	馬力	炮數（門）	製造地	下水年代
高千穗	巡洋	鋼	3,709	180	7,604	20	英	1885
大和	巡洋	鐵骨木殼	1,502	130	1,622		日	1885
葛城	巡洋	鐵骨木殼	1,502	130	1,622	9	日	1885
武藏	巡洋	鐵骨木殼	1,502	130	1,622	9	日	1886
摩耶	炮	鐵	622	103	963	6	日	1886
鳥海	炮	鐵	622	103	963	4	日	1887
愛宕	炮	鋼骨鐵殼	622	103	963	4	日	1887
幹珠	練	木	877	—	—	6	日	1887
滿珠	練	木	877	—	—	6	日	1887
高雄	巡洋	鋼骨鐵殼	1,778	150	2,429	5	日	1888
赤城	炮	鋼	622	103	963	10	日	1888
八重山	通訊	鋼	1,609	200	5,400	9	日	1889
嚴島	海防	鋼	4,278	160	5,400	34	法	1889
千代田	巡洋	鋼	2,439	190	5,678	27	英	1890
松島	海防	鋼	4,278	160	5,400	30	法	1890
橋立	海防	鋼	4,278	160	5,400	31	日	1891
大島	炮	鋼	640	130	1,217	10	日	1891
秋津洲	巡洋	鋼	3,150	190	8,516	23	日	1892

107

第六章　甲午中日海戰

艦名	艦種	艦質	排水量（噸）	航速（節）	馬力	炮數（門）	製造地	下水年代
吉野	巡洋	鋼	4,225	225	15,968	34	英	1892
龍田	水雷炮	鋼	864	210	5,069	6	英	1894

在大力擴充海軍的同時，日本還改革軍事指揮體制。西元1885年12月，以應付變幻莫測的東方形勢為由，設定了作為陸海軍聯合審議機構的國防會議。5月，陸軍決定設定監軍，以保證在對外戰爭爆發時，能夠立即率領由兩個師團編成的軍團出征。1889年2月，日本樞密院公布《大日本帝國憲法》，規定統率海陸軍的軍令大權歸於天皇。12月，山縣有朋出任內閣總理大臣，於3個月後發表《外交政略論》，提出：在日本領土的「主權線」外側，還有與日本「主權線」安危嚴密關聯的地區即「利益線」；日本不僅要保有「主權線」，還要保衛「利益線」，而日本「利益線的焦點」是朝鮮。山縣的這種軍國主義言論，是為爾後日本發動侵略戰爭提供「理論」根據。1893年5月1日，睦仁批准了《戰時大本營條例》。這個條例的實施，表明日本已經完成了中國作戰的準備。同時，還批准了《海軍軍令部條例》，為出師作戰和海岸防禦做準備。10月，山縣又提出〈軍備意見書〉，強調日本「應作為準備，一有可乘之機，即應主動採取行動，收取利益」[194]。可見，日本為發動一場大規模侵略戰爭已經在躍躍欲試了。

為適應中國作戰的需求，明治政府還著手整頓艦隊編制。先是，日本將全國海岸劃為5個海軍區，分屬於3個鎮守府：橫須賀鎮守府，轄第一、第五海軍區；吳鎮守府，轄第二海軍區；佐世保鎮守府，轄第三、第四海軍區。西元1894年7月10日，為了對艦隊實行集中指揮，取消按區域劃

---

[194]　信夫清三郎：《日本外交史》上冊，第163頁。

分艦隊的辦法，將全國海軍分為常備和警備兩個艦隊。12日，又把警備艦隊改稱西海艦隊，並將常備、西海兩艦隊組成聯合艦隊，以海軍中將伊東祐亨為聯合艦隊司令官，海軍大佐鮫島員規為參謀長，海軍少將坪井航三為先鋒隊司令官。

日本對中國作戰的準備既已就緒，便只等挑起戰端的時機了。

第二節　初戰豐島

一　日本海軍的豐島突襲

西元1894年春，朝鮮爆發了東學黨起義。起義軍提出的「逐滅洋倭」、「盡滅權貴」口號，反映了這次起義具有反帝反封建的性質。日本早就蓄謀入侵中國，當然不會錯過這個時機。於是，當朝鮮政府向中國求援時，便以「必無他意」的虛偽保證誘使清政府上鉤。清政府果然派兵5營赴朝，同時按《天津條約》的規定通知了日本。其實，在此以前的6月2日，日本內閣會議早就做出了向朝鮮派兵的決定。當天，日本海軍即著手進行動員並作好挑起戰爭的準備。

到7月間，日本在朝鮮的軍事力量已居於絕對優勢，決意挑起釁端。到25日早晨，日本聯合艦隊便在牙山口外的豐島海面不宣而戰，對北洋艦隊發動了突然襲擊。

原來，李鴻章見朝鮮局勢日趨緊張，日本不但反對與中國共同撤兵，反而繼續增派軍隊入朝，遂決定抽調仁字軍精銳2,000多人赴朝，以加強駐牙山的葉志超軍，並派軍艦護航。7月22日，丁汝昌奉李鴻章之命，派

第六章　甲午中日海戰

「濟遠」、「廣乙」、「威遠」三艦由威海出發，以副將「濟遠」管帶方伯謙為隊長，護衛「愛仁」、「飛鯨」等運兵船到牙山。丁汝昌本想率海軍大隊隨後接應，但此意見為李鴻章所否定。23日，「濟遠」等三艦駛抵牙山。24日下午5點半，方伯謙接「威遠」管帶林穎啟報告，獲悉「倭大隊兵船明日即來」[195]。方見情況緊急，而「威遠」是木船，不能承受炮火，且行駛遲緩，萬一出口遇敵，徒然損失一船，便令「威遠」於當晚先行駛離牙山回國。25日凌晨4點，「愛仁」、「飛鯨」二船的兵員和輜重皆已上岸，方伯謙不敢耽擱，便率「濟遠」、「廣乙」啟碇返航。不料3個多小時後，「濟遠」和「廣乙」正與來襲的日艦遭遇。

早在7月20日，日本大本營已經掌握了清政府增兵和北洋艦隊護航的計畫。日方是怎樣得到這個情報的呢？對此，歷來猜測紛紛，莫窺底蘊。有記載說：潛伏天津的某日本間諜，用金錢賄賂天津電報局的電報生，得知了北洋艦隊出海的時間。[196]這只是一種捕風捉影之談，是不可能有的事情。因為對於有關軍情的電報，只用密碼傳送，而根據當時的〈寄報章程〉，電報生只負責收發密碼，「不能蟠查以防洩漏」[197]。因此，電報生是不可能得知密碼內容的。還有記載說：「天津軍械局的一個老書吏，送情報給日本間諜，所以日本的襲擊能夠準時。」[198]戰爭爆發後不久，在天津拿獲了日諜石川伍一，供出賄賂天津軍械局書吏劉棻，為之傳送情報等情節。此案曾轟動一時，朝野為之震驚。當時人們認為，日本海軍對北洋艦隊實行突然襲擊，與劉棻提供的情報是有關的。其實，問題並不是如

---

[195]　邵循正等編：《中日戰爭》（中國近代史資料叢刊）（六），新知識出版社，1956年，第84頁。
[196]　《中日戰爭》（叢刊一），第17～18頁。
[197]　中國電報總局：《中國電報新編》，第3頁。轉見趙梅莊：〈「天津電報生出賣高陞號開船時間」說辨析〉，《中日關係史論集》第2輯，吉林人民出版社，1984年，第80頁。
[198]　池仲祐：《海軍實記·述戰篇》（亦作《甲午戰記》），見戚其章主編：《中日戰爭》（中國近代史資料叢刊續編）（六），中華書局，1993年，第8頁。

第二節　初戰豐島

此簡單。當時，日本最需要的是兩種情報：一是中國向朝鮮運兵的情報；二是北洋艦隊護航的情報。日本要得到第一種情報並不困難。在中日兩國宣戰之前，大批日諜一直麇集天津，四處偵察，無孔不入，活動非常猖狂。甚至對海口碼頭重地，清政府及地方當局也不加戒備，「令在華倭人自如偵探」[199]。據目擊者稱，中國運兵船從塘沽啟航時，即見日人在碼頭往來不絕，竟然有的下到艙內，手持鉛筆將所載之物逐一記數。德國商人滿德（Leopold Möndt）證實，日人對「愛仁、飛鯨、高陞船載若干兵，若干餉，何人護送，赴何口岸」、「無不了徹於胸」。[200] 清政府運兵的情報就是這樣被日本得到的。

至於日本得到北洋艦隊護航的計畫，則得力於日諜宗方小太郎的活動。宗方奉命潛伏於煙臺，專門窺探北洋艦隊的行蹤。他時而化裝密赴威海衛偵察，時而派偵察員監視北洋艦隊的動靜。16日，探知「濟遠」、「威遠」二艦將去朝鮮。19日，又獲悉北洋艦隊「已作戰備，將於今日或明日相率赴朝鮮」[201]，隨即轉報東京。20日，日本大本營便接到了北洋艦隊即將啟碇赴朝的情報。所以，宗方的密友緒方二三後來說，豐島突襲之功，多虧宗方情報之及時。[202]

接獲情報的當天，日本新任海軍軍令部部長樺山資紀中將便帶著參謀總長有棲川熾仁親王的密令，乘山城丸由橫須賀出發，駛向聯合艦隊聚泊待命的佐世保。22日下午5點，傳達了襲擊中國艦隊的命令。在樺山抵達之前，伊東祐亨已先接大本營的命令，明確了艦隊出海的任務。22日上午，伊東召集各艦艦長會議，研究編隊問題。決定將艦隊編為本隊、第一

---

[199]　陳旭麓等主編：《盛宣懷檔案資料選輯之三・甲午中日戰爭》（上），第31頁。
[200]　《盛檔・甲午中日戰爭》（下），第103頁。
[201]　《宗方小太郎日記》（稿本）。見《中日戰爭》（叢刊續編六），第110頁。
[202]　緒方二三：《我等之回憶錄》（六）。見《九州日日新聞》1934年9月6日。

第六章　甲午中日海戰

游擊隊和第二游擊隊，又將本隊分為兩個小隊。下午，第一游擊隊司令官坪井航三少將發出集合令，商討關於游擊順序等問題。日本聯合艦隊完全做好了襲擊北洋艦隊的戰術準備。

23日上午11點，日本聯合艦隊駛離佐世保港，第一游擊隊先發，次為本隊，再次為第二游擊隊、魚雷艇隊、護衛艦等。其航行序列是：

第一游擊隊：「吉野」（常備艦隊旗艦）、「秋津洲」、「浪速」。

本隊：

第一小隊：「松島」（聯合艦隊旗艦）、「千代田」、「高千穗」；

第二小隊：「橋立」、「築紫」（先已與赤城同時派往朝鮮忠清道西岸淺水灣探測）、「嚴島」。

第二游擊隊：「葛城」（西海艦隊旗艦）、「天龍」、「高雄」、「大和」。

魚雷艇隊：

母艦：「比睿」；

魚雷艇：「小鷹」、第7號艇、第12號艇、第13號艇、第22號艇、第23號艇。

護衛艦：「愛宕」、「摩耶」。

艦隊按預定航路先向全羅道西北端的群山港出發。當艦隊出港之際，樺山資紀乘坐「高砂丸」高揭「發揚帝國海軍榮譽」訊號旗，為全體官兵鼓勁打氣。艦隊全部離港之時是下午4點20分。

25日凌晨4點半，日艦第一游擊隊到達安眠島後，見無中國軍艦的蹤影，便繼續駛向豐島附近搜查。豐島地當牙山灣之衝，島北水深，可航巨輪，為進出牙山灣的必經之路。上午6點半左右，吉野等3艦駛抵豐島西南的長安堆附近。這天，天氣晴朗，萬里無雲，海上能見度甚好。日艦遙

第二節　初戰豐島

見豐島方向有兩艘輪船噴煙而過，隨即判斷為軍艦，坪井航三命令各艦準備戰鬥，以15節的速力急駛，向目標接近。7點20分，看清兩艘軍艦為「濟遠」和「廣乙」。於是，坪井「即時下戰鬥命令」[203]。

當第一游擊隊接受偵察任務時，伊東祐亨曾命令說：如果牙山附近的中國艦隊力量弱小，則不必一戰；如果中國艦隊力量強大，則加以攻擊。當時，雙方的力量非常懸殊。如下表：

國別	艦名	排水量（噸）	馬力	速力（節）	大砲（門）	乘員	製造地	進水年代
中國	濟遠	2,300	2,800	150	23	202	德	1883
	廣乙	1,030	2,400	150	9	110	閩	1890
日本	吉野	4,225	15,968	225	34	385	英	1892
	秋津洲	3,150	8,400	190	32	311	日	1892
	浪速	3,709	7,328	180	30	357	英	1885

至於主要火器，日本軍艦有26公分口徑克魯伯炮兩門和15厘公分口徑克魯伯炮6門，還配備15公分口徑速射炮8門和12公分口徑速射炮14門；而中國軍艦僅有21公分口徑克魯伯炮2門、15公分口徑克魯伯炮1門及12公分口徑克魯伯炮3門，並無一門速射炮。因此，從力量對比看，日本方面占有壓倒的優勢。但是，坪井航三採納了艦隊參謀釜谷忠道海軍大尉的意見，認為：「究竟是強還是弱，都必須透過戰爭來判斷。總之，無論如何也要進擊。這就是執行命令的主旨。」[204] 於是，日本艦隊終於採用突然襲擊的手段，發出了豐島海戰的第一炮，從而挑起戰爭。

---

[203] 〈東鄉平八郎擊沉高陞號日記〉，《中日戰爭》（叢刊六），第32頁。
[204] 藤村道生：《日清戰爭》，上海譯文出版社，1981年，第89頁。

第六章　甲午中日海戰

豐島海戰發生後，日本侵略者大造輿論，極盡顛倒黑白之能事，把突然襲擊中國軍艦的醜惡行徑賴得一乾二淨，反誣稱北洋艦隊炮擊日本軍艦，是中國挑起釁端。日本外務大臣陸奧宗光在致各國公使照會中聲稱：「中國軍艦在牙山附近轟擊日軍。在這一情況下，日本政府不得不撤銷其在諸友邦影響下對中國提出的建議。」[205] 挑起戰爭的禍首竟裝扮成了一個自衛者。日本官方文書也將自己描寫成受害者以矇蔽世人。[206] 後來，釜谷忠道揭露：坪井航三往牙山灣偵察之前，伊東祐亨曾「賦予內命，謂牙山灣附近如有優勢的清國軍艦駐泊，可由我方進而攻擊」[207]。參加這次海上突襲的日本「浪速」艦長東鄉平八郎，也在當天的日記中寫道：「午前7點20分，在豐島海上遠遠望見清國軍艦『濟遠』號和『廣乙』號，即時下戰鬥命令。7點55分開戰（指浪速開炮），5分多鐘後因被炮煙掩蓋，只能間斷地看見敵艦，加以炮擊而已。『廣乙』號在我艦的後面出現，即時開左舷大砲進行高速度射擊，大概都打中。」[208] 可知日艦在襲擊以前半小時左右，即在發現中國軍艦之時，便下達了攻擊命令。這次海戰究竟是由誰挑起的，也就一清二楚了。

二　中國軍艦被迫應敵

在日艦第一游擊隊的突然襲擊下，「濟遠」、「廣乙」完全陷於被動的境地。面對強敵的進攻，中國將士別無選擇，只有奮起應戰。

「濟遠」等艦奉命護航時，將士皆預感到形勢日趨嚴重，戰爭隨時可能爆發。臨行前，「廣乙」管帶林國祥曾向丁汝昌請示：「若遇倭船首先開

---

[205] 〈紅檔雜誌關於中日戰爭檔〉，《中日戰爭》（叢刊七），第271頁。
[206] 參見戚其章：《甲午戰爭國際關係史》，人民出版社，1994年，第135～138頁。
[207] 田保橋潔：《甲午戰前日本挑戰史》，南京書店，1932年，第186～187頁。
[208] 《中日戰爭》（叢刊六），第32頁。

第二節　初戰豐島

炮，我等當如何應敵？」丁根據李鴻章「如倭先開炮，我不得不應」[209]的指示，回答說：「兩國既未言明開戰，豈有冒昧從事之理？若果倭船首先開炮，爾等亦豈有束手待斃之理？縱兵回擊可也。」[210]這表明中國護航的原則是：如果日艦不先開炮，絕不打第一炮；如果日艦首先開炮，則進行自衛還擊。

7月25日凌晨4點，「濟遠」、「廣乙」由牙山啟碇，魚貫出口，依山而行。7點，望見「吉野」等3艘日艦橫海而來。當發現日艦之初，方伯謙推斷日艦必定進擊，因此命令站炮位，準備抵禦。只見3艘日艦魚貫而東，轉了一個大彎，又轉舵而西，欲攔「濟遠」、「廣乙」的去路。證實日艦果然來意不善，便嚴陣以待。

7點45分，雙方5艘軍艦皆駛至長安堆以西海面。此時，日本旗艦「吉野」突然冒出炮煙，首開第一炮，向「濟遠」轟擊。「濟遠」冒著敵艦的炮火，由西轉舵向南，於52分發炮回擊。55分，日艦「秋津洲」向「濟遠」發炮。56分，「浪速」也開始炮擊。「濟遠」將士以弱抵強，拚死搏戰。8點10分，「濟遠」發出一炮，擊中「吉野」艦首附近，跳彈擊斷前檣桁索。20分，「濟遠」尾炮發出的15公分口徑砲彈，擊中「吉野」右舷之側，擊毀舢板數艘，貫穿鋼甲，壞其發電機，墜入機器間之防禦鋼板上，然後轉入機器間。由於砲彈品質有問題，彈內未裝炸藥，故擊中而不爆炸，致使「吉野」僥倖免於沉沒。

---

[209] 《李鴻章全集》（二），電稿二，上海人民出版社，1986年，第800頁。
[210] 思痛主人輯：《中倭戰守始末記》卷一，刊印年月不詳，第12頁。

第六章　甲午中日海戰

豐島海戰圖

　　日艦憑藉其猛烈炮火，聚攻「濟遠」，密如雨點。「濟遠」仍然苦戰不已。幫帶大副沈壽昌[211]屹立司舵，並指揮炮手還擊，多次命中日本旗艦「吉野」，還擊中了「浪速」左舷艦尾，將其艦尾擊落，海圖室轟壞。沈壽昌正在指揮之際，不料一顆敵彈落至「濟遠」望臺，一塊彈片直擊頭部，當即仆地不起。二副柯建章[212]見大副犧牲，義憤填膺，繼續督炮擊敵。而敵彈蝟集，被洞胸而亡。見習學生黃承勳[213]自告奮勇登臺指揮，督炮

---

[211]　沈壽昌（西元 1865～1894 年），字清和，上海洋涇人。上海出洋總局肄業，曾被選派進挪威大學學習。
[212]　柯建章，福州人。船生出身。
[213]　黃承勳（西元 1874～1894 年），湖北京山縣人。天津水師學堂駕駛班畢業。

第二節　初戰豐島

手裝彈瞄準，中炮臂斷，倒地閉目而死。軍功王山、管旗首領劉鷗亦均中彈陣亡。

當日本三艦聚攻「濟遠」之際，「廣乙」後至，立即投入戰鬥。「廣乙」伺機向日艦逼近，準備施放魚雷。「吉野」向左轉舵避開。「廣乙」改變航向，向「秋津洲」和「浪速」之間疾駛。7點58分，「廣乙」從斜側駛至距「秋津洲」600公尺處，向其艦尾靠近。此時，「秋津洲」猛然回擊，一彈打中「廣乙」桅樓，致使1名水手墜落犧牲；又一彈擊中魚雷發射管，幸未爆炸。「秋津洲」改放榴霰彈，紛紛炸於「廣乙」艙面，霰彈四飛，殺傷20人。「廣乙」舵手亦在此時犧牲。

此刻，海面上硝煙籠罩，日艦無法用訊號旗聯絡，「秋津洲」便鳴笛報知自己的位置，「浪速」鳴笛應之。於是，兩艦開始合擊「廣乙」。待硝煙漸散，「浪速」發現「廣乙」在距艦尾三四百公尺處，便一面向右轉舵以防「廣乙」逼近，一面用左舷炮和尾炮加以猛擊。在日艦的連續攻擊下，「廣乙」受傷甚重，船舵均已毀壞，不堪行駛。「廣乙」官兵已有30多人犧牲，40多人負傷，難以支撐，便向右轉舵走避。「浪速」尾追不捨。「廣乙」回擊一炮，彈穿其左舷之側，由內部穿透後部鋼甲板，斷其備用錨，並將其錨機擊碎。坪井航三以為「廣乙」艦體已毀，決定不予追擊，命日本3艦各取適宜位置合擊「濟遠」，「廣乙」這才得以脫險，在朝鮮西海岸十八家島搶灘擱淺。管帶林國祥[214]下令鑿鍋爐，焚毀火藥艙，然後率殘兵登岸。

8點30分，「廣乙」已遠離「濟遠」。「濟遠」有30人犧牲，2人負傷，以孤艦難禦強敵，遂趁機以全速向西駛避。3艘日艦會合後，擬共追「濟遠」。忽見西方海上出現兩縷汽煙，但一時辨認不出為何國艦船。坪井航

---

[214]　林國祥，廣州人。福州船政學堂第一期畢業。黃海海戰後，接署濟遠艦管帶。

第六章　甲午中日海戰

三命各艦採取「自由運動」。於是,「秋津洲」轉舵追擊「廣乙」,「吉野」、「浪速」則尾擊「濟遠」。53分,「浪速」超越「吉野」,猛追「濟遠」。「濟遠」見日艦來逼,乃懸白旗,然猶疾駛不停。「浪速」追至相距3,000公尺時,以艦首迴旋炮猛擊。「濟遠」又在白旗之下加懸日本海軍旗。「浪速」掛出訊號:「立即停輪,否則炮擊!」此時,兩艦相距2,700公尺。「浪速」向旗艦「吉野」報告:「敵艦降服,已發出命其停輪訊號,準備與彼接近。」

9點,中國所僱運兵船「高陞」號從「浪速」右舷通過,向東駛去。15分,「浪速」一面命令「高陞」停駛,一面追擊乘機以全速西駛之「濟遠」。30分,坪井航三忽令「秋津洲」、「浪速」歸隊。「秋津洲」先是追擊「廣乙」,及見「廣乙」擱淺,又接「吉野」訊號,便立即回航。此時,中國運輸船「操江」號駛來,與「高陞」相距約3英里,見「高陞」為日艦所截,遂轉舵回駛。47分,坪井命「浪速」監視「高陞」、「秋津洲」追擊「操江」,自率旗艦「吉野」尾追「濟遠」。

約3個小時後,「吉野」漸漸追及「濟遠」。12點38分,「吉野」逼近距「濟遠」2,000公尺處,以右舷炮猛擊,共發6彈。兩艦航速快慢懸殊,「吉野」勢將近逼。「濟遠」水手王國成[215]見炮手犧牲殆盡,挺身而出,奔向艦尾炮位,另一水手李仕茂從旁助之,用15公分口徑尾炮對準「吉野」連發4炮:第一炮中其舵樓;第二炮中其艦頭;第三炮走線,未中;第四炮中其艦身。43分,「吉野」受傷,艦頭立時低俯,不敢停留,轉舵向來路駛逃。

「吉野」既東逃,「濟遠」始得保全。遂定向威海衛,於26日清晨抵港下錨。

---

[215]　王國成(西元1867～1900年),山東人。

第二節　初戰豐島

三　「操江」之降和「高陞」之沉

當「濟遠」、「廣乙」正與日本 3 艦激戰之際,「高陞」和「操江」先後駛近豐島。上午 9 點 15 分,「高陞」被日艦攔住,強迫停輪。「操江」管帶參將王永發[216]見狀有異,急下令返航。

「操江」乃是上海江南製造總局所造的木質舊式砲艦,艦齡已逾 20 年,實際航速只有 8 節,雖裝備舊炮 5 門,但火力甚弱,難以任戰,故改為運輸艦使用。「操江」此次奉命裝載武器餉銀由塘沽出發,經煙臺、威海衛開往牙山。7 月 24 日凌晨 3 點,「操江」從煙臺駛往威海。當天下午 2 點,「操江」離開威海港。啟航前,丁汝昌曾將文書等件交王永發帶至牙山。將駛近豐島時,正好與「高陞」號不期而遇,遂尾隨而行。及見「高陞」被攔,便轉舵西駛。

「操江」西行約 1 小時,見「濟遠」由一海島後駛出,向西北而行。正午時,日艦「吉野」尾隨「濟遠」航向而來,以全速疾馳,與「操江」相距 2,500 公尺處成相併位置。此時,「操江」急將龍旗降下,以表示無敵對之意。「吉野」因有「秋津洲」在後,並不理會「操江」,繼續猛追「濟遠」。

在「吉野」追擊「濟遠」的同時,「秋津洲」也在後循其航跡前駛。下午 1 點 50 分,「秋津洲」逼近「操江」,掛出「停駛」訊號,並放空炮一響。「操江」不應,繼續向西航進。「秋津洲」追至距「操江」4,000 公尺時,發炮以示警告。王永發見情況緊急,無計可施,準備自盡。艦上有一丹麥人彌倫斯（Miller）,乃天津電報局洋匠,奉派隨艦赴漢城,以接管當地的中國電報局。他忙將王永發勸住。於是,王永發便在檣頭懸掛白旗,又在大檣上加掛日本國旗,表示投降。採納彌倫斯的建議,將所帶重要文書及密

---

[216]　王永發,浙江鎮海人。青年時代在英國軍艦當水手,繼升水手長。後轉入清朝水師。

第六章　甲午中日海戰

電本當即投爐中焚毀，以免洩漏軍情。還準備將船上所裝 20 萬兩餉銀投入海中，而倉促間未及施行。

下午 2 點多，「秋津洲」放下舢板 1 艘，載日本海軍官兵及管輪等共 28 人，俱持槍械，登上「操江」。到船後，即將「操江」所有人員拘禁於後艙，由日兵持槍看守。日兵遍船搜求文書，但無所得。於是，單將王永發拘上「秋津洲」。隨後，「秋津洲」起錨南駛，命「操江」隨行。

7 月 28 日，所有「操江」船上 83 人，都由日艦「八重山」號押送到佐世保。當日「午後二點鐘上岸，上岸之時極備凌辱」。「船近碼頭即放氣鐘搖鈴，吹號筒，使該處居民盡來觀看。其監即在碼頭相近地方，將所拘之人分作二排並行，使之遊行各街，遊畢方收入監，以示凌辱。」[217] 在這拘禁的 83 人當中，除彌倫斯在 8 月 5 日被釋放，及名水手病死獄中外，其餘王永發以內 81 人，皆關押到西元 1895 年 8 月始遣返回國。

由於「操江」之降，不僅白將 1 艘軍艦資敵，而且艦內 20 萬兩餉銀，以及大炮 20 門、步槍 3,000 支和大量彈藥，也全部落入敵手。

「高陞」號是英商印度支那輪船公司的一艘商船，其排水量為 1,353 噸，由清政府所租用。當時講明：如果至朝鮮海口遇險失事，中國允賠船價，而損失的武器裝備則由中國自行承擔。7 月 23 日早晨，「高陞」從塘沽出口，向牙山出發。船上載北塘防軍官兵共 1,116 人，還有行營炮 14 門及槍枝、彈藥等件。通永練軍左營營官駱佩德、義勝前營營官吳炳文隨船而行。統帶官則為仁字軍營務處幫辦高善繼[218]。德國退役軍官漢納根也同船赴朝。

7 月 25 日上午 8 點半，「高陞」駛近豐島附近時，發現情況異樣，但

---

[217]　《盛檔・甲午中日戰爭》（下），第 147 頁。
[218]　高善繼，字次浦，江西彭澤縣人。舉人出身，保舉五品銜知縣。

第二節　初戰豐島

船長高惠悌（Thomas Ryder Galsworthy）和大副田潑林堅信：其船為英國船，又掛英國旗，足以保護它免受一切敵對行動。因此，決定仍按原航向徐徐前進。

9點，「高陞」從「浪速」右舷通過。「浪速」艦長東鄉平八郎注視「高陞」駛過，斷定船內必定裝有中國軍隊。9點15分，「浪速」掛出訊號：「下錨停駛！」30分，高惠悌在日艦的威脅下把船停下來。「浪速」又掛出第二次訊號：「原地不動，否則承擔後果！」並發訊號請示對「高陞」的處置辦法，「吉野」回答：「將商船帶赴總隊，向司令長官報告！」於是，「浪速」第三次依然用「停止不動」的訊號命令「高陞」。隨後掉轉艦頭，駛到距「高陞」僅約400公尺的海面停下，將全艦所有21門大砲都露出來，用右舷炮對準「高陞」號的船身。

10點左右，東鄉平八郎派海軍大尉人見善五郎，率數名軍官乘小艇駛近「高升」。人見等登船後，直奔船長高惠悌的房間，要求檢查商船執照。高惠悌出示執照，並提請日本軍官注意「高升」是英國商船。人見不予理睬，向高惠悌詢問：「『高升』要跟『浪速』走。同意嗎？」高惠悌回答說：「如果命令跟著走，我沒有別的辦法，只有在抗議下服從。」對日本的武力威脅表示屈服。這樣，人見等便帶著滿意的回答離開「高升」回到「浪速」。

當人見善五郎等日本海軍軍官登船檢查時，船上一千多名中國官兵即知情況不妙，皆懷有警惕之心。仁字軍營務處幫辦高善繼勉勵大家說：「我輩同舟共命，不可為日兵辱！」此時，忽見「浪速」掛出第四次訊號：「立刻斬斷繩纜，或者起錨，隨我前進！」高惠悌準備服從命令。頓時，許多將士攘臂而起，全船騷動。高善繼衝向船長，拔刀瞋目曰：「敢有降日本

第六章　甲午中日海戰

者，當汙我刀！」[219]將士齊聲響應，一船鼎沸。因言語不通，由漢納根翻譯，將全體官兵的決心通知船長：「寧願死，絕不服從日本人的命令！」船長試圖進行說服：「抵抗是無用的，因為一顆砲彈能在短時間內使船沉沒。」幫帶告以：「我們寧死不當俘虜。」船長繼續勸說：「請再考慮，投降實為上策。」幫帶斬釘截鐵地回答：「除非日本人同意退回大沽口，否則拚死一戰，絕不投降！」船長無可奈何地說：「倘若你們決計要打，外國船員必須離船。」中國將士見英國船長不肯合作，便看守了船上的所有吊艇，不准任何人離船。高惠悌發訊號要求「浪速」再派小艇來，以便告知船上所發生的情況。人見等日本軍官又駕艇靠近「高升」。漢納根到跳板上對日本軍官說：「船長已失去自由，不能服從你們的命令，船上的兵士不許他這樣做。軍官與士兵堅持讓他們回原出發的海口去。」高惠悌也說：「帶信給艦長，說華人拒絕『高升』船當作俘虜，堅持退回大沽口。」還指出：「高升」是一艘英國船，並且離開中國海港時尚未宣戰，「考慮到我們出發尚在和平時期，即使已宣戰，這也是個公平合理的要求」。人見答以模稜兩可之詞，駕艇而回。[220]

　　時過正午，交涉歷時3個小時。東鄉平八郎早已等得不耐，決定要下毒手。於是，下令掛出第五次訊號：「歐洲人立刻離船！」中國將士看出了敵人的毒計，「慷慨忠憤，死志益堅，不許西人放舵尾之小船」[221]。高惠悌只好用訊號回答：「不准我們離船，請再派一小船來。」對此請求，「浪速」加以拒絕：「不能再派小船！」並在檣頭掛出紅旗。這顯然是一個表示危險的警告。

---

[219]　《中倭戰守始末記》卷一，第5頁。
[220]　參見《中日戰爭》（叢刊六），第20～23頁。
[221]　《中倭戰守始末記》卷一，第5頁。

第二節　初戰豐島

　　東鄉平八郎向「高升」發出警告後，指揮「浪速」向前開動，繞巡「高升」一周，然後停在距「高升」150公尺處。下午1點，「浪速」突然對「高升」發射1枚魚雷，但未命中。又用6門右舷炮瞄準「高升」，猛放排炮。東鄉在日記中記此事道：「清兵有意與我為敵，決定進行炮擊破壞該船。經發射兩次右舷炮後，該船後部即開始傾斜，旋告沉沒。歷時共三十分鐘。」[222] 當「高升」將沉之際，中國將士冒著日艦的猛烈炮火，用步槍勇敢地還擊。「浪速」則一面向垂沉的船上開炮，一面用快炮向落水者射擊，為時達1小時之久。

　　下午1點半，「高升」船體全部沒入海中，其位置在蔚島以南幾海里處。

　　「高升」沉沒後，中國官兵1,116人全部落海。德艦「伊力達斯」號從水中救起112人，英艦「播布斯」號從水中救起87人，法艦「利安門」號從「高升」桅桿上救出42人。有兩名通永練軍左營士兵被日人俘虜。此外，還有直隸籍士兵2人，「梟水漂於孤島，渴吸海水，飢食野草四十餘日」[223]，至於垂死，方才獲救。根據現有數據，可知「高升」號上的中國官兵只有245人遇救獲生，其餘871名官兵全部遇難。

　　據「高升」號船籍名單，該船共有79名工作人員。其中，船長、大副、二副、三副、大車、二作、三作7名皆英國人；舵工3名皆菲律賓人；其餘船員69名，多數來自中國廣東、福建、浙江等省，也有少數菲律賓人。船沉後，「浪速」放小船救起船長高惠悌、大副田潑林及舵工澤里斯塔3人，法艦救起舵工1人及水手2人，德艦「伊里達斯」號救起水手6人。另有獲救者5人。這樣，在「高陞」號乘員中，只有17人獲救，二副

---

[222]　《中日戰爭》（叢刊六），第33頁。
[223]　許寅輝：《客韓筆記》，光緒丙午長沙刻本，第25頁。

第六章 甲午中日海戰

韋爾什、大俥高爾頓等 5 名英國人，及船員 62 名，都葬身於海底。[224]

日本海軍擊沉「高陞」號一事，震驚中外，成為舉世矚目的重大事件。事件發生後，中日兩國的反應當然不同，而作為受害者的英國的態度如何，才是問題的關鍵所在。李鴻章認為，「高陞」掛英國旗，日艦未宣戰而無故擊毀，藐視公法，英國必不答應。的確，英國輿論為之大譁，紛紛進行猛烈抨擊，要求日本賠償損失。但是，英國政府此時已儼然視日本為盟國，不願深究此事。於是，便指示上海的英國海事裁判所審理「高陞」號被擊沉一案，並命英國遠東艦隊司令斐利曼特（Edward Fremantle）海軍中將對此事提出報告。斐利曼特的報告竟認為：「『高陞』號後來作為中國人的船隻被擊沉是有理由的。日本政府對該船之損失不承擔責任。」[225] 英國外交大臣金伯利（Kimberley）還親自出面，勸說「高陞」的船主不要向日本要求賠償。[226] 結果是清政府自認晦氣，由出面租船的招商局承擔賠償「高陞」的損失，才將此案了結。

第三節　黃海鏖兵

一　戰前的兩軍態勢

北洋艦隊的存在，對日本來說，是一個巨大的威懾力量。甲午戰爭以前，日本曾在朝鮮製造事端，由於力量不足，未能完全得逞。西元 1886

---

[224] British Documents on Foreigh Affairs-Reports and Papers from the Foreign Office Confidential Print, Part I, Series E, Vol.5, Sino-Japanese War and Triple Intervention, 1894-1895, Bethesda, University Publications of America, 1898, PP.324～326.
[225] 《中日戰爭》（叢刊續編九），第 369 頁。
[226] 戚其章：《甲午戰爭國際關係史》，第 252～254 頁。

第三節　黃海鏖兵

年長崎事件之得以公平解決，也和日本自知海軍力量不敵有關。北洋艦隊自從1888年正式成軍以後，就不再增置一艘軍艦、更新一門火炮，處於停滯不前的狀態。而日本則銳意發展海軍，決心要壓倒北洋艦隊，節省經費，歲添鉅艦，反而後來居上了。因此，中日雙方在海上較量中，究竟鹿死誰手，便成為各方面都至為關心的問題。

日本在挑起戰端之前，對海軍能否取勝並無絕對的信心。日本大本營所制定的對華作戰方案，其中包括三策，就是根據其海軍獲勝、勝負未決或敗北三種情況而設計的：第一，海軍獲勝，取得黃海制海權，陸軍則長驅入直隸，攻北京；海軍勝負未決，陸軍則固守平壤，以艦隊維護朝鮮海峽的制海權，運送部隊；第三，艦隊敗北，陸軍則全部撤離朝鮮，以海軍守衛本土沿海[227]。因此，頗寄希望於採取適當的策略，以實現其第一策。前日本海軍軍令部部長中牟田倉之助認為，日本採取進攻的策略，不一定能夠戰勝中國海軍，主張日本艦隊採取守勢運動。其繼任樺山資紀雖是正向的主戰論者，也曾考慮可能出現「萬一軍不利，炮碎彈竭，為敵所圍」[228]的情況，做了兩手準備。無論中牟田倉之助的「守勢運動」論還是樺山資紀的「積極主戰」論，都是在比較中日兩國海軍力量的基礎上而提出的。然而，由於比較方法不同，其結論也就迥然相異了。

所謂兩種比較方法：一是日本聯合艦隊與北洋艦隊單獨比較；一是總體比較日本聯合艦隊與中國的北洋、南洋、福建、廣東四支艦隊。各艦隊的戰艦數量如下表：

---

[227]　藤村道生：《日清戰爭》，第78頁。
[228]　橋本海關：《清日戰爭實記》卷七，刊行年月不詳，第249頁。

第六章　甲午中日海戰

	日本聯合艦隊	中國艦隊				
		北洋	南洋	福建	廣東	合計
2,000 噸級以上戰艦	12	8	5	—	—	13
1,000 噸級戰艦	9	5	4	6	3	18

按前種比較方法，日本方面占有明顯的優勢；按後種比較方法，中國方面就稍占優勢了。如果能將中國的四支艦隊集中指揮，進行統一編隊，必可加強中國海軍的攻防力量，有利於奪取制海權。當時，日本當局之所以對海戰的勝敗尚抱疑慮，其主要原因有二：第一，對噸位大、裝甲厚的「定遠」、「鎮遠」二艦存有畏懼之心；第二，也是更主要的，害怕中國四支艦隊統一編隊，共同對敵。

當朝鮮形勢吃緊之時，袁世凱和清朝駐英、法公使龔照瑗即建議南洋艦隊北調。豐島海戰爆發後，龔照瑗再次建議：「電南洋，集各省兵輪遊奕近倭海面，為牽制計。」[229] 淮軍將領劉盛休也認為，北洋艦隊太單薄，「在海上四面受敵」，應急調南洋兵輪北來，否則「水師在兩處，皆單不能衝鋒對敵」[230]。此意見是正確的。雖時機稍晚，卻聊勝分在兩處，不失為補牢之計。如果真能將南洋 5 艘 2,000 噸級戰艦北調，並抽調南洋和福建大部分 1,000 噸級戰艦及廣東 10 幾艘魚雷艇北上的話，那麼，北洋不僅守口有餘，且可編為數隊游弋黃海，甚至進控朝鮮西海岸，從而完全掌握黃海的制海權。

李鴻章對這類意見根本聽不進去。他在發給龔照瑗的電報中說：「南省兵輪不中用，豈能嚇倭？」表達了他的固執和偏見。其實，南洋起碼有五六艘艦是不比北洋「超勇」、「揚威」差的。慶親王奕劻即曾說過：南洋

---

[229]　清駐英法使館：〈節錄龔大臣中英法往來官電〉，《中日戰爭》（叢刊續編六），第 568 頁。
[230]　《盛檔・甲午中日戰爭》（上），第 36 頁。

第三節　黃海鏖兵

各艦「較之北洋超勇、揚威等船似尚足以相埒」、「開濟、南琛、南瑞三船前於鎮海口內轟擊敵船，足為明證」[231]。李鴻章既見不及此，樞府諸臣則昧於外情，完全不了解日本的策略方針和主攻目標，不但下令調撥南洋數船分防臺灣，還提出要從北洋抽調數艦赴臺防守。李鴻章和樞府諸臣加強海軍力量的唯一辦法，就是趕快從國外購艦。無奈為時過晚，猶如臨渴掘井，何能濟事！在這種情況下，北洋艦隊只好獨力作戰了。李鴻章後來有一句話：「以北洋一隅之力搏倭全國之師，自知不逮。」[232] 雖有推卸責任之嫌，然而說的卻是實話。

與此相反，日本海軍則積極地進行海上作戰的準備。參謀本部採納了山本權兵衛海軍大佐關於奪取制海權的建議，制定了海陸軍統籌兼顧的全面作戰計畫。豐島海戰後，日本艦隊先以朝鮮巨文港以西的所安島為臨時根據地。不久，根據「先謀前進根據地」的原則，又北移至全羅道海岸10幾海里的隔音島。7月31日，改編日本聯合艦隊，將三個編隊改為四個編隊：本隊，包括「松島」(旗艦)、「千代田」、「嚴島」、「橋立」、「築紫」、「扶桑」六艦；第一游擊隊，包括「吉野」(旗艦)、「高千穗」、「秋津洲」、「浪速」四艦；第二游擊隊，包括「比睿」(旗艦)、「葛城」、「大和」、「武藏」、「高雄」、「赤城」六艦；第三游擊隊，包括「天龍」(旗艦)、「大島」、「摩耶」、「愛宕」、「鳥海」五艦。這次改編的目的有三：第一，將原先的兩個游擊隊擴編為三個游擊隊，既利於臨時根據地的守衛，又可張揚聲勢。因為第三游擊隊中，「天龍」只是1,000多噸的舊式木質巡洋艦，而其他四艦都是600多噸的砲艦，只備守禦根據地，是完全不能出海作戰的。第二，是有助於牽制北洋艦隊。如第二游擊隊六艦，多是1,000多噸的舊式巡洋艦，根本

---

[231]　《洋務運動》(中國近代史資料叢刊)(二)，上海人民出版社，1961年，第616頁。
[232]　《李文忠公全集》奏稿，卷七八，光緒乙已金陵刊本，第62頁。

第六章　甲午中日海戰

不堪任戰，而用於牽制還是發揮作用的。第三，是加強艦隊的決戰能力。將主力艦隻完全集中於本隊和第一游擊隊，以適應與北洋艦隊進行決戰的需求。

到8月12日，因北洋艦隊已不到仁川近海，日本聯合艦隊遂又決定北移，以古今島為臨時根據地。距全羅道海岸之馬島鎮不遠有四個島嶼：東曰助藥島，南曰小智島，西曰加里島，北即古今島。此處群島環繞，海域寬闊，適於大艦隊停泊，因以此為臨時屯艦之所。以其北之淺水灣為艦隊之集合點。

13日，日本聯合艦隊又進行了一次改編。這次改編對原編制雖改動不大，但有兩點值得注意的變化：一是將「比睿」編入本隊，以替「築紫」，顯然是看到「築紫」是本隊中最薄弱的環節，故以「比睿」代之，從而加強本隊的戰鬥力；二是增加了「比睿」的姊妹艦「金剛」，以彌「比睿」之缺，且不致減弱第二游擊隊的實力。

日本艦隊的兩次改編，完全是為了貫徹參謀本部的戰略意圖。當時，日本的近期作戰計畫是，首先發動平壤戰役，占領朝鮮全境，不使朝鮮境內有清軍一兵一卒，然後以朝鮮作為進攻中國的橋頭堡，把戰火燒到中國境內。為了實現這一計畫，日本聯合艦隊所擔當的任務是：一方面，護送陸軍至朝鮮登陸；另一方面，從海上應援陸軍，使其完成進擊平壤之功。到黃海海戰前夕為止，在海軍的掩護下，日本陸軍運至朝鮮者凡四批，先後在釜山、元山、仁川等地登岸，共3,429人，馬3,138匹。在護運陸軍的同時，為了牽制北洋艦隊，日本聯合艦隊還襲擊了威海衛。

日艦對威海衛的擾襲，把清朝當局弄得很緊張，連忙下令調業已出海的北洋艦隊返航，以防威海有失。但又擔心日艦會伺機攻擊山海關或直隸

第三節　黃海鏖兵

海口，於是命令剛回威海的北洋艦隊往山海關一帶逡巡。這正中了敵方的詭計，使其輕易地掌握了朝鮮近海的制海權，從容地護運陸軍進入朝鮮，並達到了應援陸軍進攻平壤的目的。

制海權問題，實質上是海軍策略的理論核心。海軍策略之要旨，在於奪取海上控制權；而奪取海上控制權，在於能否採取攻勢。中日兩國海軍主力的決戰，已是勢所難免，只是時間或早或晚而已。對於北洋艦隊來說，在略居劣勢的情況下，正確的做法是採取積極防禦與伺機進攻並重的方針。不與敵人決戰是不可能的，因為這樣只好把制海權讓與敵人，使自己陷於被動地位，而且敵人最後還會打上門來的；一味只求與敵決戰而不考慮時機也是不行的，因為這只對敵人有利，使敵人有可能選擇對它最為合適的時機進行決戰。如果北洋艦隊能夠及時捕捉戰機，實行進攻，沉重打擊敵艦，並謀求制海權，是有成功的可能的。

但是，與日本相比，中國海軍將領的海權觀念非常薄弱，並帶有一定程度的自發、樸素的成分。然而，在李鴻章消極防禦方針的指導下，這些將領們一度萌發的奪取制海權觀念根本無法實現，而且後來他們自己也完全放棄了這一觀念。李鴻章想出了一個「保船制敵」之策，其法是：「不必定與（敵）拚擊，但令游弋渤海內外，作猛虎在山之勢，倭尚畏我鐵艦，不敢輕與爭鋒。」[233] 當然，如此良策，只不過是自欺欺人而已。

從豐島海戰到黃海海戰爆發，其間為時一月有半，中日雙方海軍主力因未經過決戰，從理論上說，都未能掌握制海權；而在事實上，由於中國海軍主動放棄了制海權，因此制海權便自然而然地落到了日本的手裡。

---

[233]　《清光緒朝中日交涉史料》(1512)，卷一八，故宮博物院 1932 年刊印，第 28 頁。

第六章　甲午中日海戰

二　尋機決戰與北上護航

在豐島海戰後的一個多月的時間內，由於中國海軍戰守乏策，處處被動，甚至被敵人牽著鼻子走。而日本海軍則掌握了黃海的制海權，一面把大量日本陸軍和輜重運往朝鮮，為發動平壤戰役做準備，一面牽制北洋艦隊，應援將攻平壤的陸軍，都達到了預期的目的。於是，日本聯合艦隊的下一步計畫，就是尋機與北洋艦隊決戰了。

先是在9月8日，日本第一軍司令官山縣有朋大將在聯合艦隊護航下前往朝鮮，樺山資紀中將也乘西京丸同行。行前，樺山授意聯合艦隊司令官伊東祐亨中將，要「斷然宜斷退嬰念，決進取之策」。並稱：「凡為日本男兒，所恃之勇，而不在利器。我將卒苟激忠義，發揮固有膽勇以臨敵，則敵之雄艦大艦何有哉？萬一軍不利，炮碎彈竭，為敵所圍，絕不可屈撓。事或至此，唯為國奮進一死而已，然則如我海軍之戰，白旗固無用長物耳！」[234] 表明此番護航仁川的任務完成後，聯合艦隊要抱必死之決心，尋機與北洋艦隊決戰。伊東聽完，領會其意，即直捲白旗投於海中，以示決心之堅。

12日，山縣有朋一行抵仁川。13日，即派第一軍參謀長小川又次少將到「西京丸」訪樺山資紀，研究海軍如何應援進攻平壤的陸軍的問題。伊東祐亨亦在座。樺山認為，仁川目前斷無被襲的危險，應援攻擊平壤之陸軍誠為當務之急，然北洋艦隊有可能駛至大同江，不可不防。在他看來，為應援進攻平壤的陸軍，必須做好與北洋艦隊決戰的準備。當天午夜，樺山又派人至伊東處，徵求對聯合艦隊巡航大同江的意見。伊東也認為，為配合陸軍進攻平壤，發揮海軍的牽制作用，聯合艦隊有必要前

---

[234]　橋本海關：《清日戰爭實記》卷七，第248～249頁。

第三節　黃海鏖兵

進，並將臨時根據地北移。於是，決定以大同江口南側之漁隱洞為臨時根據地。漁隱洞雖有冬季結冰之虞，但無風波之患，且夏季最宜於下錨。因此，直到日軍占領大連灣和旅順口時為止，日本聯合艦隊一直以此港為臨時根據地。

14日上午，「吉野」、「高千穗」二艦由威海衛偵察回來報告：威海港無北洋艦隊主力，唯東口有炮艦3艘、運輸艦1艘，西口泊有「康濟」等二艦。隨後，「海司」號從仁川來，「秋津洲」從蔚島巡邏地返航，均報未發現異常情況。下午4點，伊東祐亨命第二游擊隊及八重山仍泊仁川，以掩護第一軍登陸；親率本隊、第一和第三游擊隊，以及特務艦、運輸船等，按次拔錨向大同江出發。

15日，日本聯合艦隊主力抵黃海道大東河口附近的大青島。伊東祐亨即派「吉野」、「高千穗」到大東河口偵察，「浪速」、「秋津洲」到大同江口南的椒島偵察。他本人則親率餘艦進至黃海道最西端的小乳矗角，並派第三游擊隊、魚雷母艦近江丸及第三魚雷艇隊溯大同江而上，進抵鐵島，以警備大同江下游。但據「吉野」等四艦回報，皆未發現北洋艦隊蹤跡。此時，伊東以為，既暫無機會與北洋艦隊決戰，便決定等待第二游擊隊掩護仁川登陸完畢，再尋找決戰的機會。

16日上午，伊東祐亨詢問各艦的儲煤情況後，確定16日至24日的巡航計畫：今日下午由小乳矗角啟航，繞經海洋島、小鹿島、威海衛、大連灣、旅順口、大沽口、山海關、牛莊，再南航威海衛，然後返至小乳矗角。這次出海雖為巡航，然其深入渤海游弋，實是向清政府示威。但是，艦隊出發前，情況突然有變。伊東接到福島安正陸軍中佐打來的緊急電報，內稱：「刻下敵艦正集中於大孤島港外的大鹿島附近，從事警戒。」[235]

---

[235]　《中日戰爭》（叢刊一），第239頁。

第六章　甲午中日海戰

於是，決定改變原來的巡航計畫，不等第二游擊隊歸航，立即啟碇出發。下午5點，伊東率本隊六艦、第一游擊隊四艦，以及「赤城」和「西京丸」，從小乳纛角錨地出發，向黃海北部的海洋島航進。此行之所以特令「赤城」艦相隨，是因為該艦吃水淺，便於靠近海岸或島嶼進行搜查。而「西京丸」作為代用巡洋艦隨行，則是因為樺山資紀乘坐，以視察海戰情況。艦隊的航行序列是：以第一游擊隊四艦為先鋒，本隊六艦繼之，「西京丸」及「赤城」位於本隊之右側。是夕，西南風甚猛，伴以陣陣雷雨，日本聯合艦隊迎風冒雨向海洋島航進。

海洋島在大連灣以東60海里，在鴨綠江口西南80海里，約位於北緯39°、東經123°。17日昧爽，第一游擊隊到達海洋島附近，由島西抵彖登港。因未發現情況，又變換針路，向東北駛往大孤山附近的大洋河口。上午6點半，本隊也駛近海洋島。伊東祐亨命「赤城」進彖登港偵察有無敵艦，各艦皆減速以待。及「赤城」回報港內無敵艦，乃下令繼續向東北航行。途中適與第一游擊隊相遇。「吉野」等艦未發現情況，故而歸航。可是，伊東堅信福島安正情報的可靠性。因為在這以前，他還收到駐朝公使大鳥圭介的電報：「中國軍隊取海路前來朝鮮，估計要在大鹿島一帶登陸。」[236] 所以，決定繼續向大鹿島搜查北洋艦隊。

拂曉以後，風止雨停，天高氣朗。伊東祐亨因命各艦邊搜查邊操練：本隊按三艦群陣進行戰鬥演習，「西京丸」及「赤城」仍在本隊右側隨行；第一游擊隊則成單縱陣在先頭，直向大鹿島航進。果然，幾小時後，日艦便發現了北洋艦隊。

9月17日，是平壤陷落的第3天。這一天，在鴨綠江口大東溝附近的黃海海面，中日雙方海軍主力終於相遇了。

---

[236] 〈伊東祐亨在保勳會上關於黃海海戰的演說〉，《中日戰爭》（叢刊續編七），第228頁。

第三節　黃海鏖兵

先是當各路日軍漸逼平壤之際,清軍主將葉志超以兵力不敷,後路空虛,屢次電請增派援軍。李鴻章怕平壤後路被日軍所斷,決定調駐守大連灣的劉盛休銘軍填防平壤後路。電令丁汝昌由威海衛率艦隊北上,擔任護運銘軍的任務。

15日上午,丁汝昌率北洋艦隊主力抵大連灣,一面補充煤、水,一面等待運兵船搭載陸兵及輜重。當天午夜,諸事已畢,丁汝昌以軍情緊急,不敢稍事耽擱,當即下令啟航。16日凌晨1點,丁汝昌率大小艦艇18艘,護送分乘「新裕」、「圖南」、「鎮東」、「利運」、「海定」5艘運兵船的銘軍10營4,000人,向大東溝出發。其中,12艘主要艦隻的武器裝備情況如下表[237]:

艦名	艦種	噸位	速力（節）	裝甲部位	裝甲厚度（公分）	主要兵器炮種	數量（門）	魚雷發射管（個）	管帶軍階	姓名
定遠	鐵甲炮塔	7,335	14.5	裝甲堡炮塔司令塔	35.6 30.5 20.3	30.5公分口徑 15公分口徑	42	3	右翼總兵	劉步蟾
鎮遠	鐵甲炮塔	7,335	14.5	裝甲堡炮塔司令塔	35.6 30.5 20.3	30.5公分口徑 15公分口徑	42	3	左翼總兵	林泰曾
經遠	鐵甲炮塔	2,900	15.5	鐵甲炮塔司令塔	24.0 20.0 20.0	21公分口徑 15公分口徑	22	4	副將	林永升

---

[237] 戚其章:《甲午戰爭史》,人民出版社,1990年版,第136～137頁。

第六章　甲午中日海戰

艦名	艦種	噸位	速力（節）	裝甲 部位	裝甲 厚度（公分）	主要兵器 炮種	主要兵器 數量（門）	魚雷發射管（個）	管帶 軍階	管帶 姓名
來遠	鐵甲炮塔	2,900	15.5	鐵甲 炮塔 司令塔	24.0 20.0 20.0	21公分口徑 15公分口徑	22	4	副將	邱寶仁
致遠	巡洋	2,300	18.0	鐵甲 司令塔	5至10 15.0	21公分口徑 15公分口徑	32	4	副將	鄧世昌
靖遠	巡洋	2,300	18.0	鐵甲 司令塔	5至10 15.0	21公分口徑 15公分口徑	32	4	副將	葉祖珪
濟遠	巡洋	2,300	15.0	炮臺 司令塔 水線下甲板	25.4 12.7 7.6	21公分口徑 15公分口徑	21	4	副將	方伯謙
平遠	裝甲	2,100	11.0	甲帶 炮塔 司令塔	20.3 20.3 15.2	26公分口徑 15公分口徑	12	1	都司	李和
超勇	巡洋	1,350	15.0	艦體	1左右	25公分口徑	2	—	參將	黃建勳
揚威	巡洋	1,350	15.0	艦體	1左右	25公分口徑	2	—	參將	林履中

第三節　黃海鏖兵

艦名	艦種	噸位	速力（節）	裝甲 部位	裝甲 厚度（公分）	主要兵器 炮種	主要兵器 數量（門）	魚雷發射管（個）	管帶 軍階	管帶 姓名
廣甲	巡洋	1,296	14.0	—	—	15公分口徑	2	—	都司	吳敬榮
廣丙	巡洋	1,030	15.0	—	—	12公分口徑	3	—	都司	程璧光

　　16日午間，北洋艦隊護衛運兵船抵大東溝口外。由於港內水淺，大艦無法進港，而為了保證銘軍安全上陸，丁汝昌令「鎮南」、「鎮中」兩砲艦和4艘魚雷艇護衛運兵船進口，「平遠」、「廣丙」兩艦停泊口外擔任警戒；「定遠」、「鎮遠」、「致遠」、「靖遠」、「來遠」、「經遠」、「濟遠」、「廣甲」、「超勇」、「揚威」10艘戰艦則在口外12海里處下錨，以防敵艦襲擊。當天下午，5艘運兵船魚貫進口，溯流而上。因登陸地點距江口甚遠，輜重甚多，卸船費時，整整一個下午只有少半士兵登岸。於是，丁汝昌下令連夜渡兵卸船。直至翌晨，10營銘軍及炮械、馬匹等始全部上岸。至此，北洋艦隊始完成此次護航的任務。

第六章　甲午中日海戰

定遠艦

　　17日上午8點，旗艦「定遠」掛旗，準備返航。9點許，丁汝昌傳令進行「巳時操」。這是北洋艦隊的一種常操，每天都要操練，主要是訓練陣法和排除險情。這種常操多在巳時進行，故海軍中習慣上稱之為「巳時操」。據當時在「鎮遠」艦上擔任幫辦的美國人馬吉芬（Philo Norton McGiffin）記述：「是日，朝暾暉暉，清風徐來。晨間，艦中服務一如往昔，自午前九點鐘起，各艦猶施行戰鬥操練一小時，炮手亦復習射擊不輟。……船員中，水兵等尤為活潑，渴欲與敵決一快戰，以雪廣乙、高陞之恥。士氣旺盛，莫可名狀。」[238] 約10點半，艦隊常操結束。此時，北洋艦隊將士儘管有欲戰之心，但還沒有料到這場震驚世界的海上鏖戰即將發生。

　　當北洋艦隊正在演習常操之際，日本聯合艦隊也正從海洋島向東北方向航進。12艘日艦的航行序列及各艦武器裝備情況，如下表[239]：

---

[238]　《海事》第10卷，第3期，第37頁。
[239]　《甲午戰爭史》，第138～139頁。

第三節　黃海鏖兵

航行序列	艦名	艦種	噸位	速力(節)	裝甲部位	厚度(公分)	主要兵器 炮種	數量(門)	魚雷發射管(個)	艦長 軍階	姓名
第一游擊隊	吉野	巡洋	4,225	22.5	司令塔	10.2	15公分口徑速射 12公分口徑速射	48	5	大佐	河原要一
	高千穗	巡洋	3,709	8.0	司令塔	5.1	15公分口徑速射 26公分口徑	62	4	大佐	野村貞
	秋津洲	巡洋	3,150	19.0	司令塔	5.1	15公分口徑速射 12公分口徑速射	46	4	少佐	上村彦之丞
	浪速	巡洋	3,709	18.0	司令塔	5.1	26公分口徑 15公分口徑速射	26	4	大佐	東鄉平八郎
	松島	海防	4,278	6.0	炮塔 司令塔	30.0 10.0	32公分口徑 12公分口徑速射	112	4	大佐	尾本知道
	千代田	巡洋	2,439	19.0	司令塔	3.3	12公分口徑速射	10	3	大佐	内田正敏
	嚴島	海防	4,278	6.0	炮塔 司令塔	30.0 10.0	32公分口徑速射 12公分口徑速射	111	4	大佐	橫尾道昱

137

第六章　甲午中日海戰

航行序列	艦名	艦種	噸位	速力（節）	裝甲部位	裝甲厚度（公分）	主要兵器炮種	主要兵器數量（門）	魚雷發射管（個）	艦長軍階	艦長姓名
本隊第二群陣	橋立	海防	4,278	6.0	炮塔 司令塔	30.0 10.0	32公分口徑 12公分口徑速射	112	4	大佐	日高壯之承
	比叡	巡洋	2,284	13.5	部分甲帶	11.4	17公分口徑 15公分口徑速射	26	2	少佐	櫻井規矩之左右
	扶桑	巡洋	3,777	13.0	炮塔 全甲帶	20至23 15至23	28公分口徑 15公分口徑速射	44	2	少佐	新井有貫
本隊右側	西京丸	代用巡洋	4,100	5.0			12公分口徑速射	4		少佐	鹿野勇之進
	赤城	炮	622	10.3			12公分口徑速射	4		少佐	坂元八郎太

138

第三節　黃海鏖兵

10 點 23 分，正在航進的日本頭艦「吉野」，發現東北方水平線上有黑煙一縷，但以相距過遠，不能辨認是軍艦還是商船，便一面向本隊發出「東北方有船隻」的訊號，一面徑向有黑煙處繼續前進。

11 點許，北洋艦隊也發現了日艦。原來，丁汝昌傳令午飯後返航。按北洋艦隊的秋季作息時間，上午 11 點 55 分開午飯。此時，各艦夥伕正在準備午餐。瞭望兵突然發現西南方向海面上黑煙簇簇，立即用旗號報告。丁汝昌登上甲板，遙見西南有煙東來，斷定必是日艦。他立即決定升火以待，並傳令各艦實彈，準備戰鬥。於是，「各艦皆發戰鬥喇叭，音響徹乎全隊。瞬息之間，我隊各艦煙筒皆吐出濃黑煤煙。其服務於艦內深處之輪機員兵，已將機室隔絕，施行強壓通風，儲蓄飽滿之火力汽力，借為戰鬥行動之用。先是我由敵吐煙以見敵，今也我隊各艦煤煙如是，敵隊當亦明我隊之所在，毫無疑焉」[240]。

確如以上馬吉芬之推斷。到 11 點半，吉野發現黑煙兩縷，隨即可遙見三四縷，遂確認為北洋艦隊，當即發訊號報告本隊：「在北方發現 3 艘以上敵艦。」伊東祐亨見此訊號，便不再遲疑，立即傳令各艦：本隊由 3 艘群陣改為單縱陣，繼第一游擊隊之後而進；「西京丸」和「赤城」移至本隊左側，作為非戰鬥行列。

於是，雙方艦隊相向而進，逐步逼近，一場中日海軍主力的決戰終於發生了。

---

[240]　《海事》第 10 卷，第 3 期，第 38 頁。

第六章　甲午中日海戰

三　變陣迎敵

　　黃海海戰，是中日雙方海軍的一次主力決戰。豐島海戰後，北洋艦隊官兵求戰情緒十分高昂。因此，旗艦的備戰號令一下，各艦便迅速做好了戰鬥的準備。此時，提督丁汝昌、右翼總兵定遠管帶劉步蟾和總教習德人漢納根，都登上了旗艦的飛橋，一面商討對策，一面密切注視日艦的動向。丁汝昌先向停泊大東溝口外的 10 艘戰艦傳令，以「定遠」、「鎮遠」為第一小隊，「致遠」、「靖遠」為第二小隊，「來遠」、「經遠」為第三小隊，「濟遠」、「廣甲」為第四小隊，「超勇」、「揚威」為第五小隊，排成夾縫魚貫小隊陣，用每小時 5 海里的航速駛向敵艦，準備迎敵。在比往常更為短暫的時間內，此陣即已排成。這種陣式，係按小隊編隊，每隊兩艦，位於前者為隊長，僚艦在其右後方 45°線上，相距 400 碼；各小隊魚貫排列，其間距為 533 碼。試看下圖：

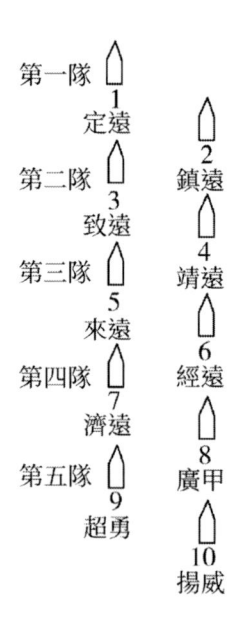

```
第一隊  ⌂
        1
        定遠
                ⌂
                2
第二隊          鎮遠
        ⌂
        3
        致遠
                ⌂
                4
第三隊          靖遠
        ⌂
        5
        來遠
                ⌂
                6
第四隊          經遠
        ⌂
        7
        濟遠
                ⌂
                8
第五隊          廣甲
        ⌂
        9
        超勇
                ⌂
                10
                揚威
```

第三節　黃海鏖兵

陣式既已排成,「船應機聲而搏躍,旗幟飄舞,黑煙蜿蜒」[241],直衝敵陣而去。

雙方艦隊逐漸接近。日艦用望遠鏡已經能夠清楚地看到這樣的景象:在中國軍艦上,「頭上盤著髮辮,兩臂裸露而呈淺黑色的壯士,一群一群地佇立在大砲旁,正準備著這場你死我活的決戰」[242]。伊東祐亨見北洋艦隊陣勢嚴整,擔心士兵臨戰畏懼,特地下令准許隨意吸菸,以安定心神。

先是,當「吉野」報告發現北洋艦隊之時,伊東祐亨即掛出第一個訊號:「用餐。」中午 12 點 5 分,伊東又傳令備戰,「在檣頭升起艦隊旗,命各艦就戰鬥位置」[243]。部署全艦隊以單縱陣行進。於是,日艦第一游擊隊四艦居前,本隊六艦繼後,「西京丸」、「赤城」二艦在本隊左側先後相隨。直對北洋艦隊中堅的「定遠」、「鎮遠」二艦駛來。

此刻,北洋艦隊已經能夠辨清對面駛來的日艦,共為 12 艘。丁汝昌見其來勢凶猛,不敢掉以輕心。為了發揮各艦艦首重炮的威力,他毅然下令變陣,改夾縫魚貫小隊陣為夾縫雁行小隊陣。夾縫雁行小隊陣的基本要求是:仍為每隊兩艦,位於前者為隊長,僚艦位於其右後方 45°線上,相距 400 碼;各小隊橫向排列,其間距為 533 碼。使用這種陣式,各小隊的排列次序可以有多種變化。丁汝昌所改的夾縫雁行小隊陣,是以第一小隊居中,其餘各小隊則按左右交替排成。試看下圖:

---

[241]　《中日戰爭》(叢刊六);第 45 頁。
[242]　川崎三郎:《日清戰史》,第 7 編(上),東京博文館 1897 年版,第 4 章,第 120 頁。
[243]　《日清戰爭實記》,第 7 編,東京博文館 1894～1896 年版,第 53 頁。

第六章 甲午中日海戰

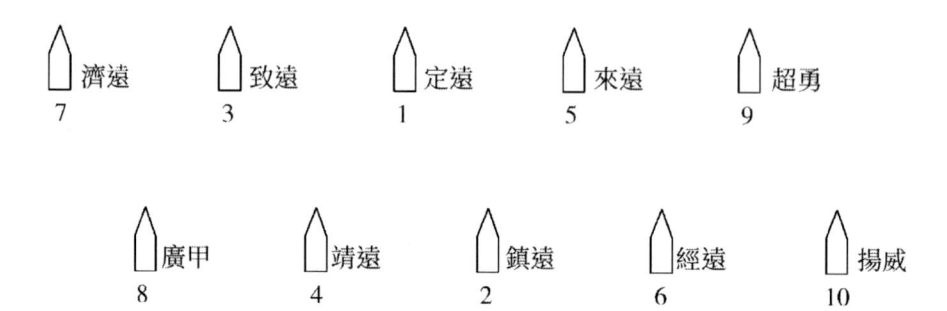

```
  ▯濟遠    ▯致遠    ▯定遠    ▯來遠    ▯超勇
   7        3        1        5        9

  ▯廣甲    ▯靖遠    ▯鎮遠    ▯經遠    ▯揚威
   8        4        2        6        10
```

　　與此同時，丁汝昌向各艦管帶發出了以下訓令：「（一）艦型同一諸艦，須協同動作，互相援助；（二）始終以艦首向敵，借保持其位置而為基本戰術；（三）諸艦務於可能的範圍之內，隨同旗艦運動之。」[244] 其中，第一條之「艦型同一諸艦」指姊妹艦而言。在北洋艦隊的 5 個小隊中，除第四小隊的「濟遠」和「廣甲」外，其餘皆為艦型相同的姊妹型。故此條實際上是要求每小隊兩艦要互相保持一定的距離，配合作戰。第二條是夾縫雁行小隊陣的基本要求，其特點是「彌縫互承」，故或稱之為鱗次橫陣。這樣排列的優點是，前後「皆可轟擊敵船，不至為本軍船隻所蔽也」[245]。因為北洋各艦的重炮皆設於艦首，舷側又未像日艦那樣裝備最新式的速射炮，所以提出「始終以艦首向敵」，以發揮重炮的威力。第三條是強調全隊集中，進行整體作戰。在此以前，丁汝昌曾「屢次傳令，諄諄告誡，為倭人船炮皆快，我軍必須整隊攻擊，萬不可離，免被敵人所算」[246]。此條要求各艦不能隨意單獨行動，必須隨旗艦之所向而進擊。

　　變陣一開始，旗艦「定遠」先以每小時 7 海里的航速前進，其餘各艦皆以同一航速繼之。由於後繼諸艦不是做直線運動，而是作斜線甚至弧形

---

[244] 《海事》第 8 卷，第 5 期，第 63 頁。
[245] 《船陣圖說》，天津機器局西元 1884 年刊印。
[246] 《清光緒朝中日交涉史料》(1711)，附件一，卷二一，第 11 頁。

第三節　黃海鏖兵

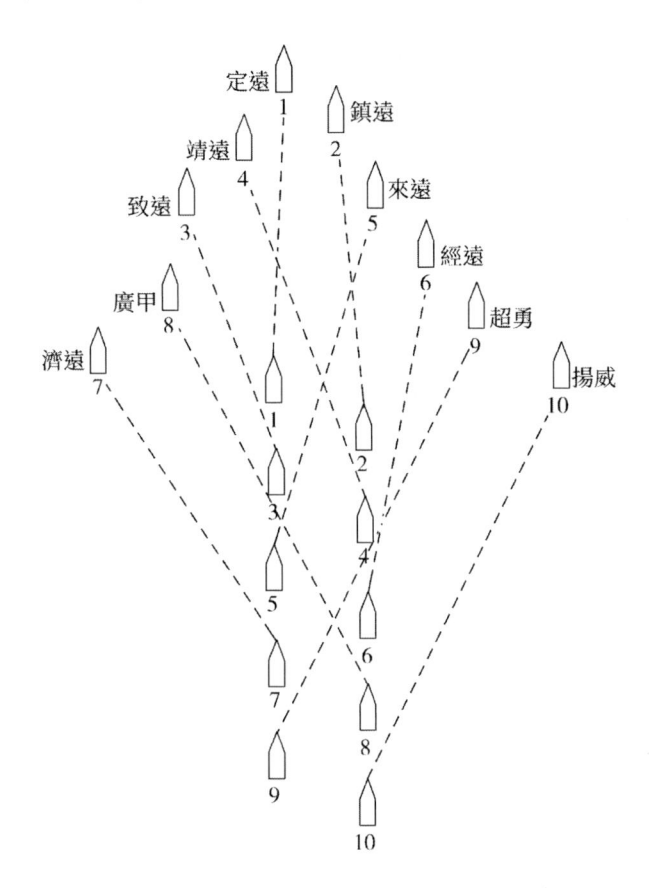

運動，故要在同一時間內達到命令所規定的位置，必須完成更大的航程。試看下圖，情況便很清楚了：

　　變陣本來就要有一定的時間，而當時情況緊急，「定遠」、「鎮遠」兩艘鐵甲艦須率先接敵，又不能減速以待後繼諸艦，這樣完成變陣就需要花更多的時間了。於是，整個艦隊便形成窄長的「人」字形。據一些參戰的老水手回憶，都指出當時是以「人」字陣式迎戰敵艦的。許多參戰洋員和西方觀戰的海軍人士也有如此說法。從相反的方向看，「人」字陣形剛好像一個大寫英文字母 V，故某些外國記載又稱之為「V 型陣」或「楔狀

143

第六章　甲午中日海戰

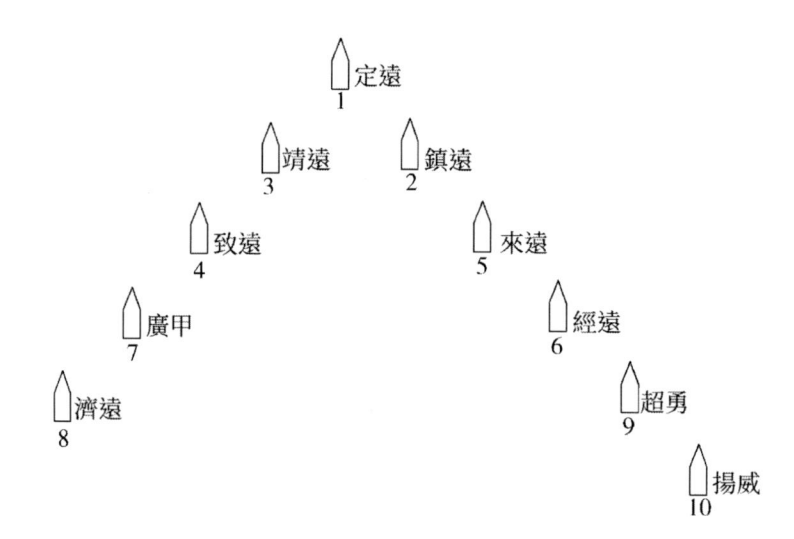

陣」。所有這些，都表明了陣形初變時的特點。試看下圖：

```
                定遠
                 1
         靖遠        鎮遠
          3           2
      致遠                來遠
       4                  5
   廣甲                        經遠
    7                          6
 濟遠                              超勇
  8                                9
                                      揚威
                                       10
```

丁汝昌傳布變陣命令，其時間約在中午 12 點 20 分。一刻鐘後，「人」字形陣式即初步形成。日方記載說：「零時三十五分，已經能明顯看見敵艦，細一審視，定遠作為旗艦在中央，鎮遠、來遠、經遠、超勇、揚威在右，靖遠、致遠、廣甲、濟遠在左，形成三角形的突梯陣。」[247]

由以上所述，可知中日雙方艦隊接戰前的活動情況。如下表：

變陣後的北洋艦隊十艦，起初形成為窄長形的「人」字陣式，破浪前進，剛好像一把鋒利的尖刀，插向敵艦群。一場規模空前的海上鏖戰，就這樣開始了。

雙方艦隊不斷接近，都想力爭主動，先占一著。此時，伊東祐亨已經觀察清楚北洋艦隊十艦的排陣，發現中國「人」字陣右翼陣腳之「超勇」、「揚威」二艦最弱，便於 12 點 18 分旗令第一游擊隊：「截擊敵軍右翼！」

---

[247]　《中日戰爭》（叢刊一），第 240 頁。按：「突梯陣」，或譯作「凸梯陣」。原文將「端遠」和「經遠」的位置顛倒，引用時已予以改正。

第三節　黃海鏖兵

時間	雙方艦隊活動情況	相隔距離（海里）
7：30	日本聯合艦隊從海洋島啟航東北行。	62.0
9：15	北洋艦隊開始戰鬥演習。	40.0
10：30	北洋艦隊戰鬥演習結束。	32.0
11：00	北洋艦隊發現西南海面上黑煙簇簇，為一支艦隊，丁汝昌傳令：「升火！」	27.0
11：30	日本先鋒隊旗艦「吉野」最先發現北洋艦隊，向總隊旗艦「松島」報告，伊東祐亨下令：「用餐！」	22.0
12：05	伊東祐亨掛出訊號：「準備戰鬥！」	17.0
12：18	日本聯合艦隊以魚貫陣直撲北洋艦隊中堅。	13.5
12：20	北洋艦隊剛編成夾縫魚貫小隊陣，丁汝昌又毅然下令變為夾縫雁行小隊陣。	13.0
12：30	北洋艦隊形成夾角為銳角的「人」字陣，「定遠」適在夾角的頂端，頗似 V 形，故或稱凸梯陣、楔狀陣及燕翦陣。	8.0

　　起初，日本第一游擊隊僅以每小時 6 海里的航速行駛，以縮短本隊與自己拉遠的距離。及見本隊已和自己保持到適當距離，遂恢復 8 海里的時速航進。12 點 30 分，又遵照本隊旗艦的命令，把航速增加到每小時 10 海里。乘坐在「吉野」艦上的第一游擊隊司令官坪井航三，不斷地命令屬官：「注意距離！」、「注意速度！」根據航速快、舷側速射炮多的特點，日本海軍早就重視魚貫式的單縱陣的訓練，要求作戰時嚴格保持單縱陣。坪井已觀察到北洋艦隊的陣形，「是把最堅固的二鐵甲『定遠』、『鎮遠』置於中央突出點的凸形陣，幾乎是成銳角的橫陣」。於是，他決定以東北偏東的航向直指北洋艦隊的中堅，佯作攻擊北洋艦隊中堅之勢。「逐漸接近

第六章　甲午中日海戰

後，將指標稍稍轉向右方，準備完成迎擊的命令，擊破敵軍右翼，以挫傷其全軍士氣。」[248]

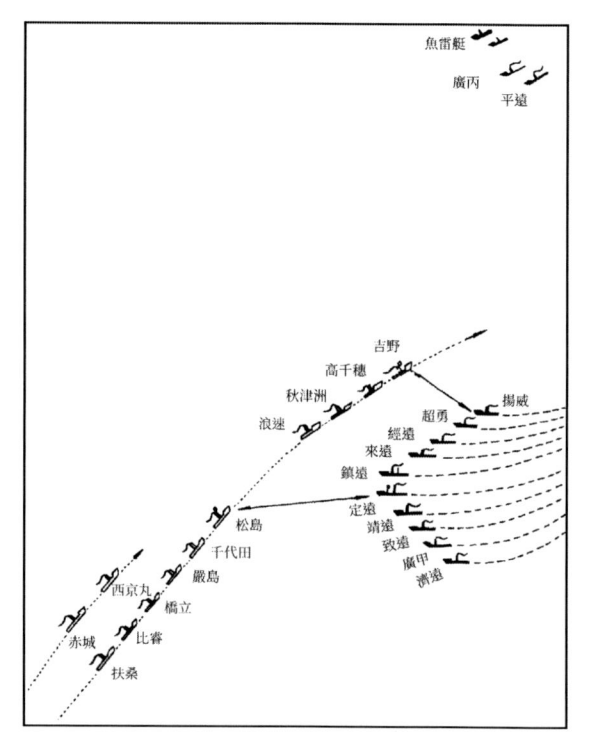

中日雙方艦隊接敵時陣形

北洋艦隊則保持每小時 4 海里的航速，一面將陣式向扁「人」字形展開，一面向敵艦衝擊。日艦觀測：此時中國凸形陣尖端之鐵甲艦上「沉寂無聲，有一士官於前檣樓上以六分儀測其距離，每動小訊號旗報知距離遠近，炮手低照尺，各炮長手牽索，保護測準方位，且為防火災之計。距離漸近，俄而迅雷轟空，白煙蔽海，忽有砲彈飛落日艦吉野側，即旗艦『定遠』右舷露炮塔所放也。是為黃海海戰第一炮聲，蓋此炮聲喚起三軍士氣

[248]　〈坪井航三關於黃海海戰的報告〉，《中日戰爭》（叢刊續編七），第 236 頁。

第三節　黃海鏖兵

也」[249]。時為 12 點 50 分。「定遠」的第一炮雖未命中，落於「吉野」舷左 100 公尺處，卻成為全隊發動進攻的訊號。這場海戰的帷幕正式拉開了。

繼「定遠」之後，「鎮遠」駛至距敵艦 5,200 公尺時，發出第二顆炮彈。時間僅僅相隔 10 秒鐘。隨後，北洋艦隊各主要炮座一齊放炮轟擊。12 點 53 分，日本旗艦「松島」進至距北洋艦隊 3,500 公尺時，也開始發炮。於是，雙方艦隊大小各炮，連環轟發，不稍間斷，展開了激烈的炮戰。

開戰之初，中國參戰的軍艦與日本相比，在數量、噸位、航速、裝備等方面皆有遜色。英國遠東艦隊司令裴利曼特（Edmund Fremantle）中將評論說：「是役也，無論噸位、員兵、艦速，或速射炮、新式艦，實以日本艦隊為優。」[250] 這是實事求是之論。如下表：

類別	艦隊	北洋艦隊	日本聯合艦隊	比較
軍艦總數		10	12	-2
艦種	鐵甲艦	4	1	+3
	半鐵甲艦	1	3	-2
	非鐵甲艦	5	8	-3
火炮	大砲總數	173	268	-95
	30 公分以上口徑重炮	8	3	+5
	20 公分以上口徑大砲	16	8	+8
	15 公分以下口徑炮及雜炮	149	160	-11
	15 公分（6 時）口徑速射炮	0	30	-30
	12 公分（4.7 時）口徑速射炮	0	67	-67

---

[249]　橋本海關：《清日戰爭實記》，卷七，第 251～252 頁。
[250]　《海事》第 10 卷，第 1 期，第 41 頁。

第六章　甲午中日海戰

類別 \ 艦隊	北洋艦隊	日本聯合艦隊	比較
總噸數（噸）	31,366	40,849	-9,483
總馬力（匹）	46,200	73,300	-27,100
平均馬力（匹）	4,620	6,108	-1,488
平均航速（海里／小時）	15.5	（本隊）15.6	-0.1
		（一游）19.4	-3.9
總官力（官兵數）	2,054	3,630	-1,576

因此，對於北洋艦隊眾多官兵來說，這的確是一次十分嚴峻的考驗。

「定遠」打響第一炮後，北洋艦隊以「人」字陣猛衝直前。「定遠」剛好在楔狀陣形的尖端，「鎮遠」則在「定遠」之右而略偏後。整個梯隊像銳利的尖刀插向敵艦群。開戰不久，兩翼諸艦逐漸趕上來，於是艦隊又成為類似半月形的扁「人」字陣。

本來，日艦第一游擊隊就是佯攻北洋艦隊的中堅，今見「定遠」、「鎮遠」直衝而前，來勢甚猛，故遠在5,000公尺以外便突然向左大轉彎，在海面上劃出一道近似直角的航跡，並加速到每小時14海里，一面發炮，一面以斜線從「定遠」、「鎮遠」之前奪路而進，直撲北洋艦隊右翼的「超勇」、「揚威」兩艦。12點55分，坪井航三發出訊號：「適時開炮！」當「吉野」進至距「超勇」、「揚威」二艦3,000公尺時，開始炮擊。「高千穗」、「秋津洲」、「浪速」隨之開炮。「超勇」、「揚威」奮勇抵擊。下午1點8分，一炮擊中「吉野」，穿透鐵板在甲板上爆炸，殺傷官兵10人，並引起火災。與此同時，「高千穗」也中數炮，擊穿火藥庫附近的軍官室。「高千穗」艦上既要處理死者、包紮傷號，又要救火，一時忙亂不堪。「秋津洲」第五

第三節　黃海鏖兵

號炮座中炮,海軍大尉永田廉平以下5名被擊斃,傷9名。於是,日艦氣焰為之一挫。

黃海海戰中日兩軍初交戰時的情景

但是,日艦第一游擊隊仍然咬住「超勇」、「揚威」不放,集中火力猛攻不已。「超勇」、「揚威」乃中國十艦中最弱之艦,艦齡已在1年以上,速力遲緩,火力與防禦能力皆差,雖竭力抗擊,終究敵不過號稱「帝國精銳」的「吉野」四艦。下午1點20分,「超勇」、「揚威」已多次中彈。其中,一彈擊穿「超勇」艙內,引起大火。「揚威」也同時起火。到2點23分,「超勇」漸難支持,右舷傾斜,海水淹沒甲板。管帶黃建勳[251]墜水,左一魚雷艇駛近相救,拋長繩以援之,不就而沉於海。「揚威」受傷後,管帶林履中[252]奮力抵抗,發炮擊敵。因傷勢過重,駛離戰場施救,又復擱淺。林履中登臺一望,奮然蹈海,隨波而沒。

---

[251]　黃建勳(西元1852～1894年),字菊人,福建永福人。福州船政學堂第一期畢業,並出洋深造。

[252]　林履中(西元1852～1894年),字少谷,福建侯官人。福州船政學堂第三期畢業,並出洋深造。

第六章　甲午中日海戰

劉步蟾

　　當日艦第一游擊隊繞攻北洋艦隊右翼時，日本旗艦「松島」到達「定遠」的正前方，12 點 53 分，「松島」駛至距「定遠」3,500 公尺時，開始發炮。一炮正中「定遠」之檣，彈力猛炸，殺傷多人。丁汝昌正在飛橋督戰，被拋墜艙面，身受重傷。右翼總兵劉步蟾[253]代為督戰，指揮進退，時刻變換，敵炮不能取準，表現非常出色。12 點 55 分，一彈擊中「松島」32 公分口徑大砲之炮塔上部，毀其大砲旋轉裝置，並傷炮手多人。日艦本隊畏懼「定遠」、「鎮遠」的猛烈炮火，不敢繼續對峙交鋒，便急轉舵向左，駛往「定遠」的右前方。北洋艦隊全隊向右旋轉約 4 度，各艦皆以艦首指向日本艦隊。日艦本隊後繼之「比睿」等數艦，因速力遲緩，遠遠落後於前方諸艦，遂被北洋艦隊「人」字陣之尖端所截斷。這樣一來，日艦本隊便被攔腰截為兩段，形勢大為不利。

　　北洋艦隊抓住這一有利時機，向敵發起猛攻。下午 1 點 4 分，「定遠」發炮擊毀「松島」第 7 號炮位，又殺傷多人。此時，日艦「比睿」已落後於「扶桑」1,000 公尺，「定遠」、「靖遠」二艦正向它進逼。「比睿」勉強穿過「定遠」、「靖遠」的間隙，又受到左右兩面的攻擊。其右舷中一炮，死炮手 4 人。「定遠」又從其左後方發 30.5 公分口徑之巨炮，將其下甲板後部完

---

[253]　劉步蟾（西元 1852～1895 年），字子香，福建侯官人。福州船政學堂第一期畢業，又赴英深造。在威海之役沉艦自殺。

全轟毀，當即有二宅貞造大軍醫以下 20 人斃命，30 人受傷。「俄頃之間，該艦後部艙面，已起火災，噴出濃煙，甚高甚烈，艙內喧囂不止。」[254] 11 點 55 分，「比睿」雖僥倖脫出包圍，但已遍體鱗傷，無力戰鬥，只好掛出「本艦火災退出戰列」的訊號，向南駛逃。

「赤城」是一艘小型砲艦，速力更為遲緩，不能隨本隊而行，落在後面，陷於孤立地位，中彈累累，死傷甚重。1 點 20 分，「定遠」後部之 15 公分口徑克魯伯砲彈擊中「赤城」艦橋右側之炮楯，打死炮手 3 人，彈片擊穿艦長坂元八郎太頭部，當即斃命。航海長佐藤鐵太郎繼續指揮。不久，又中數炮，死傷達 28 人，艦上軍官幾乎非死即傷。於是，「赤城」轉舵向南駛逃。直至下午 2 點 30 分，「赤城」才逃出作戰海域。

四　苦撐危局

當日艦「比睿」、「赤城」處境危殆之時，樺山資紀見狀，大為焦急，忙命「西京丸」發出「比睿、赤城危險」的訊號。

伊東祐亨原先的計畫是：因第一游擊隊速度快，使其與本隊拉開距離，「繞到敵人背後，然後盡量進逼，和本隊一起形成夾擊，一舉解決戰鬥」[255]。然而，「松島」卻發出了一個語義模糊的訊號：「第一游擊隊回航！」這便造成了坪井航三的錯誤理解，認為是命他回援陷於危境的「比睿」和「赤城」。於是，他立即下令向左變換方向 16 度，以全速向北洋艦隊前方駛去。及至第一游擊隊回航，「比睿」和「赤城」已經逃得遠離戰場了。伊東只好將錯就錯，命令本隊向右轉，繞過北洋艦隊的右翼而到達其背後，與第一游擊隊正形成夾擊的形勢。

---

[254]　《海事》第 10 卷，第 3 期，第 40 頁。
[255]　〈伊東祐亨在保勳會上關於黃海海戰的演說〉，《中日戰爭》（叢刊續編七），第 229 頁。

第六章　甲午中日海戰

　　正在此時，北洋艦隊停泊在大東溝港口的「平遠」、「廣丙」兩艦趕來參加戰鬥，港內的「福龍」、「左一」兩艘魚雷艇也駛至作戰海域。「平遠」從東北方向駛來，剛好經過「松島」的左側，便向「松島」進逼。下午 2 點 30 分，「平遠」與「松島」相距 2,800 公尺，又縮短至 2,200 公尺，突然發射 26 公分口徑砲彈，擊中了「松島」的中央水雷室，擊斃其左舷魚雷發射手 4 名。「松島」發炮還擊，命中「平遠」的前座炮，炸毀平遠的 26 公分口徑主炮，並引起火災。平遠管帶都司李和為撲滅烈火，下令轉舵駛向大鹿島方向，暫避敵鋒。「廣丙」管帶都司程璧光也隨之駛避。

　　海戰開始後，「西京丸」即多次中炮，因其列入非戰鬥行列，在本隊之左側，距北洋艦隊較遠，故受傷不重。當「西京丸」隨日艦本隊向右轉彎時，其右舷便正暴露在北洋艦隊的前方。「定遠」、「鎮遠」趁機開炮，一顆砲彈穿過「西京丸」的客廳，在客廳和機械室之間爆炸，將氣壓計、航海表、測量儀器等全部擊毀；還將通往舵輪機的蒸氣管打斷，使蒸氣舵輪報廢而不能使用。「西京丸」被迫發出「我舵故障」的訊號。由於舵機損壞，「西京丸」只好使用人力舵，勉強航行。不久，又飛來一彈，擊中「西京丸」右舷後部水線，立即出現裂縫，滲進海水。下午 2 點 35 分，「福龍」見「西京丸」受傷，駛近攻擊。當相距 400 公尺時，「福龍」先發一魚雷，未中。又對直「西京丸」的左舷發一魚雷。此時，「西京丸」已躲避不及，樺山資紀驚呼：「我事畢矣！」其他將校也都相對默然，目視魚雷襲來。然而相距過近，魚雷從艦下深水處通過而未能觸發。這樣，「西京丸」才僥倖得以保全，向南駛逃。

　　在戰場上，這時只剩下中國八艦和日本九艦，還在進行殊死的搏鬥。由於日艦採取分隊夾擊的戰術，北洋艦隊陷入了腹背受敵的艱難境地。在此危急時刻，北洋艦隊官兵皆懷同仇敵愾之心，堅持戰鬥。丁汝昌身負重傷，不能站立，裹傷後坐在甲板上激勵將士。由於「定遠」的訊號裝置

第三節　黃海鏖兵

被毀，指揮失靈，因此除「定遠」、「鎮遠」兩艦始終保持相互依持的距離外，其餘諸艦只好各自為戰，伴隨敵艦之迴旋而戰鬥。這樣，在日艦的夾擊下，北洋艦隊的隊形更加凌亂不整。然各艦將士皆抱著必死的決心，與敵拚戰，相拒良久。

戰至下午 3 點 4 分，「定遠」忽中一炮：「擊穿艦腹起火，火焰從砲彈炸開的洞口噴出，洞口宛如一個噴火口，火勢極為猛烈。」[256]「定遠」集中力量撲滅火災，攻勢頓弱，而火勢益猛，暫時沒有撲滅的跡象。日艦第一游擊隊趁機向「定遠」撲來，炮擊愈頻，使「定遠」處於危急之中。在此千鈞一髮之際，「鎮遠」管帶林泰曾[257]命幫帶大副楊用霖[258]駕艦急駛，上前掩護。「致遠」管帶鄧世昌[259]見此情景，為了保護旗艦，也命幫帶大副陳金揆[260]開足機輪，駛出「定遠」之前，迎戰來敵。於是，「定遠」得以撲滅大火，並脫離險境。

鄧世昌

---

[256]　《日清戰爭實記》，第 6 編，第 11 頁；第 7 編，第 4 頁。
[257]　林泰曾（西元 1851～1894 年），字凱仕，福建閩縣人。福州船政學堂第一期畢業生，赴英深造。1894 年 1 月，巡海返威海，進口時觸礁傷艦，憂憤自盡。
[258]　楊用霖（西元 1854～1895 年），字雨臣，福建閩縣人。船生出身，1895 年 2 月 12 日拒降自殺。
[259]　鄧世昌（西元 1849～1894 年），原名永昌，字正卿，廣東番禺人。福州船政學堂第一期畢業。
[260]　陳金揆（西元 1864～1894 年），字度臣，江蘇寶山縣人。入上海出洋肄業總局學習，又赴英國深造。

第六章　甲午中日海戰

　　「定遠」艦轉危為安,「致遠」艦卻因此而受重傷。先是,鄧世昌見旗艦危急時,便激勵將士說:「吾輩從軍衛國,早置生死於度外,今日之事,有死而已!」、「然雖死,而海軍聲威弗替,是即所以報國也。」[261] 於是,「致遠」猛衝,將敵艦截住。在激烈的戰鬥中,「致遠」中彈累累。此時,日艦「吉野」適在「致遠」前方。鄧世昌見「吉野」橫行無忌,早已義憤填膺,準備與之同歸於盡,以保證全軍的勝利。他對大副陳金揆說:「倭艦專恃吉野,苟沉是船,則我軍可以集事!」[262] 陳金揆亦以為然,開足馬力,直衝「吉野」而去。「吉野」等 4 艦見「致遠」奮然挺進,以群炮萃於「致遠」,連連轟擊。有幾顆榴彈同時擊中「致遠」水線,致使其舷旁魚雷發射管內的一枚魚雷爆炸,右舷遂傾斜,艦首先行下沉。鄧世昌與陳金揆皆沉於海。其僕劉忠以救生圈付之,拒絕受。左一魚雷艇趕來相救,亦不應。他所蓄愛犬於此刻鳧至身邊,銜其髮。鄧世昌用力按犬入水,自己隨之投入波濤之中。全艦遇救者僅 7 人。

　　「致遠」沉沒後,北洋艦隊左翼陣腳之「濟遠」、「廣甲」二艦離隊更遠,處境孤危。「濟遠」累中敵炮,二副守備楊建洛陣亡,共傷亡 10 多人。管帶方伯謙[263] 先已掛出「本艦已受重傷」之旗,及見「致遠」沉沒,遂轉舵西駛,於 18 日凌晨回到旅順。廣甲管帶吳敬榮[264] 見「濟遠」西駛,亦隨之。午夜時,駛至大連灣三山島外,慌亂中觸礁進水,不能駛出,遂致擱淺。吳敬榮下令縱火登岸。兩天後,「廣甲」被日艦駛近開炮擊毀。

---

[261]　徐珂:〈鄧壯節陣亡黃海〉,見阿英編《晚清禍亂稗史》下卷;《清史稿》,列傳二四七,〈鄧世昌傳〉。

[262]　《中日戰爭》(叢刊一),第 67 頁。

[263]　方伯謙(西元 1852～1894 年),字益堂,福建侯官人。福州船政學堂第一期畢業,又赴英深造。1894 年 9 月 24 日,以「臨陣退縮」罪,在旅順被處以斬刑。

[264]　吳敬榮,字健甫,安徽休寧縣人。隨清政府第 3 批官學生赴美國學習。黃海海戰後,以隨逃罪,受到革職留營的處分。

第三節　黃海鏖兵

「濟遠」、「廣甲」駛離戰場後，日艦第一游擊隊轉而繞攻「經遠」。「經遠」被劃出陣外，勢孤力單，中彈甚多，火勢陡發。「經遠」管帶林永升[265]指揮全艦官兵有進無退，發炮以攻敵，激水以救火，井井有條。然而，「吉野」等四艦死死咬住「經遠」，環攻不已。「經遠」以一抵四，陷於苦戰之中。日艦依仗勢眾炮快，以群炮萃於「經遠」。林永升不幸突中敵彈，腦裂而亡。林永升犧牲後，幫帶大副陳榮[266]、二副陳京瑩[267]也先後中炮陣亡。在失去主將的情況下，「經遠」官兵仍堅守職位，絕不後退。當「經遠」與敵艦相距不到 2,000 公尺時，遭到「吉野」等四艦的炮火猛轟，尤其是被「吉野」15 公分口徑速射炮的猛烈打擊，遂在烈焰中沉沒。全艦只有 16 人遇救生還，餘者皆葬身海底。

北洋艦隊雖損失慘重，勢大不利，然眾多將士眾志成城，苦撐危局，終於度過了瀕於滅頂之災的險關。

五　「巍巍鐵甲」

北洋艦隊雖然居於劣勢，處境極端困難，但「定遠」、「鎮遠」、「靖遠」、「來遠」四艦將士拚死戰鬥，誓與敵人搏戰到底。因此，戰場上出現了敵我相持的局面。

下午 3 點 20 分以後，雙方艦隊開始分為兩群同時進行戰鬥：日艦本隊「松島」、「千代田」、「嚴島」、「橋立」、「扶桑」五艦纏住「定遠」和「鎮遠」；第一游擊隊「吉野」、「高千穗」、「秋津洲」、「浪速」四艦則專力進攻

---

[265]　林永升（西元 1853～1894 年），字鐘卿，福建侯官人。福州船政學堂第一期畢業，又赴英深造。
[266]　陳榮（西元 1859～1894 年），字兆麟，號玉書，廣東番禺人。福州船政學堂第四期畢業。
[267]　陳京瑩（西元 1863～1894 年），字則友，福建閩縣人。天津水師學堂駕駛班第一期畢業。

第六章　甲午中日海戰

「靖遠」和「來遠」。日本方面的企圖是：將戰場上僅餘的中國四艦分割為二，使之彼此不能相顧，先擊沉較弱的「靖遠」、「來遠」兩艦，然後全軍合力圍攻「定遠」和「鎮遠」，以期勝利結束戰鬥。到此時為止，對於北洋艦隊來說，形勢仍然非常險惡。日本聯合艦隊依仗其艦多勢眾，對中國四艦又是環攻，又是猛逼，恨不得一下子將其吃掉，早奏凱歌。但是，中國四艦巍然屹立，英勇搏戰，使日艦徒喚奈何。

面對日艦第一游擊隊的猛攻，「靖遠」、「來遠」將士打得十分勇敢頑強。二艦儘管艦型不同，而且不是一個編隊，但「靖遠」管帶葉祖珪[268]和「來遠」管帶邱寶仁[269]覺察到敵人用心之險惡，以及本身處境之危殆，便臨時結成姊妹艦，彼此保持一定的距離以互相依持，堅持抗爭到底。「靖遠」、「來遠」以寡敵眾，苦戰多時，均受重傷。「來遠」中彈 200 多顆，造成猛烈火災，延燒房艙數十間。儘管艦上烈焰騰空，被猛火包圍，炮手依然發射不停。「『來遠』後部因敵彈起火災，火焰熊熊，尾炮已毀，僅有首炮應戰。艙面人員悉忙於消防，因通氣管有引火之虞，亦為解除。機艙熱度增至 200 度，而艙內人員猶工作不息。及火災消弭之後，機艙人員莫不焦頭爛額。」[270]「來遠」將士這種艱苦卓絕的奮鬥精神和視死如歸的英雄氣概，贏得了全軍上下的讚佩，連當時在附近觀戰的西方海軍人士也無不視為奇蹟。戰後，「來遠」駛歸旅順，中外人士睹其損傷如此嚴重，尚能平安抵港，皆為之驚嘆不置。

「靖遠」也中彈 100 多顆，尤其是水線為敵彈所傷，進水甚多，情況十分危急。在此緊要關頭，為了修補漏洞和撲滅烈火，並使「定遠」、「鎮

---

[268]　葉祖珪（西元 1855～1905 年），字桐侯，福建閩侯人。福州船政學堂第一期畢業。甲午戰後，先後任北洋水師統領、總理南北洋海軍兼廣東水師提督。
[269]　邱寶仁，福建閩侯人。福州船政學堂第一期畢業。戰後被革職。
[270]　《海事》第 10 卷，第 3 期，第 43 頁。

第三節　黃海鏖兵

遠」得以專力對敵，葉祖珪向「來遠」發出「西駛」的訊號。「來遠」遂先行西駛，「靖遠」緊隨其後，衝出日艦第一游擊隊的包圍，駛至大鹿島附近。「靖遠」、「來遠」先占據有利地勢，背靠淺灘，一面以艦首重炮對敵，一面抓緊滅火修補。「吉野」等四艦尾追而來，然已失地利，只能來回遙擊，喪失了自由機動的能力。「靖遠」、「來遠」終於贏得了修補滅火的時間，這才化險為夷。

此時，在作戰海域，中國僅剩「定遠」、「鎮遠」兩艘鐵甲艦，還在和日艦本隊激烈戰鬥。二艦雖處在 5 艘敵艦的包圍之中，毫無畏懼之意，堅決抗擊。「各將弁誓死抵禦，不稍退避，敵彈霰集，每船致傷千餘處，火焚數次，一面救火，一面抵敵。」[271] 日方記載也承認這樣的事實：「『定遠』、『鎮遠』二艦頑強不屈，奮力與我抗爭，一步亦不稍退。」、「我本隊舍其他各艦不顧，舉全部五艦之力量合圍兩艦，在榴霰彈的傾注下，再三引起火災。『定遠』甲板部位起火，烈焰洶騰，幾乎延燒全艦。『鎮遠』前甲板殆乎形成絕命大火，將領集合士兵救火，雖彈丸如雨，仍欣然從事，在九死一生中毅然將火撲滅，終於避免了一場危難。」日艦甚至用望遠鏡觀測到「鎮遠」艦上有一名軍官正在「泰然自若地拍攝戰鬥照片」。[272] 可見，儘管戰鬥環境險惡叢生，兩艦將士始終懷著必勝的信心。

在這場你死我活的大搏鬥中，劉步蟾肩負重任，指揮得力。全艦上下一心，勇抗強敵，「炮手及水兵皆激奮異常，毫無畏懼之容」[273]。據日方記載：「定遠」對「配備大口徑炮之最新式諸巡洋艦毫不畏懼」、「陷於厄境，猶能與合圍之敵艦抵抗。定遠起火後，甲板上各種設施全部毀壞，但

---

[271]　《清光緒朝中日交涉史料》(1738)，卷二一，第 22 頁。
[272]　川崎三郎：《日清戰史》，第 7 編 (上)，第 3 章，第 70、71 頁。
[273]　William Ferdinand Tyler, Pulling Strings in China, London, 1929, P.55.

第六章　甲午中日海戰

無一人畏戰避逃」。[274] 林泰曾和楊用霖表現也很突出。臨戰前，林泰曾下令卸除艦上的舢板，以示「艦存與存，艦亡與亡」之意。楊用霖則激勵將士說：「時至矣！吾將以死報國，願從者從，不願從者吾弗強也。」眾皆感動得流淚說：「公死，吾輩何以生為，赴湯蹈火，唯公所命！」[275] 他協助林泰曾指揮全艦將士奮力搏戰，彈火飛騰，血肉狼藉，而神色不動。在林、楊的指揮下，「鎮遠」與「定遠」緊密配合，共同對敵，戰績卓越。林、楊指揮沉著果斷，「開炮極為靈捷，標下各弁兵亦皆恪遵號令，雖日彈所至，火勢東奔西竄，而施救得力，一一熄滅」[276]。日人亦稱：「鎮遠與定遠配置及間隔，始終不變位置，用巧妙的航行和射擊，時時掩護定遠，奮勇當我諸艦，援助定遠且戰且進。」[277] 兩艦之所以能夠與 5 艘日艦相搏而久持，始終堅不可摧，「鎮遠」眾多將士作出了重要的貢獻。

「定遠」和「鎮遠」一靠配合默契，二靠勇敢無畏，終於頂住了日艦本隊的猛烈進攻。戰至下午 3 點半，當「定遠」與「松島」相距大約 2,000 公尺時，由槍炮大副沈壽堃[278] 指揮「發出之三十公分半巨炮炮彈，命中『松島』右舷下甲板，轟然爆炸，擊毀第四號速射炮，其左舷炮架全部破壞，並引起堆積在甲板上的彈藥爆炸。剎那間，如百電千雷崩裂，發出悽慘絕寰之巨響。俄而，劇烈震盪，艦體傾斜，烈火焰焰焦天，白煙茫茫蔽海。死傷達八十四人，隊長志摩（清直）大尉，分隊長伊東（滿嘉記）少尉死之。死屍紛紛，或飛墜海底，或散亂甲板，骨碎血溢，異臭撲鼻，其慘憺殆不可言狀。須臾，烈火吞沒艦體，濃煙蔽空，狀至危急。雖全艦盡力滅

---

[274]　川崎三郎：《日清戰史》，第 7 編（上），第 3 章，第 70、71 頁。
[275]　池仲祐：〈海軍實記·甲午海戰陣亡死難群公事略〉，《北洋海軍資料彙編》（下），中華全國圖書館文獻縮微複製中心 1994 年刊，第 1326～1327 頁。
[276]　《中東戰紀本末》卷四，光緒二十二年刊，第 12 頁。
[277]　川崎三郎：《日清戰史》，第 7 編（上），第 3 章，第 70 頁。
[278]　沈壽堃，福建侯官人。天津水師學堂駕駛班第一期畢業。宣統時任長江艦隊統領。

第三節　黃海鏖兵

火，輕重傷者皆躍起搶救，但海風甚猛，火勢不衰，宛然一大火海」[279]。伊東祐亨見情況危急，一面親自指揮滅火，一面下令以倖存者、軍樂隊等補充炮手。到下午 16 時 10 分，松島的大火雖被撲滅，但艦上的設施摧毀以盡，32 公分口徑主炮的炮栓和水壓機皆發生故障而不能發炮，已經喪失了指揮和戰鬥能力。於是，松島發出了「各艦隨意運動」的訊號。隨即竭力擺脫「定遠」、「鎮遠」，與其他本隊四艦向東南駛去。

「定遠」、「鎮遠」在戰局急轉直下的危急關頭，仍然巍然屹立，力挽狂瀾，終於化被動為主動。對此，英國斐利曼特海軍中將評論說：「日本艦隊之所以『不能全掃乎華軍者，則以有巍巍鐵甲船兩大艘也』。」[280] 確非虛語。

日艦本隊轉舵南遁後，「定遠」、「鎮遠」尾追進逼，使其回頭復戰。馬吉芬回憶當時情景說：日艦本隊「向東南引退，我兩鐵甲艦即尾擊之。至相距約二三海里，彼本隊復回頭應戰。炮戰之猛烈，當以此時為最。然而，鎮遠射出六時彈百四十八發，彈藥告竭；僅餘十二時炮鋼鐵彈二十五發，而榴彈已無一彈矣。定遠亦陷於同一困境」[281]。戰到後來，「定遠只有三炮，鎮遠只有兩炮，尚能施放」[282]。

在激烈的炮火交鋒中，日艦本隊受創嚴重，旗艦「松島」艙面設施掃蕩無存，所有護炮之鐵甲皆遭擊碎，修理非易。對其打擊尤為嚴重的是，艦體水線以下部位被擊中數彈，炮手及水兵死傷慘重，僥幸未進水沉沒。至於其餘各艦，或受重傷，或遭小損，業已無一瓦全。

---

[279]　川崎三郎：《日清戰史》，第 7 編（上），第 4 章，第 157 頁。按：「松島」在黃海海戰中共傷亡 100 餘人，其中當即死者 51 人，住院後死者 2 人。
[280]　《中日戰爭》（叢刊七），第 550 頁。
[281]　《海事》第 10 卷，第 3 期，第 41 頁。
[282]　《清光緒朝中日交涉史料》（1738），卷二一，第 22 頁。

第六章　甲午中日海戰

　　下午5點許,「靖遠」、「來遠」歸隊。「靖遠」之水線進水部位,已堵塞妥當。「來遠」艙面在大火中皆已燒裂,因撲救得力,機器及炮械尚皆可用。因此,兩艦都恢復了戰鬥力。此時,「靖遠」懸升隊旗召集餘艦,變陣以擊日艦,並召港內諸艦艇出口助戰。於是,「來遠」、「平遠」、「廣丙」諸艦及「福龍」、「左一」兩魚雷艇隨之,尚在港內之「鎮南」、「鎮中」兩砲艦及「右二」、「右三」兩魚雷艇也出港會合。直到此時,「定遠」、「鎮遠」兩艦仍具穩固不搖之勢,又有諸艦共來助戰,北洋艦隊聲勢益振。

　　到下午5點半,日艦本隊各艦多受重創,無力再戰。此時,太陽將沉,暮色蒼茫。伊東祐亨見北洋艦隊集合各艦,愈戰愈勇,又怕魚雷艇襲擊,遂發出「停止戰鬥」的訊號。但是,他不等第一游擊隊駛來會合,便率艦向南駛逸。北洋艦隊「定遠」、「鎮遠」、「靖遠」、「來遠」、「平遠」、「廣丙」六艦魚貫而行,尾追數海里。因日艦開足馬力,行駛迅速,瞬息已遠,便收隊轉舵駛回旅順。

　　日艦本隊南遁後,第一游擊隊隨後趕來。直到下午6點,第一游擊隊才趕上本隊。7點15分,伊東祐亨見北洋艦隊已不再追擊,便下令停駛,自率幕僚移往「橋立」艦,以之為旗艦。命「松島」立即返回吳港,進行修理。然後,才率餘艦魚貫而東去。

六　布陣得失論未休

　　北洋艦隊採用橫排的夾縫雁行陣是否正確?對此,歷來是有爭論的。一種意見持完全否定的態度,認為這種陣形「起艦隊之紛亂」、「為最大失策」;[283] 另一種意見則持完全認同的態度,認為這種陣形「於攻勢有利」、

---

[283]　《中日戰爭》(叢刊六),第51、72頁。

第三節　黃海鏖兵

「可謂宜得其當」。[284] 聚訟紛紜，迄今仍未休止。

在海戰中究竟採取何種陣形，並不純靠統帥的「自由創造」，而決定於當時所具備的物質條件。中日雙方艦隊的布陣，都不能不受到它們所擁有的軍艦效能及武器裝備條件的制約。通常來說，日本軍艦艦齡短、航速快，尤其是第一游擊隊，不僅型式較為先進，而且平均航速比北洋艦隊快得多。擁有大量最新式的速射炮（共 97 門）更是日本聯合艦隊的一大特長。其重炮（21 公分口徑以上）則較少，只有 11 門；輕炮（15 公分口徑以上）更少，也才 2 門。速射炮主要裝置在舷側，重炮裝置在艦首，這就決定了日艦必須依靠舷側炮進行攻擊。日本浪速艦長東鄉平八郎的豐島海戰日記就是很好的證明：當浪速發現廣乙時，「即時開左舷大砲進行高速度射擊」；後來擊沉「高陞」時，則是「發射兩次右舷炮」。[285] 所以，日本聯合艦隊在海戰中採用單縱陣（魚貫陣）就很理所當然。日艦第一游擊隊司令官坪井航三說過，早在海戰發生以前，日本艦隊即已決定，不管北洋艦隊採用什麼陣形，它都要以單縱陣進行攻擊，並為此進行長期的練習。

北洋艦隊為什麼不也採用單縱陣呢？長期以來，人們對此感到困惑不解。更有甚者，有人對此橫加褒貶，但又拿不出多少道理來。其實，北洋艦隊之所以採取橫排的夾縫雁行陣，也是與其軍艦效能和武器裝備情況密切相關的。北洋艦隊的艦齡長、航速慢，這是眾所公認的。北洋艦隊的主力艦隻與日本的最新軍艦相比，在形制上落後整整一代。它以重炮見長，擁有 25 公分口徑以上的重炮 25 門，是日本的 2 倍多。在參加海戰的 10 艘戰艦中，除廣甲沒有重炮，平遠只有 1 門重炮外，其餘八艦各備有 2 至 4 門重炮不等。日本參加海戰的 12 艘軍艦中，有 6 艘沒有重炮，而在 6 艘

---

[284]　《海事》第 9 卷，第 12 期，〈中日海戰評論撮要〉，第 70～71 頁。
[285]　《中日戰爭》（叢刊六），第 32、33 頁。

第六章　甲午中日海戰

備有重炮的軍艦中,配置卻非常不均勻,「扶桑」裝了4門重炮,「松島」、「嚴島」、「橋立」三艦才各有重炮1門,根本無法組成猛烈的排炮轟擊。就重炮一項來說,北洋艦隊顯然是居於領先地位的。北洋艦隊的輕炮也較多,共有15門,是日本的7倍多。大抵重炮裝置在艦首,輕炮裝置在艦尾。北洋艦隊各艦舷側通常備有機器炮一類的小炮,這種炮只有殺傷力,而無貫穿力,對敵艦本身沒發揮什麼作用的。把以上情況綜合來看,便可知道北洋艦隊為什麼要對單縱陣摒棄不用了。

丁汝昌在海戰決戰中決定採用夾縫雁行陣,並不是他一時心血來潮,而是早有準備的。他對海戰的戰術要求做出了三條規定:(一)以姊妹艦組成的小隊為基本單位,協同動作;(二)「始終以艦首向敵」,即以橫排的雁行陣為基本戰術;(三)作戰時艦隊要整體行動,各艦皆隨同旗艦而運動。[286] 很明顯,第二條所規定的基本戰術,就是要揚長避短,以發揮艦首重炮的威力。

對雁行陣持否定論者認為,這種陣形「限制了齊射火炮的數量」、「不能發揮北洋艦隊的全部火力」。[287] 這種要求,顯然是沒有道理的。因為一個艦隊無論採用何種陣形,都不可能同時發揮「全部火力」。在海戰的實際過程中,總是要根據敵我相對位置的變化而發揮軍艦的部分火力,只是這「部分」有程度上的差別而已。海戰的雙方都是在運動中作戰,不會始終保持相互垂直的位置。從總體上看,北洋艦隊只有「以艦首對敵」,才能最大限度地發揮自己的火力。

否定論者還用最佳射擊舷角的計算來證明自己的觀點。如稱:「全艦火炮最佳的射擊舷角為左右45°～135°(在此射擊舷角內,艦首重炮火

---

[286]　《海事》第8卷,第5期,第63頁。
[287]　郭湋:〈黃海大戰中北洋艦隊的隊形是否正確?〉,《文史哲》1957年第10期。

第三節　黃海鏖兵

力是可以充分發揮力量的），也就是說，全艦最佳射擊舷角的最大射擊扇面，是以左、右舷正橫中線為中心的90°（該中線為其分角線）之扇形區域。凡小於45°或大於135°的射擊舷角，軍艦就只有一部分主炮可以射擊，這無疑是不利於充分發揚全艦火力的。」這個理論，對於日本聯合艦隊來說，無疑是正確的。但以此來套用北洋艦隊，則似有削足適履之嫌。最佳射擊舷角之確定，係因艦而異，並非一成不變。北洋艦隊的主炮全部在艦首；日本聯合艦隊的主炮雖有部分在艦首，但以舷側速射炮為最主要的打擊力量。故在彼為最佳射擊舷角而在此則非是，或者相反。認為北洋艦隊的「最佳射擊舷角的扇面只有25°」[288]的說法，是十分不妥的。實際上，就雁行陣來說，艦首主炮最佳射擊舷角扇面的中線（分角線）不應等於魚貫陣：若艦首主炮為單炮，則其最大射擊舷角是以艦首尾線為中線的90°角；若艦首主炮為並排配置的雙炮，則其各自的最佳射擊舷角，應是以艦首尾線與左、右舷正橫線所成直角的分角線為中線的90°角，再去掉為鄰艦所留之20°安全界，尚有70°。因為北洋艦隊的艦首主炮大致上都是雙炮，所以其有效的最佳射擊舷角不是70°，而是140°。正由於北洋艦隊艦首主炮最佳射擊舷角的最大打擊扇面是140°的扇形區域，因此在海戰中能夠左右開弓，發揮了各艦重炮的最大威力。丁汝昌在海戰報告中說：「定遠猛發右炮（引者按：指艦首右側重炮）攻倭大隊，各船又發左炮（引者按：指艦首左側重炮）攻倭尾隊三船。」[289]這便是最好的證明。

否定論者總認為北洋艦隊採用單行魚貫陣是有利的。甚至實際設想：「以艦隊的一舷攔擊敵方艦隊，爭取對其實施『Ｔ』字戰法的攻擊」，以迫使日本聯合艦隊與北洋艦隊形成「同向異舷交戰」。進而斷定：「如果這樣

---

[288]　《近代史研究》1988年第1期，第40、42頁。
[289]　《中日戰爭》（叢刊三），第135頁。

第六章　甲午中日海戰

的話,黃海海戰的過程和結局就可能大為改觀了。」[290] 這種猜測也是禁不起推敲的。戰爭指揮者與戰爭評論者的地位不同:後者固可馳騁想像,任意臧否,甚至完全紙上談兵;前者則身臨其境,生死繫於一髮,勝敗存乎一念,不能不力求從實際出發,面對嚴峻的現實,作出最佳的陣形選擇。「同向異舷交戰」究竟對誰有利呢?這正是日方所求之不得的。日本聯合艦隊之左、右舷側各有近 50 門速射炮。而北洋艦隊不但一門速射炮沒有,而且各艦之左、右舷只配備若干僅有殺傷力的小炮,能靠這些與日本聯合艦隊進行「同向異舷交戰」嗎?不僅如此,北洋艦隊的長處是艦首重炮多,可是這樣一來,重炮有一半不能發揮作用,把自己的主要長處也取消了。全面權衡雁行、魚貫兩種陣法,何者為利,何者為弊,其理昭然若揭。由此可知,如果北洋艦隊真的採用單行魚貫陣,與日本聯合艦隊進行一舷對一舷齊射的話,那麼,北洋艦隊就會陷於更加危殆的處境,甚至有全軍覆沒的危險。

海戰的實踐,尤其是海戰的前 90 分鐘,日陣被腰斬為兩截,數艦幾乎被沉,即充分證明北洋艦隊採用雁行陣不但不是「最大的失策」,而且是大致正確的。在海戰中指揮發炮重創日本旗艦「松島」的「定遠」槍炮二副沈壽堃,在戰後強調指出:「大東溝之役,初見陣時,敵以魚貫來,我以雁行禦之,是也。」[291] 當時還沒有哪一位參加海戰的將領認為以雁行陣禦敵是錯的。連在附近觀戰的英國遠東艦隊司令斐利曼特也承認:「伊東則竟以全隊之腰向丁之頭,攔丁之路……奇險實不可思議。」[292] 所有這些,都說明北洋艦隊初接戰時採用雁行陣是適宜的。

---

[290] 《近代史研究》1988 年第 1 期,第 43 頁。
[291] 《盛檔·甲午中日戰爭》(下),第 403 頁。
[292] 《中日戰爭》(叢刊七),第 549 頁。

第三節　黃海鏖兵

但是，也不能對北洋艦隊的布陣完全予以認同。北洋艦隊的布陣並不是完美無缺，而是存在缺點的。其一，是未能始終保持攻勢。當戰到下午2點30分以後，北洋艦隊處於腹背受敵的情況下，便被迫轉入防禦，以待敵之來攻。這樣，北洋艦隊各艦就只能伴隨日艦之回轉而回轉，完全居於被動的地位，因此遭受到重大的損失。其二，是編隊的跨度太大，致使「定遠」、「鎮遠」艦首的重炮無法有效地保護兩翼諸艦。據斐利曼特說，北洋艦隊形成「人」字陣後，艦首與艦首相距約370公尺。按此計算，從「定遠」、「鎮遠」到「揚威」的距離便近2,000公尺。當時，日艦第一游擊隊在進攻右翼陣腳時，總是與攻擊目標保持大約2,000公尺的距離。[293] 這樣，「定遠」、「鎮遠」與日艦的距離便大概在4,000公尺左右。當硝煙瀰漫之際，連觀察遠至4,000公尺的日艦情況都很困難，更談不上保護其右翼陣腳的弱艦了。這都說明北洋艦隊的布陣是有很大缺陷的。

其所以如此，主要是丁汝昌未能處理好集中與分散、即合與分的關係。魚貫陣和雁行陣是最基本的陣式，但卻不是固定的陣式，而是可以隨機變化的。每種陣形本身，也都包含著合與分兩種因素。可化合為分，也可變分為合。在布陣時，只有將合與分的關係處理適當，才能真正做到「種種變化，神妙不窮」。而剛好在這個問題上，丁汝昌的觀點是非常機械的。他在布陣時總是片面地強調集中：「屢次傳令，諄諄告誡，為倭人船炮皆快，我軍必須整隊攻擊，萬不可離，免被敵人所算。」[294] 在接敵前所下的命令中，也有這樣一條：「諸艦務於可能範圍之內，隨同旗艦運動之。」、「整隊攻擊」與「隨同旗艦運動」，都是強調一個「合」字。正由於北洋艦隊不管在何種情況下都要求「合」，集中為單一的編隊，因此在敵艦

---

[293]　參見戚其章：《北洋艦隊》，山東人民出版社，1981年，第142頁。
[294]　《中日戰爭》(叢刊三)，第129頁。

第六章　甲午中日海戰

的夾擊下陷入了被動的境地。

反之，海戰打到下午3點20分以後，北洋艦隊之所以能夠逐漸扭轉其被動局面，主要是自動地將艦分為兩支，使敵人不得不將兵力分散，從而打破了其鉗形夾擊的攻勢。

參戰將領指出：「大東溝之役，初見陣時，敵以魚貫來，我以雁行禦之，是也。嗣敵左右包抄，我未嘗開隊分擊，致遭其所困。」[295] 這是對北洋艦隊布陣得失的一個最好總結。

第四節　旅順口基地的陷落

一　日本第二軍登陸花園口

黃海海戰後，日本即著手旅順口作戰的準備。旅順設防甚固，在軍中有「鐵打的旅順」之稱。因此，為攻占旅順口基地，日本大本營進行了多方面的策畫和周密部署。

先是平壤戰役結束後，日本大本營計劃乘勢把戰火燒到中國境內，以拔取奉天，直叩山海關。但是，考慮到中國疆域遼闊，人口眾多，即使占領整個遼東，也不能決定全局的勝負，必須另遣一軍進逼北京，始可迫使清廷訂立城下之盟。遂決定組建日本第二軍。

進攻北京的方針既定，日本大本營便開始研究登陸作戰的實際方案。日本大本營根據日本間諜所提供的偵察資料發現，欲攻取北京，除大沽、北塘外，以山海關為捷路。然而，旅順口雄堡堅壘，北洋艦隊又駐泊威海

---

[295]　《盛檔・甲午中日戰爭》(下)，第403頁。

第四節　旅順口基地的陷落

衛，共扼渤海門戶，運兵深入渤海實行登陸作戰，的確有很大的困難。因此，決定先命第二軍攻占旅順，以此為根據地，等到明年開春後，越渤海而進行直隸平原作戰。第二軍參謀部認為：「旅順壘堅，正面攻之，恐不能奏功，宜先選定其根據之地，而後衝其背後，以出敵不意也。」[296] 大本營採納了這個建議，一面開始運兵，一面命海軍在旅順後路探測登陸地點。

10月14日，日本天皇睦仁在廣島大本營召見出征將校數十人，賜以酒饌，並特賜第二軍司令官大山岩大將駿馬及名刀，以示恩寵和激勵。15日，第二軍所屬第二師團開赴宇品港，依次登船。運輸船共30多艘，以漁隱洞為目的地，先後舳艫相銜而發。由於北洋艦隊已經不進入黃海，故日本此次運兵沒有使用艦隊掩護。19日，日本第一批運兵船最先到達，餘船後數日續至，皆集結在漁隱洞港內待命。

此時，日本海軍已多次派船偵察北洋海軍的動向，並測量大連灣至鴨綠江口的海岸，以為陸軍尋找登陸地點。先據「八重山」艦報告，花園口為登陸的最適宜地點。但是，第二軍參謀數人乘「秋津洲」前往複查後，卻提出異議。於是，陸海兩軍在登陸地點問題上產生了意見分歧。陸軍希望盡可能在靠近清軍駐地處登陸，認為：若以花園口為登陸地點，即使到達金州城，也要經過三條不可徒涉的河流，行軍必然延遲，使清軍贏得布防的時間，此議勢不可行。因此，提出以貔子窩附近為登陸地點。海軍則希望運兵船盡可能靠近陸地，以便迅速登岸，同時盡量避免清軍的抵抗，而花園口剛好是清軍未設防的地區，雖距離較遠，還是利大於弊。陸軍仍然堅持要從近處登陸。2日，伊東祐亨中將親自在旗艦「橋立」號上召集陸海軍參謀會議。經過一整天的激烈辯論，才勉強統一戰略。22日，大山岩

---

[296]　橋本海關：《清日戰爭實記》卷八，第275頁。

第六章　甲午中日海戰

釋出命令，規定三條：（一）以花園口為登陸地點；（二）工兵做沿途渡河的準備；（三）派間諜偵察清軍防地。陸軍終於同意了海軍的意見。

花園口是遼東半島東側的一個小海灣，距金州約 80 公里。海灣寬闊，為沙底，適於受錨。而清軍並未在此設防，這就更便利了日軍的登陸活動。日軍的計畫是：先奪取金州，然後抄大連灣、旅順口之背，並進而攻占之。

23 日，日本第二軍乘運兵船 40 多艘，從漁隱洞向花園口出發。上午 8 點，旗艦「橋立」率日本聯合艦隊本隊及第一、第二、第三、第四游擊隊啟碇先行。9 點半，第二軍第一批運兵船繼發。24 日上午 7 點 25 分，第一批運兵船航近花園口，見護航軍艦已先下錨，根據伊東祐亨的命令，本隊及第一、第二游擊隊，除「秋津洲」、「浪速」駛向威海衛、旅順口，監視北洋艦隊的行動外，皆停泊於遠海，以防北洋艦隊來襲；第三、第四游擊隊停泊於靠近花園口的海面，以掩護陸軍登陸；「八重山」、「築紫」、「大島」、「鳥海」、「西京丸」、「相模丸」六艦官兵則協助陸軍登陸。26 日，載有第二軍司令部的第二批運兵船駛抵花園口。11 月 1 日，長谷川混成旅團也在此登陸。至此，日本第二軍司令部，以及所屬第一師團和混成第二旅團，已全部登陸完畢。但是，日軍運送炮、馬及輜重的工作，則一直持續到 7 日。整個登陸活動歷時半月，共約 2.5 萬人登陸。

二　旅順陷落

日本第二軍登陸花園口後，於 11 月 6 日攻陷金州城，於翌日不戰而占領大連灣。日軍之陷金州，奪大連灣，其目的是攻取號稱「東洋第一堅壘」的旅順口。因此，日軍在大連灣休整 10 天之後，便向旅順口基地發動了進攻。

第四節　旅順口基地的陷落

　　防守旅順海岸炮臺的清軍，原先只有親慶軍 6 營。其中，記名提督黃仕林率 3 營駐東岸：中營守黃金山炮臺及人字牆；前營守摸珠礁炮臺；正營守老蠣嘴炮臺。記名總兵張光前率 3 營駐西岸：後營守老虎尾及威遠炮臺；副營守蠻子營炮臺；右營守饅頭山及城頭山炮臺。戰爭爆發後，黃仕林增募副前營，張光前增募副後營，各成 4 營，共 8 營 4,100 人。

　　旅順後路各炮臺，原由四川提督宋慶率毅軍駐守。後以毅軍陸續調走，旅順後路空虛，李鴻章請旨令臨元鎮總兵姜桂題招募桂字軍，記名提督程允和招募和字軍，各成 3 營半。和字軍駐守椅子山至松樹山一線，包括椅子山、案子山、望臺北及松樹山炮臺；桂字軍駐守二龍山至蟠桃山一線，包括二龍山、雞冠山炮臺及蟠桃山等臨時炮臺。

　　日軍登陸花園口，姜、程以旅順兵單，不敷分布，共商於旅順前敵營務處道員龔照璵，將程之半營並歸姜部，程添 1 營，各帶 4 營。共營 4,000 人。

　　11 月初，清政府又派記名提督衛汝成率成字軍 5 營及馬隊 1 小隊乘輪赴援，以加強旅順後路的防禦。成字軍 5 營 3,000 人，抵旅後駐白玉山東麓，為旅順後路的總預備隊。此外，大連灣失守後，正定鎮總兵徐邦道和總兵趙懷業皆率部來旅。徐邦道的拱衛軍 5 營在金州保衛戰中損失較重，以減員二成計，尚餘 1,400 人。趙懷業的懷字軍，除趙鼎臣 2 哨在金州損失較大外，其餘 6 營在撤離大連灣時也有減員，還有 1,800 人。銘軍留駐大連灣者，有 400 人來旅。這樣，防守旅順後路的兵力達到 10,600 人。

　　清軍駐守旅順的總兵力為 14,700 人，數量不能算少，若能各將同心，指揮得力，當不至於輕易被敵攻破。據日方記載，進攻旅順口之前，日本第一師團司令官山地元治命其副官編制敢死隊名冊。副官以 500 人上報，

169

第六章　甲午中日海戰

山地認為不夠；又增加 500 人，仍說「不足」；及增至 1,500 人，「始頷首曰可」[297]。日軍是準備以重大傷亡的代價來攻取旅順的。可是，「鐵打的旅順」只是徒有其名，並不像日軍所預料的那樣難攻。

當時，道員龔照璵任旅順前敵營務處兼船塢工程總辦，代北洋大臣節度，號稱「隱帥」。本來，龔倒是應該負起責任，激勵諸將合力戰守，無奈他「貪鄙庸劣，不足當方面，頗失人望」[298]。於是，旅順又出現了類似虎壤那樣「有將無帥」的局面。

原來，旅順有 5 位統領，即姜桂題、張光前、黃仕林、程允和和衛汝成。後又增加趙懷業和徐邦道，成為 7 統領。7 統領不相係屬，各行其是，怎能抗禦強敵？張光前有鑒於此，深恐各將不能和衷共濟，致誤大事，便與黃仕林、程允和等共議，公推姜桂題為總統。然姜本行伍出身，目不識丁，「生平未嘗把卷」[299]，且才本中庸，無所作為，終未能調和諸將，協力堅守旅順。

17 日拂曉，日本第二軍除少量留守部隊外，全部出動，開始向旅順口進犯。

18 日清晨 6 點，日軍騎兵第一大隊長秋山好古少佐率騎兵搜查隊自三十里堡先發，第二旅團長西寬二郎少將率前衛部隊繼後，向土城子行進。上午 10 點，日軍騎兵搜查隊到達土城子時，徐邦道的拱衛軍和衛汝成的成字軍已經布陣以待。10 點 30 分，清軍向進入土城子的日軍發起攻擊。清軍在數量上占有很大的優勢，而且士氣旺盛，銳不可當。日軍「騎

---

[297]　《日清戰爭實記》，第 12 編，第 1 頁。
[298]　《中日戰爭》（叢刊一），第 36 頁。
[299]　林紓：〈昭武上將軍姜公家傳〉。見《碑傳集補》卷末，上海古籍出版社，1987 年，第 1623 頁。

第四節　旅順口基地的陷落

兵全部陷於重圍之中，面臨進退維谷之境」[300]。秋山好古下令突圍，向雙溝臺方向奔逃。清軍遂將土城子占領。

土城子迎擊戰是清軍打得較好的一仗。清軍發揮了戰術上的數量優勢，打得積極主動，取得殺傷 55 名敵人的戰果。但是，清軍激戰近 6 個小時，又餓又累，且「無行帳，其步卒非回旅順不能得一飽，遂棄險要不守，仍退歸」[301]。在旅順諸將中，仍是株守待敵的消極防禦觀念占了上風，局部的勝利並不能挽回全局的失敗。

21 日，日軍向旅順口基地發起總攻。6 點 50 分，第一師團以攻城炮、野炮、山炮共 40 多門，開始向椅子山炮臺猛轟。與此同時，日本聯合艦隊以一字橫陣排於旅順口外，以牽制清軍，使陸軍得專力進攻。8 點許，旅順後路西炮臺群的椅子山、案子山及望臺北諸炮臺，皆先後被日軍攻陷。隨後，又將松樹山炮臺攻占。9 點 45 分，日軍混成第十二旅團開始進攻二龍山炮臺。到 11 點 40 分，二龍山、雞冠山及附近的臨時炮臺也先後失陷。旅順後路諸將皆陷敵中。衛汝成和趙懷業奪路東行；徐邦道在毅軍操場接戰，被困於教場溝，僅剩 10 多人，猶戰不已，終於衝出重圍；程允和與姜桂題也都先後脫圍而出。龔照璵先奔小平島，後又乘漁船逃到煙臺。

日軍既占領旅順後路炮臺，便轉而向海岸炮臺進攻。日軍進攻的主要目標是黃金山炮臺。當日軍逼近黃金山炮臺時，守將黃仕林不作任何抵抗，直接棄臺而走。日軍安步而登上黃金山炮臺。東岸之摸珠礁、老蠣嘴等炮臺守兵見主將已遁，也不戰而奔。西岸炮臺張光前部堅持到黃昏以後，也循西岸向北撤退。

---

[300]　《日清戰爭實記》，第 12 編，第 4 頁。
[301]　《中日戰爭》（叢刊一），第 40 頁。

第六章　甲午中日海戰

日軍進攻旅順

至此，旅順口基地終於陷落。時人指出：「旅順之防，經營凡十有六年，糜巨金數千萬，船塢、炮臺、軍儲冠北洋，乃不能一日守，門戶洞開，竟以資敵！」[302]

旅順口基地既陷，北洋艦隊只剩下一個威海衛基地，制海權全失，只能局促於渤海一隅了。

第五節　威海衛基地保衛戰

一　日本「山東作戰軍」登陸榮成灣

日軍既陷旅順口基地，便把威海衛基地作為下一個進攻的目標。

本來，根據日本大本營制定的作戰計畫，包括甲、乙、丙三個方案，

---

[302]　《中日戰爭》（叢刊一），第 41 頁。

第五節　威海衛基地保衛戰

按第一期作戰的結果而決定採取何種方案。其中,「甲案」規定,如果聯合艦隊取得對黃海和渤海的制海權,則運送陸軍主力到渤海灣登陸,在直隸平原進行最後決戰。黃海海戰、尤其是旅順口之役後,日本海軍已經完全掌握制海權,實施「甲案」的條件已經具備。於是,山縣有朋於11月初提出〈征清三策〉,其第一策實即大本營作戰計畫的「甲案」。伊藤博文則主張放棄「甲案」,而代之以進擊威海衛和攻略臺灣的新方略,以盡量避免列強躍躍欲試的干涉。山縣在認可開春解凍後實施直隸平原作戰計畫的前提下,同意了伊藤的主張。

為進行威海衛作戰,日本大本營感到僅僅依靠原有的侵華部隊力有不足,必須組建新的作戰部隊,便決定改編第二軍,作為「山東作戰軍」。「山東作戰軍」仍以陸軍大將大山岩為司令官,下屬兩個師團:第二師團,包括步兵第三旅團(旅團長陸軍少將山口素臣)和步兵第四旅團(旅團長陸軍少將伏見貞愛親王),陸軍中將佐久間左馬太為師團長;第六師團,包括步兵第十一旅團(旅團長陸軍少將大寺安純)和混成第二旅團(旅團長陸軍少將長谷川好道),陸軍中將黑木為楨為師團長。「山東作戰軍」組建後,佐久間、黑木等皆暫駐廣島,等待進兵的命令。

12月14日,日本海軍軍令部部長樺山資紀傳令於伊東祐亨,命聯合艦隊協同第二軍攻占威海衛,並運送第二軍在山東半島登陸。2日,大本營正式電令伊東「護送第二軍登陸,並與之協同占領威海衛,消滅敵艦隊」[303]。當天,伊東便派「八重山」艦長平山藤次郎大佐率軍官數人,從山東半島之榮成灣(龍鬚島西)、愛倫灣(倭島南)、桑溝灣(尋山所與寧津所之間)三處選擇一個適宜的登陸地點。

26日,平山藤次郎回大連向伊東祐亨報告調查結果,認為榮成灣內龍

---

[303]　日本海軍軍令部:《二十七八年海戰史》下卷,第9章,東京水交社,1905年,第5頁。

第六章　甲午中日海戰

　　鬚島以西一帶海灘不失為較理想的登陸地點。榮成灣的地理形勢早就為日本軍方所注意，並曾派海軍大尉關文炳詳細勘察過。關文炳於西元1888年12月奉參謀本部密冷，赴威海衛及膠州灣偵察，往返歷時70天。完成任務後，他寫了一份〈關於威海衛及榮成灣意見書〉，其中對榮成灣有如下的描寫：「榮成灣位於山東半島成山角之西南，西距威海衛水路約三十海里。灣口面向西南，寬約四海里，水深四至五尋。……此處能避北風和西風，底為泥沙，適於受錨，平時為漁船停泊之地。故無論遇到何等強烈之西北風天氣，艦船亦可安全錨泊。況且，本灣位於直隸海峽外側之偏僻海隅，一旦清國與外國發生海戰，即成為軍事重地。故欲攻占威海衛，必先取此灣以為基地。」[304] 如今，平山的偵察報告進一步證實關文炳的結論。伊東祐亨不再猶豫，經與大山岩會商後，確定這一方案，並獲得大本營的批准。

　　根據日本大本營的部署，重新改編的第二軍分兩批向大連灣集中。到西元1895年1月16日，「山東作戰軍」的所有部隊已在大連灣集結完畢。與此同時，日本聯合艦隊也進行改編，將戰艦編為五隊：本隊，包括「松島」、「千代田」、「橋立」、「嚴島」四艦；第一游擊隊，包括「吉野」、「高千穗」、「秋津洲」、「浪速」四艦；第二游擊隊，包括「扶桑」、「比睿」、「金剛」、「高雄」四艦；第三游擊隊，包括「大和」、「武藏」、「天龍」、「海門」、「葛城」五艦；第四游擊隊，包括「築紫」、「愛宕」、「摩耶」、「大島」、「鳥海」五艦。同時制定了〈聯合艦隊作戰大方略〉。這個「大方略」，包括〈護送陸軍登陸榮成灣計劃〉、〈魚雷艇隊運動計劃〉、〈誘出和擊毀敵艦計劃〉。3項計畫，對陸軍登陸時可能出現的情況都規定了應變措施。

　　日軍為攻占威海衛基地，曾做了兩手準備，即在海陸配合攻取之外，

---

[304] 東亞同文會編：《對支回憶錄》下卷，《列傳》，1936年，第449～453頁。

第五節　威海衛基地保衛戰

還試圖用誘降的辦法，以達到消滅北洋艦隊的目的。在一次海軍作戰會議上，有的參謀官提出：「覆其根本，宜備敵國艦隊出擊及其遁逸，務不損我艦，不使敵艦沉沒。待及彈竭糧盡，士氣沮喪，以令丁提督降。」[305]伊東祐亨頗以為然，即開始策劃對丁汝昌實行誘降。他派參謀長鮫島員規大佐到金州城，向大山岩提出降丁的計畫。其後，伊東又親訪大山岩，商談誘降的實際辦法。決定命伊東的國際法顧問高橋作衛起草勸降書。幾天後，此勸降書由英國軍艦「塞班」號轉致丁汝昌。內稱：「夫大廈之將傾，固非一木所能支。苟見勢不可為，時不云利，即以全軍船艦投降與敵，而以國家興廢之端觀之，誠以些些小節，何足掛懷？僕於是乎指誓天日，敢請閣下暫遊日本。切願閣下蓄餘力，以待他日貴國中興之候，宣勞政績，以報國恩。閣下幸垂聽納焉。」[306]的確極盡勸誘之能事。丁汝昌閱書後，斷然拒之，說：「予絕不棄報國大義，今唯一死以盡臣職！」[307]日軍首領勸降這一手未能奏效，便決定使用另一手了。

　　1月18日，日艦第一游擊隊奉命炮擊登州，製造「聲東擊西」的假象，以牽制山東半島西部的清軍不至全趨東面。這天拂曉，「吉野」、「秋津洲」、「浪速」三艦從大連灣啟航，駛向登州。下午3點，日艦駛近登州海岸，以15公分口徑炮開始轟擊，砲彈落入城內，造成兩處起火。19日下午2點左右，再次炮擊。日艦既已完成牽制任務，遂合隊東駛。同一天，日艦本隊及其餘各游擊隊也從大連灣啟航。伊東祐亨命「八重山」、「愛宕」、「摩耶」三艦為先遣隊出發；第四游擊隊「筑紫」、「鳥海」、「大島」三艦，並加入「赤城」、「天城」二艦，共五艦繼後，以為掩護。正午時，第一批運兵船19艘和海軍運輸船6艘，在本隊及第二、第三游擊隊13艘

---

[305]　橋本海關：《清日戰爭實記》卷一二，第388頁。
[306]　Admiral Ito's Letter to the Late Admiral Ting. 原信見《日清戰爭實記》，第23編，第82～83頁。
[307]　〈福龍魚雷艇某軍官供詞〉。見《日清戰爭實記》，第20編，第9頁。

第六章　甲午中日海戰

軍艦的護航下由大連灣出港,駛向山東半島。

為掩護「山東作戰軍」在榮成灣登陸,日本海軍幾乎投入了全部力量,共呼叫了 25 艘軍艦。在這 25 艘軍艦中,本隊四艦和第一游擊隊四艦構成了日本海軍的主力。其次是第二游擊隊四艦。此四艦皆有十七八年的艦齡,型式也較陳舊。其中,「高雄」僅 1,000 多噸,「比睿」、「金剛」則皆係木殼,難任海上大戰;唯「扶桑」噸位較大,又是鐵甲巡洋艦,尚有一定的戰鬥力。至於第三游擊隊五艦,或為木結構,或為鐵骨木殼,且其噸位皆 1,000 多噸;先遣隊三艦和第四游擊隊五艦,大都是不足 1,000 噸的砲艦,聊且充數,以壯聲勢而已。可見,日本軍艦有 10 艘具有較強的戰鬥力,占其派出軍艦總數的 36%。當時,有人指出:日本軍艦「舊制漸朽廢不中用者十之七,新制堅利者十之三」[308]。「實則任戰之船不能十艘,餘多木質小船,猥以充數。」[309] 這種說法大致上是符合事實的。但是,由此低估日本海軍的實力,也反映了當時有很大一部分清朝官員始終存在著盲目輕敵觀念。

1 月 20 日拂曉前,日本「八重山」、「愛宕」、「摩耶」三艦先遣艦最先到達榮成灣。此日,雨雪霏霏,陸上白皚皚一片,很難辨認目標。「八重山」等 3 艘日艦各放下 1 艘舢板,載偵察兵 6 人和敢死隊員 33 人,另陸軍偵察隊 12 人,共 51 人,由海軍大尉大澤喜七郎指揮,向預定的登陸地點駛進。

日兵 10 多人上岸後,被清軍哨兵發現,「齊發小銃,銃丸如霰」[310],又用 4 門行營炮擊之。日兵急忙奔回船上,一面以火箭向本艦報警,一面駕船退駛。此時,第四游擊隊各艦亦駛進榮成灣。於是,「八重山」、「愛

---

[308]　袁昶:〈稟覆署府部德〉,《于湖文錄》,光緒二十五年排印本。
[309]　《中日戰爭》(叢刊一),第 70 頁。
[310]　橋本海關:《清日戰爭實記》卷一一,第 371 頁。

第五節　威海衛基地保衛戰

宕」、「摩耶」、「築紫」、「鳥海」、「大島」、「赤城」、「天城」八艦排成一字橫陣，向岸上猛烈排擊。清軍見勢難抵禦，便將行營炮棄置，倉皇西撤。此時，成山一帶已無清軍一兵一卒，但日軍還是不敢貿然上岸，又向岸上排轟了兩個多小時，才開始實行登陸。

到21日下午4點，日軍第一批部隊登陸完畢。同一天，第二批1艘運兵船到達，第二軍司令官陸軍大將大山岩乘橫濱丸同行。23日，第三批16艘運兵船到達。其戰鬥部隊皆於當天登陸。但輜重駁運費時，又花了兩天的時間。日軍的全部登陸活動共進行了5天，先後駁運34,600人（包括伕役）和3,800匹馬上岸。日軍登陸的當天，第二軍司令部人員即進入大西莊，並以此村為宿營地。大山岩住進漁商李雲鷺開設的萬順漁行，作為臨時指揮部；第二軍參謀長陸軍少將井上光及其他參謀人員，住進漁商王西園開設的德順漁行。[311]第二師團司令部陸軍中將佐久間左馬太及參謀長步兵大佐大久保利貞等，則在落鳳牆村以西約5里的馬家疃宿營。此時，日軍已經占領成山角的始皇廟和燈塔，解除了後顧之憂，於是便派前鋒繼續西進。下午7點，日軍步兵第四聯隊沒有遇到任何抵抗，便從東門進入了縣城。當夜，日軍第四聯隊便宿於榮成。第二天，大山岩率日軍第一批登陸部隊亦至榮成，並在城內設臨時司令部。因為他要等待第二、三兩批登陸部隊的到來，所以直到1月25日才下達了進兵威海衛的命令。

二　威海衛後路防禦全線崩潰

1月26日，日本第二軍分路向西進犯：第六師團為北路，轄步兵第十一旅團，稱右縱隊，其任務是由東路進逼威海南幫炮臺，擔任主攻；第

---

[311]　《李明堂口述》。按：李明堂，榮成縣成山臥龍村人，日軍登陸時年24歲。

第六章　甲午中日海戰

二師團為南路，轄步兵第三旅團和第四旅團，稱左縱隊，其任務是繞至威海南幫炮臺西側，切斷其退路，並與右縱隊形成夾擊之勢。

日軍自榮成西進後，其右縱隊於 29 日宿營於鮑家村，前鋒到達九家疃；左縱隊則宿於亭子夼村，前鋒占領溫泉湯。同一天，第二軍司令部移至孟家莊。至此，日軍已經逼近南幫炮臺，並構成了包圍的形勢。於是，大山岩決定於翌日對南幫炮臺發起總攻擊。

30 日凌晨 3 點，左右兩路縱隊皆從宿營地出發，向南幫炮臺進逼。與此同時，日本聯合艦隊也加以配合。在此以前，伊東祐亨即已下令：當陸軍進攻南幫炮臺時，「築紫」、「赤城」、「摩耶」、「愛宕」、「武藏」、「葛城」、「大和」、「鳥海」八艦向南幫炮臺、劉公島東泓炮臺及日島炮臺炮擊，以造聲勢。經過一場激戰，日軍占領了摩天嶺炮臺。

摩天嶺炮臺既陷，南幫諸臺皆先後失守，但戰鬥並未停息，反而開始了此日最激烈的炮戰。日軍在進攻威海之前，即計劃利用南幫海岸炮臺以攻擊清軍，並準備了修配這些巨炮的零件。據英國政府派來觀戰的砲兵司司長蒲雷（Bray）稱：「東人（指日人）亦預思得炮以攻船，故先調艦內水師攙入陸軍隊中，以備一得炮臺即用華炮以擊華兵。又早慮及華兵如不能守臺，必預將要件拆去一二，炮即無用，故從旅順帶炮前來，以備裝用。」[312] 日軍剛攻陷鹿角嘴炮臺時，海軍陸戰隊長豐島陽藏砲兵中佐即進入炮臺，他指揮砲兵裝配好第一、第三及第四諸號炮，然後利用這三門 24 公分口徑克魯伯炮，以榴彈射擊清軍目標。「清兵亦應之，『定遠』、『濟遠』、『來遠』三艦與劉公島東方二炮臺猛烈應射，聲震山岳，硝煙蔽空。『定遠』泊日島西方，『濟遠』自日島北方航行東西，『來遠』在日島炮臺正

---

[312]　〈英兵部蒲雷觀戰紀實〉，《中東戰紀本末三編》卷二，第 23 頁。見《中日戰爭》（叢刊續編六），第 78 頁。

第五節　威海衛基地保衛戰

面海中。『定遠』漸次航向西，共『來遠』以巨炮縱射。」不久，第一號炮即被砲彈擊傷，豐島命將其炮栓移用於第二號炮。又一顆砲彈擊中第二號炮，而此炮長8公尺多，炮身兩人合圍，竟然折斷，飛出10幾公尺。至下午3點半，「戰愈劇。清兵炮丸雨下，猛火轟然，彈皆墜地，爆裂四散，摧石壁樹木，勢頗慘然。左翼牆破壞，牆下交叉小銃皆盡損傷。日兵僅有大砲兩門，眾寡不敵，遂停擊。清兵亦休戰」[313]。

2日上午，日軍左右兩路縱隊會師於威海衛城：第六師團步兵第十三聯隊之一部，從東門進入城內；第二師團步兵第十七聯隊和步兵第十六聯隊第二大隊，從西門進入城內。然後，日軍又立即分兵進攻北幫炮臺，未費一槍一彈即將北幫炮臺占領。

這樣，在僅僅4天的時間內，威海衛的後路防禦便全線崩潰。除劉公島和日島外，威海衛全區皆淪於敵手。北洋艦隊只好以劉公島為依託，處境更為困難。

三　劉公島保衛戰

劉公島保衛戰前後共進行了13天，其整個過程可劃分為三個階段：

第一階段，從1月30日到2月3日，歷時5天。在此階段中，日本侵略軍的計畫是：一方面，以陸軍攻占威海衛城和南北兩岸炮臺，孤立劉公島；另方面，在陸軍的配合下，以海軍對威海港內的北洋艦隊發起海上進攻。

1月30日，在敵人水陸夾擊的情況下，丁汝昌將北洋艦隊分為兩隊：他本人親登「靖遠」艦，率「鎮南」、「鎮北」、「鎮西」、「鎮邊」諸艦支援南

---

[313]　橋本海關：《清日戰爭實紀》卷一一，第381頁。

第六章　甲午中日海戰

岸炮臺守軍；與此同時，命令其他各艦與劉公島、日島炮臺互相配合，專力守禦威海南北兩口，以防日本海軍偷襲。在北洋艦隊強而有力的支援下，威海南岸守軍英勇抗擊，重創瘋狂進犯的敵人。日本陸軍第二軍首先進攻南岸摩天嶺炮臺，丁汝昌下令發射排炮，給以支援。日軍左翼隊司令官陸軍少將大寺安純當即中炮斃命。同時，數艘日艦也在威海南口被擊中沉沒。日軍第一次海上進攻，不但沒得到什麼便宜，反而遭到很大損失，只好暫時停止攻擊。

但是，威海南岸炮臺守軍，終因兵力眾寡懸殊，被迫突圍西去，炮臺遂陷入日軍之手。隨後，日軍又占領了威海衛城和北岸炮臺。這樣，威海陸地全部淪陷，北洋艦隊遂失去後防，只有劉公島一座孤島勉可依恃。2月3日，伊東祐亨便下令發起第二次海上進攻，妄圖一舉殲滅北洋艦隊。日本海軍的部署是：由第一游擊隊警戒威海北口；第二、第三、第四游擊隊進行炮擊；本隊則在威海港外策應。接著，日本聯合艦隊全體出動，在陸上砲兵的配合下，夾擊港內的北洋艦隊。據日方記載：「是時，威海衛港附近各地均為日本占領，北洋艦隊所恃唯劉公島、日島諸島，港外則有優勢的日本艦隊封鎖，北洋艦隊已陷入重圍之中。而丁汝昌以下毫無屈色，努力防戰。」[314] 雙方炮戰非常激烈。下午1點，日艦「築紫」中彈，左舷穿透中甲板，艦體損壞。戰至下午2點半，日艦「葛城」也中炮受傷。炮戰終日，日艦始終不敢靠近威海港口，最後不得已而退走。

在此階段中，日軍以水陸夾擊為主要進攻方式，不但沒有奏效，反而遭到損傷。北洋艦隊士氣旺盛，重創數艘敵艦，挫敗了敵人的進攻計畫。

第二階段，從2月4日到7日，歷時4天。日本兩次海上進攻被擊退後，伊東祐亨知道單純採取進攻，是不會有多大效果的，於是決定輔以魚

---

[314] 日本海軍軍令部：《二十七八年海戰史》卷下，東京春陽堂，1905年，第11章，第199頁。

第五節　威海衛基地保衛戰

雷艇偷襲的辦法。

2月4日午夜，伊東祐亨派魚雷艇將威海南口攔壩切斷一缺口。5日凌晨1點，又派魚雷艇進港實行偷襲。進港的日本魚雷艇有兩個艇隊：第二艇隊由21號（司令艇）、8號、9號、14號、18號、19號艇組成；第三艇隊，由22號（司令艇）、5號、6號、10號4艇組成。敵人的計畫是：以第三艇隊為先鋒隊，先吸引北洋艦隊的注意力，以掩護第二艇隊偷襲；第二艇隊為突襲隊，利用夜幕可以隱蔽的條件，沿威海西海岸北行，潛至靠近北洋艦隊數百公尺處，伺機放雷。5日清晨1時半，月落天暗，日本第三艇隊先駛至北洋艦隊正面，由22號艇連續放魚雷兩尾。北洋艦隊各艦急相警惕，開炮鳴警。敵22號艇急忙掉頭南逃，誤觸暗礁，艇遂傾覆，艇上多人溺水。

北洋艦隊的「定遠」、「鎮遠」、「靖遠」、「來遠」、「濟遠」、「平遠」、「廣丙」6艘戰艦，正停泊在劉公島西南海面上，旗艦「定遠」的位置適在劉公島鐵碼頭的西側。此刻，丁汝昌在艦上正與諸將徹夜議事。當發現敵艇偷襲時，丁汝昌與管帶劉步蟾等急登甲板，以觀察敵艇的行動。這時各艦炮火齊鳴，但一物未見。為了查明敵艇所在，丁汝昌乃下令停止炮擊。及至硝煙散盡，始發現舷左正面約半海里的海面上，似有黑點，凝睛細察，為敵艇無疑，數共兩艘。其中1艘後來查明為敵第二艇隊的9號艇，已靠近距「定遠」300公尺處，並正將艇身向左方迴旋，似要施放魚雷。「定遠」急瞄準發炮，一彈命中，敵艇爆炸碎裂。孰料敵艇已將魚雷放出，幾秒鐘後，「定遠」艦底轟然一聲巨響，艦體隨之劇烈震動，海水突然從升降口噴出。為防止艦體沉入水中，劉步蟾當機立斷，急令砍斷錨鏈，將艦向南航駛，然後繞過鐵碼頭東行，至劉公島東南海岸淺灘處擱淺。這樣，才使「定遠」得不沉沒，仍可作「水炮臺」用，以繼續發揮其戰鬥作用。此後，

第六章　甲午中日海戰

丁汝昌便將督旗移至「鎮遠」。

5 日天明後，伊東祐亨獲悉「定遠」中雷，以為機會難得，便下令發動第三次進攻。日艦本隊及第一、第二、第三、第四游擊隊共 2 艘戰艦，環繞於威海南北兩口之外，施行猛烈炮擊。北洋艦隊與劉公島、日島各炮臺奮勇抵禦。日艦終難接近威海南北兩口，只好停止進攻，退向遠海。

6 日清晨 4 點，日本魚雷艇重演故技，由第一艇隊的 23 號（司令艇）、小鷹、13 號、11 號、7 號五艇再次進港偷襲。「來遠」首先中雷，艦身傾覆，艦底露出。另有練船「威遠」和差船「寶筏」，也都中雷，在鐵碼頭附近沉沒。

當天下午，日艦發動了第四次進攻。此次進攻時，日軍預先在威海北岸架設快炮，與海上配合，夾擊劉公島及港內的中國軍艦。北洋艦隊已有 4 艘中雷，尤其是其中「定遠」、「來遠」兩艦，或擱淺，或沉沒，的確是嚴重的損失。但眾多將士面對優勢敵人，仍然英勇抵禦，拚死搏戰。丁汝昌一面命「靖遠」、「濟遠」、「平遠」、「廣丙」四艦向北岸回擊，摧毀敵人的快炮；一面命其餘各艦與劉公島、日島炮臺配合，嚴密封鎖威海南北兩口。炮戰甚久，終將日艦擊退。

7 日清晨 7 點半，伊東祐亨下令發動第五次進攻。這是一次總攻擊令。伊東決心一舉攻下劉公島，以全殲北洋艦隊。日本旗艦「松島」在前，以 5,000 公尺的距離首先開炮。北洋艦隊與劉公島、日島炮臺密切配合，堅決抵禦。開戰不久，「松島」即被擊中前艦橋，打穿煙囪。戰至 8 點 20 分，其「橋立」、「嚴島」、「秋津洲」、「浪速」四艦也相繼中炮受傷。敵人氣焰頓挫。

不料此時，卻發生了北洋艦隊魚雷艇隊逃跑事件。原來，魚雷艇隊

第五節　威海衛基地保衛戰

管帶兼「左一」管帶王平、「福龍」管帶蔡廷幹等人，早就密謀逃跑。這天上午8點半，正當日艦已有多艘受傷、攻擊力大為減弱之際，魚雷艇「福龍」、「左一」、「左二」、「左三」、「右一」、「右二」、「右三」、「定一」、「定二」、「鎮一」、「鎮二」、「中甲」、「中乙」共13號，以及「飛霆」、「利順」兩船，非但不趁機襲敵，反從威海北口逸逃。這一情況的出現，使敵人感到非常突然。伊東開始以為，北洋艦隊擬進行最後決戰，先放出魚雷艇擾亂日本艦隊，以便乘虛突進，急忙下令各艦防衛。但是，一會便發現，這些魚雷艇從威海北口出來後，竟沿著海岸向西遁逃。於是，伊東命令速力最大的第一游擊隊從後追擊。結果，這些魚雷艇不是被擊沉，就是被俘獲。魚雷艇隊的逃跑，使北洋艦隊的處境愈趨危殆，但丁汝昌指揮諸艦與劉公島各炮臺配合，依然奮勇抗擊，絕不退縮。炮戰中，又將日艦「扶桑」擊中，殺傷多人。伊東見硬攻仍難取勝，反被擊傷多艘艦隻，只好下令停止攻擊。

在此階段中，日本魚雷艇隊兩次偷襲，使北洋艦隊遭到嚴重損失，力量大為減弱。同時，中國魚雷艇隊的逃跑，打亂了北洋艦隊的防禦部署，更造成很大的危害。儘管如此，北洋艦隊仍能以弱敵強，擊退日艦的三次進攻，並傷其多艘艦隻，取得一定的戰果，這也的確是來之匪易的。

第三階段，從2月8日至11日，歷時4天。日本侵略軍首領見硬攻不下，誘降不成，便決定採用圍困的辦法，以消耗北洋艦隊的力量，促使其內部發生變化。

此後，日軍每天水陸兩路輪番轟擊劉公島及港內的北洋艦隊。2月8日，劉公島上的水師學堂、機器廠、煤廠及民房皆遭毀傷。此時，威海港內僅餘戰艦「鎮遠」、「靖遠」、「濟遠」、「平遠」、「廣丙」5艘，雖竭力還擊，終究寡不敵眾。炮戰中，「靖遠」中彈甚多，傷亡40多人。丁汝昌感到情

第六章　甲午中日海戰

況危急，單憑劉公島一座孤島勢難久守，唯一的希望是陸上有援軍開來。他相信，只要陸上有援軍開來，陸海兩軍配合作戰，則劉公島之圍立即可解。因此，他特派一名可靠的水手懷密信鳧水到威海北岸，潛去煙臺向登萊青道劉含芳求援。

9日天明後，日軍發動了第六次海上進攻。其大小艦艇40多艘全部到威海南口外排列，以戰艦在前開炮，勢將衝入南口。同時，又用威海南北兩岸炮臺實行夾擊。丁汝昌親登「靖遠」駛近南口，與敵拚戰。在激烈的海戰中，日艦兩艘被擊傷。但戰至中午時，「靖遠」中炮擱淺，丁汝昌和管帶葉祖珪僅以身免。北洋艦隊力量更加削弱。

10日清晨4點，忽降大雪。日本魚雷艇4艘乘雪偷進威海北口，被北洋艦隊發覺，用小炮擊退。天明後，日軍又水陸夾擊，炮火更為猛烈。上午10點前後，日軍發動了第七次海上進攻，以戰艦10多艘猛衝威海南口。北洋艦隊和劉公島炮臺用炮火攔截，擊傷日艦兩艘。伊東只好下令撤退。

在此階段中，北洋艦隊愛國將士不顧處境危殆，在敵我力量絕對懸殊的情況下依然奮勇搏戰，連續擊退了日軍的多次進攻。至此，威海港內僅存戰艦「鎮遠」、「濟遠」、「平遠」、「廣丙」4艘，炮艦「鎮東」、「鎮西」、「鎮南」、「鎮北」、「鎮中」、「鎮邊」6艘，練艦「康濟」1艘，共11艘。其中，只有「鎮遠」、「濟遠」戰鬥力較強。同時，一系列的困難接踵而至，如「藥彈將罄」、「糧食亦缺乏」等等[315]。尤其是人心不穩，士氣大挫，使丁汝昌面臨山窮水盡的絕境。

---

[315]　《中日戰爭》（叢刊一），第71、272頁。

第五節　威海衛基地保衛戰

四　北洋艦隊的覆沒

連日交戰，使劉公島和北洋艦隊遭到巨大的損失。尤其是2月5日魚雷艇隊之逃，更引起水陸兵心浮動，秩序一時為之混亂。

8日，劉公島上的混亂局面仍在繼續。成群的兵勇向丁汝昌「哀求生路」，丁「曉以大義，勉慰固守」。宣告：「若十七日（公曆2月11日）救兵不至，屆時自有生路。」[316] 經過丁汝昌的一番撫慰，士兵才都回到了職位。是夜，洋員英人泰萊、德人瑞乃爾訪威海營務處提調牛昶昞和山東候補道嚴道洪，共同「商量辦法」。其結果是由泰萊（Taylor）、瑞乃爾（Reinall）二人出面，向丁汝昌勸降。翌晨2點，往見丁汝昌。瑞乃爾通華語，由他陳述所商量的意見。他首先說明眼前處境之困難，然後高聲陳詞：「可戰則戰；否則，若士兵不願戰，則降不失為適當之步驟。」丁汝昌答稱：「投降為不可能之事。」但又說：「余當自盡，以使此事得行，而全眾人之命。」[317]

丁汝昌既向兵士們講明堅守至11日，因此他盼望援兵的心情最為焦急。7日，他與牛昶昞、張文宣聯名寫信給登萊青道劉含芳說：「昌等現唯力籌死守，糧食雖可敷衍一月，唯子藥不充，斷難持久。求速將以上情形飛電各帥，切懇速飭各路援兵，星夜前來解此危困，以救水陸百姓十萬人生命，匪特昌等感大德矣。」[318] 9日，他又派營弁夏景春偷渡威海，從旱路潛往煙臺，帶函給劉含芳，告以：「十六七日援軍不到，則船、島萬難保全。」[319] 請劉轉一函給奉命馳援的徐州鎮總兵陳鳳樓，內稱：「此間被

---

[316]　《清光緒朝中日交涉史料》(2808)，卷三五，第27頁。
[317]　W. F. Tyler, Pulling Strings in China, P.79.
[318]　《清光緒朝中日交涉史料》(2482)，卷三一，第16頁。
[319]　《清光緒朝中日交涉史料》(2550)，卷三二，第14頁。

第六章　甲午中日海戰

困，望貴軍極切，如能趕於十七日到威，則船、島尚可保全。日來水陸軍心大亂，遲到，弟恐難相見，乞速援救。」[320] 但是，陳鳳樓馬隊有3營剛到濰縣，又被李鴻章奏請調往天津。電催札飭，急如星火，也無濟於事。直到劉公島陷落之時，援軍尚距威海甚遠。丁汝昌的盼援終於落空了。

由於援軍不至，劉公島的形勢更趨惡化。為了不使受傷的鉅艦落入敵手，丁汝昌於2月9日派「廣丙」用魚雷炸沉已經擱淺的「靖遠」艦；並在「定遠」艦的中央要部裝上棉火藥，將其炸毀。10日，劉步蟾在極度悲憤中自殺。11日，即丁汝昌所許期限的最後一天。當晚，丁汝昌接到劉含芳派人送來的一份李鴻章電報，其內容是：「水師苦戰無援，晝夜焦繫。前擬覓人往探，有回報否？如能通密信，令丁和馬格祿等帶船乘黑夜衝出，向南往吳淞，但可保鐵艦，餘船或損或沉，不至齎盜，正合上意，必不至干咎。望速圖之！」[321] 此電分三路送，這才送到丁汝昌手裡。丁接到催令衝出的電報，始知援兵無期。「奈口外倭艦雷艇布滿，而各艦皆受重傷，子藥將盡，無法衝出。水陸兵勇又以到期相求，進退維谷。」他幾次派人將「鎮遠」用雷轟沉，但無人動手。到夜間，又有「水陸兵民萬餘人哀求活命」。他「見事無轉機」，決定實踐自己的諾言，以「一身報國」[322]。嘆曰：「與艦偕亡，臣之職也。」召牛昶昞至，對他說：「吾誓以身殉，救此島民爾！可速將提督印截角作廢！」[323] 牛佯諾之。丁汝昌遂飲鴉片，延至12日早晨7點多而死。

於是，洋員及諸將齊集牛昶昞家議降，公推護理左翼總兵署「鎮遠」

---

[320] 戚其章輯校：《李秉衡集》，齊魯書社，1993年，第665～666頁。
[321] 《李文忠公全集》電稿，卷二〇，第12頁。
[322] 《清光緒朝中日交涉史料》（2808），卷三五，第27頁。
[323] 陳詩：〈丁汝昌傳〉，《廬江文獻初編》。又見《甲午英烈》，山東大學出版社，1994年，第223頁。

第五節　威海衛基地保衛戰

管帶楊用霖出面主持投降事宜。楊當即嚴詞拒絕，思追隨於劉、丁之後，因口誦文天祥「人生自古誰無死？留取丹心照汗青」的詩句，回到艦艙，引槍銜口，發彈自擊。劉公島護軍統領總兵張文宣也同時自盡。最後，洋員美人浩威（Robert Hart）倡議假丁汝昌名義以降，並親自起草降書。諸將及各洋員無持異議者。即譯作中文，由牛昶昞鈐以北洋海軍提督印。其書略謂：「本軍門始意決戰至船沒人盡而後已，今因欲保全生靈，願停戰事，將在島現有之船及劉公島並炮臺、軍械獻與貴國，只求勿傷害水陸中西官員兵勇民人等命，並許其出島歸鄉，是所切望。」[324] 決定派「廣丙」艦管帶程璧光於當日上午送致日本聯合艦隊旗艦。

14 日下午 3 點半，牛昶昞、程璧光齊至「松島」艦，交出中國將弁、洋員名冊及陸軍編制表，並告以擔任武器、炮臺、艦船委員姓名。

隨後，牛昶昞與伊東祐亨共同簽訂《威海降約》，其內容為十一項：

一、中西水陸文武各官，須開明職銜姓氏，西人須開明國名姓名；其文案書識及兵勇人等，但須開一總數，以便分別遣還中國。

二、中西水陸文武官員，須各立誓，現時不再預聞戰事。

三、劉公島一切器械應聚集一處，另開清折，註明何物在何處。島中兵士，由「珠島」日兵護送登岸；威海各東兵，自二月十四日（西曆）五下鐘起，至十五日午正止，陸續遣歸。

四、請牛道臺代承交付兵艦、炮臺之任，唯須於十五日正午以前，將艦中軍器、臺上炮位開一清帳，交入日艦，不可遺漏一件。

五、中國中西水陸各官弁，許於十五日正午以後，乘「康濟」輪船，照第十款所載，開返華界。

---

[324]　《中日戰爭》（叢刊一），第 197 頁。

第六章　甲午中日海戰

六、中西各官之私物，凡可以移動者，悉許隨帶以去；唯軍器則不論公私，必須交出，或日官欲加以搜查，亦無不可。

七、向居劉公島華人，須勸令安分營生，不必畏懼逃竄。

八、日官之應登劉公島收取各物者，自十六日九點鐘為始，若伊東提督欲求其速，可先令兵船入灣內等待。現時中西各官仍可安居本船，俟至十六日九點鐘為止，一律遷出；其在船之水師水手人等，願由威海遵陸而歸，可聽其便；其送出之期，則與各兵一律從十五日正午為始。

九、凡有老稚婦女之流，欲離劉公島者，可自乘中國海船，從十五日正午以後，任便遷去；但日本水師官弁可在口門內稽查。

十、丁軍門等各官靈柩，可從十六日正午為始，或遲至廿三日正午以前，任便登「康濟」兵船離島而去。伊東提督又許「康濟」不在收降之列，即由牛道臺代用，以供北洋海軍及威海陸路各官乘坐回華。此緣深敬丁軍門盡忠報國起見。唯此船未離劉公島之前，日本水師官可來拆卸改換，以別於炮船之式。

十一、此約既定，戰事即屬已畢；唯陸路若欲再戰，日艦必仍開炮，此約即作廢紙。[325]

17日上午8點30分，日本聯合艦隊以「松島」艦為首艦，徐徐駛入威海衛港。「鎮遠」、「濟遠」、「平遠」、「廣丙」、「鎮東」、「鎮西」、「鎮南」、「鎮北」、「鎮中」、「鎮邊」十艦，皆降下中國旗，而易以日本旗。盛極一時的北洋艦隊，才剛剛成軍6個年頭，就這樣全軍覆沒了。

---

[325]　《中日戰爭》（叢刊一），第 199～200 頁。

第五節　威海衛基地保衛戰

五　威海之役海軍失敗的原因

　　威海之役海軍失敗的主要原因何在？這是長期以來人們所關注的問題。通常論者皆歸咎於北洋艦隊株守威海衛港內。實際上，問題並不是這樣簡單。北洋艦隊失敗的原因非常複雜，應該找出它的最直接的原因。

　　經過黃海海戰，北洋艦隊的實力已大為削弱，可戰之艦隻剩下「定遠」、「鎮遠」、「靖遠」、「來遠」、「濟遠」5艘。其中，「來遠」受傷最重，駛入旅順船塢修理，到旅順吃緊時才修好一半；因怕被敵艦堵在口內，不得不駛往威海。11月14日，北洋艦隊從旅順返航威海，各艦魚貫駛進北口時，「鎮遠」被礁石擦傷多處，傷勢嚴重。即從上海請來外國技師趕修，連修一個多月，始勉強補塞，但已不能出海任戰。從當時的實際情況看，以北洋艦隊餘艦守口當無大問題；若貿然出海擊敵，則適中敵人的計謀。

　　其實，日本方面早就做好了對付北洋艦隊出海的準備，其所制定的〈聯合艦隊作戰大方略〉即稱：「若敵艦駛出威海衛港，應巧妙地將其誘至外海，我主力戰艦（聯合艦隊本隊、第一游擊隊及第二游擊隊）實行適當的運動，準備戰鬥。築紫艦及另七艦（赤城、摩耶、愛宕、武藏、葛城、大和、鳥海）則組織陸戰隊，伺機登陸，占領劉公島。」[326] 可見，如果北洋艦隊真的「出口決戰」或衝過成山角以「斷敵退路」，將會遭到數倍於己之敵艦的包圍，這無異於孤注一擲，必定大失其利，甚至有很大的可能提前歸於覆滅。[327]

　　根據敵我的力量對比，丁汝昌提出了「艦臺依輔」之策。他致電李鴻章說：「倭若渡兵上岸，來犯威防，必有大隊兵船、雷艇牽制口外。……

---

[326]　《日清戰爭實紀》，第23編，第84頁。
[327]　參見戚其章：《甲午戰爭史》，第387頁。

第六章　甲午中日海戰

再三籌劃：若遠出接戰，我力太單，彼船艇快而多，顧此失彼，即傷敵數船，倘彼以大隊急駛，封阻威口，則我船在外，進退無路，不免全失，威口亦危；若在口內株守，如兩岸炮臺有失，我船亦束手待斃，均未妥慎。竊謂水師力強，無難遠近迎剿；今則戰艦無多，唯有依輔炮臺，以收夾擊之效。」並提出：「全恃後路游擊有兵，以防抄襲，方能鞏固。」由此可見，丁汝昌不僅反對冒險出擊，也反對株守港口，而主張「艦臺依輔」、「以收夾擊之效」。李鴻章認為此辦法「似尚周到」[328]。清廷也批准這一方案。

丁汝昌所提出的「艦臺依輔」辦法，對海上的防禦較為有利，但能否最終守住，還要依賴後路防禦的鞏固。他相信只要後路確有保障，則威海必可固守，鐵艦也會萬無一失。他所最擔心的事情，後來果然出現了。北洋艦隊之最後覆沒，問題主要出在後路防禦上。

對於加強威海後路防禦的問題，山東巡撫李秉衡和丁汝昌的意見大致相同。當時，煙臺守將漢中鎮總兵孫金彪提出：「威海既為水師根本，艦攻不利，或以陸隊潛渡汊港，從後抄襲，則我全臺俱難為力，非得大支援兵扼要屯紮，誠慮百密不免一疏。」[329]李秉衡頗表贊同，也認為「敵圖威海，必先由後路登岸」[330]。因此，奏請設立大支游擊之師，強調指出：「合觀全勢，非另有大支游擊之師，不足以資策應。」[331]設立大支游擊之師，應該說是具有重要戰略意義的。然而，此舉卻受到種種干擾，未能順利地實施。

因為在對日戰爭的策略指導上，清政府始終有一種重京畿、遼瀋而輕山東的觀念，不僅不設法加強威海的後路防禦，反而接連地從山東抽調部

---

[328]　《清光緒朝中日交涉史料》(2281)，卷二八，第 25 頁。
[329]　《盛檔·甲午中日戰爭》(下)，第 160 頁。
[330]　《李秉衡集》，第 553 頁。
[331]　《李秉衡集》，第 159 頁。

第五節　威海衛基地保衛戰

隊北上。到日軍登陸龍鬚島時為止，清軍在煙臺以東僅 4 營，散紮於 300 里之遙的地段上，根本未能組成大支游擊之軍。所以，當日本第二軍從榮成西犯時，清軍在每次戰鬥中都處於絕對的劣勢，欲其不敗是不可能的。

由於威海陸路全失而得不到解救，帶來了以下惡果：其一，陸上炮臺、尤其是南幫炮臺之陷，使日軍得以用各臺大砲猛擊劉公島和港內艦隻，並擊沉了「靖遠」，造成很大的危害。其二，日軍控制了陸上，才有可能破壞防口攔壩，派魚雷艇進港偷襲，炸沉了旗艦「定遠」和「來遠」，使北洋艦隊完全喪失出海作戰的能力。其三，日軍利用威海南岸三臺的猛烈炮火，與威海口外的日艦實行夾擊，將日島炮臺擊毀，從此便專攻劉公島，使北洋艦隊之殘艦面對敵人的猛烈炮火，再無迴旋之餘地。可見，未能確保威海後路，所帶來的後果是多麼嚴重！

丁汝昌在自盡的前幾天，曾派人送信給劉含芳說：「倭連日以水陸夾攻……水師二十餘艘，加以南岸三臺之炮，內外夾攻我船及島。敵施砲彈如雨，極其凶猛。我軍各艦及劉公島各炮臺，受敵彈擊傷者尚少，被南岸各臺擊傷者甚重，官弁兵勇且多傷亡。是日，島之炮臺及藥庫均被南岸各臺擊毀，兵勇傷亡亦多，無法再守，只得飭餘勇撤回。……（南岸各臺）竟以資敵，反擊船、島，貽害不淺，此船、島所以不能久撐也。南、北各岸，極其寥落，現均為敵踞，且沿岸添設快炮，故敵艇得以偷入。我軍有所舉動，敵於對岸均能見及，實防不勝防。」[332] 陸上巨炮資敵，不僅使島、艦難以久撐，而且為敵艇偷襲製造了條件，因而他將此歸結為劉公島保衛戰失敗的主要原因。丁汝昌以其親身的感受，總結沉痛的教訓，應該說是符合實際的。

威海之役海軍失敗的原因是多方面的，可以列舉出許多項，但其最直

---

[332]　《清光緒朝中日交涉史料》(2550)，卷三二，第 14 頁。

第六章　甲午中日海戰

接的原因卻在於後路全失。北洋艦隊之餘艦，儘管努力抵抗敵人的水陸夾擊，而以孤懸之劉公島為憑依，是不可能持久的。

第六節　從海軍策略檢討北洋海軍的結局

　　海軍策略的理論核心，是制海權問題。在很長的時間內，中國人對奪取海上控制權的重要意義，是缺乏深刻理解的。早在鴉片戰爭時期，林則徐等人已經意識到「洋面水戰」為西洋「長技」。可是，「議軍務者，皆曰不可攻其所長，故不與水戰，專守於陸」[333]。到 19 世紀中期，尤其是西元 1874 年日軍侵略臺灣事件發生後，海防問題更引起朝野的普遍重視。當時，總理衙門有切籌海防之奏請，清廷發給沿江沿海督撫將軍詳細籌議。在他們的復奏中，觀點歧異之處甚多，甚至針鋒相對，而有一點是相同的，即都主張水陸之防不可偏廢。如兩江總督李宗羲乃陸防論者，雖主「尤宜急練陸兵之法」，但認為「仍以水陸兼練為主」。[334] 李鴻章是海防論者的代表人物，在這次籌議海防的復奏中，他提出三項建議：其一，「若外洋本為敵國，專以兵力強弱角勝，彼之軍械強於我，技藝精於我，即暫勝必終敗。敵從海道內犯，自須亟練水師。唯各國皆係島夷，以水為家，船炮精練已久，非中國水師所能驟及。中土陸多於水，仍以陸軍為立國根基」。其二，「自奉天至廣東，沿海袤延萬里，口岸林立，若必處處宿以重兵，所費浩繁，力既不給，勢必大潰。唯有分別緩急，擇優為緊要之處。如直隸之大沽、北塘、山海關一帶，係京畿門戶，是為最要；江蘇吳淞至江陰一帶，係長江門戶，是為次要。蓋京畿為天下根本，長江為財賦

---

[333]　楊國楨編：《林則徐書簡》（增訂本），福建人民出版社，1985 年。
[334]　《籌辦夷務始末》（同治朝）卷一〇〇，故宮博物院影印版，第 2～3 頁。

第六節　從海軍策略檢討北洋海軍的結局

奧區，但能守此最要次要地方，其餘各省海口邊境略為布置，即有挫失，於大局尚無甚礙」。其三，「北東南三洋須各有鐵甲大船二號，北洋宜分駐煙臺、旅順口一帶；東洋宜分駐長江外口；南洋宜分駐廈門、虎門，皆水深數丈，可以停泊一處，有事六船聯繫，專為洋面游擊之師，而以餘船附麗之，聲勢較壯」。「如兵船與陸軍多而且精，隨時游擊，可以防敵兵沿海登岸。是外洋水師鐵甲船與守口大砲鐵船，皆斷不可少之物矣。」[335] 李鴻章主張置備外洋水師鐵甲船，以「為洋面游擊之師」，比「專守於陸」自是很大的進步，但他所設想的海軍策略，只是建立在「守」字之上，用他自己的話來說，「我之造船本無馳騁域外之意，不過以守疆土保和局而已」[336]，即專「防敵兵沿海登岸」，實際上仍未跳出純海岸守口主義的窠臼。

在近代中國，最早主張海軍須改守勢而採取攻勢運動者，是剛從國外學習歸來的兩位海軍留學生。西元 1879 年秋，劉步蟾、林泰曾上〈西洋兵船炮臺操法大略〉條陳，提出：「求最上之策，非擁鐵甲等船自成數軍，決勝海上，不足臻以戰為守之妙。」劉、林的條陳在當時產生了很大影響，也使李鴻章的海軍策略觀念向前進了一大步。李鴻章屢次致函總理衙門，力請趕購鐵甲等船，庶幾「進可戰，退可守」。並稱：「正值海防吃緊之際，倘仍議而未成，歷年空言，竟成畫餅，不特為外人竊笑，且機會一失，中國永無購鐵甲之日，即永無自強之日。竊為執政惜之！」[337] 當時，向國外議購船隻，那些「利於守而不利於戰」或「不能出洋交戰」[338] 之船，開始不再受到歡迎。甲午戰爭爆發後，連文廷式這樣的文官也認為：

---

[335]　《李文忠公全集》奏稿，卷二四，第 13、16～18 頁。
[336]　《李文忠公全集》奏稿，卷一九，第 47～48 頁。
[337]　《李文忠公全集》譯署函稿，卷一〇，第 7、20、25 頁。
[338]　《李文忠公全集》譯署函稿，卷一〇，第 24 頁。

第六章　甲午中日海戰

「洋人用兵，凡兩國戰事，隔海者以先得海面為勝。」、「先得海面」者，奪取制海權之謂也。故指斥「藉口防守，使海軍逍遙無事」為「失機」，主張「嚴飭海軍選擇勇將，令在洋面與倭決戰」。[339] 這說明當時一些清朝官員已比較注意制海權問題，突破了消極防禦的海岸守口主義。

但是，傳統的觀念具有驚人的頑固性和反覆性。北洋海軍正式成軍之後，提督丁汝昌以下多主張海上作戰須採取攻勢。西元1889年和1890年之交，丁汝昌曾在朝鮮全羅道西南角的長直路一帶進行過探測，考慮到一旦中日間發生戰爭即可以此處為艦隊之根據地。1894年甲午戰爭爆發前夕，丁汝昌致電李鴻章：「各艦齊作整備，俟陸兵大隊調齊，電到即率直往，併力拚戰，決一雌雄。」[340] 日本在豐島襲擊中國軍艦後，左翼總兵「鎮遠」管帶林泰曾又力「主執攻擊論，將以清國全艦隊遏止仁川港，進與日本艦隊決勝負」[341]。但李鴻章皆未予採納。消極的「保船」觀念成為海軍作戰的指導方針。在此情況下，根本談不上奪取制海權了。

日本自明治維新以後，雖在大力發展海軍，但海權觀念卻比較薄弱。在挑起甲午戰爭之前，日本參謀本部對掌握制海權的重要意義也是理解不足。當時，以參謀次長川上操六中將為代表的「陸軍萬能」論者認為：「果遇戰爭，但有陸軍，已足言哉。」至於海軍的作用及掌握制海權的必要性，則未被注意。最先提出海權問題的是海軍省主事山本權兵衛大佐。他在一次列席內閣會議時，曾針對川上操六等人的「陸軍萬能」論，提出反駁說：「大凡偏處海國，或領有海疆之邦……其無能掌握海權者，斯不克制敵以操勝算，此古今東西莫易之義。」進一步建議：「現下時局如此，我

---

[339] 《中日戰爭》（叢刊三），第105頁。
[340] 《李文忠公全集》電稿，卷一五，第56頁。
[341] 橋本海關：《清日戰爭實紀》卷七，第245頁。

第六節　從海軍策略檢討北洋海軍的結局

海軍所應取之方略，宜先謀前進根據地之設施；基於此項根據地，按諸敵海軍游弋面，擴大我海軍活躍範圍，迫近敵國要地而占據之，加以防禦及其他必需之設備。夫如是，我根據地既固，足以對敵，然後始可出動陸軍，著手運輸，借期兵站聯繫之安全，陸上作戰之推進。」[342]

山本權兵衛的意見受到日本軍事首腦的高度重視。於是，參謀本部即根據山本的意見制定了海陸統籌兼顧的全面的作戰計畫，即所謂「作戰大方針」。其內容包括：第一，如海戰大勝，掌握了黃海制海權，陸軍則長驅直入北京；第二，如海戰勝負未決，陸軍則固守平壤，艦隊維護朝鮮海峽的制海權，從事陸軍增遣隊的運輸工作；第三，如艦隊受挫，制海權歸於中國，陸軍則全部撤離朝鮮，海軍守衛沿海。[343] 以爭取實現第一項為基本策略方針。

戰爭尚未開打，而僅從海軍策略的制定來看，勝負似乎已見分曉了。

西元 1894 年 7 月 25 日爆發的豐島海戰，是日本海軍為實施「作戰大方針」而對中國海軍的一次突然襲擊。這只是一次小海戰。由於從此中國海軍自動放棄了制海權，因此制海權便自然而然地落到日本的手裡。

其實，對中國海軍來說，並不是毫無戰勝日本海軍的可能性。首先，從整體上看，中國海軍占有一定的優勢。若能將中國的北洋、南洋、福建、廣東四支艦隊集中，進行統一編隊，中國海軍即具有較強的攻擊力量，有利於掌握制海權。日本大本營在制定作戰方針時，即「鑒於清國四水師不僅艦艇只數及噸位均凌駕於我海軍，而且北洋水師實際擁有優於我軍的堅強艦隻」，所以頗有「勝敗之數難以預料」的顧慮。在清朝官員中，不是沒有人看到這一點。早在 6 月間，駐朝總理商務事宜的袁世凱即提

---

[342] 〈山本權兵衛筆記〉。見《海事》第 9 卷，第 6 期，第 50～51 頁。
[343] 藤村道生：《日清戰爭》，第 78 頁。

第六章　甲午中日海戰

出：對日本「難與舌爭」、「似應先調南北水師迅來嚴備」。[344] 駐英公使龔照瑗進一步向李鴻章建議：「若有戰事，必先在海面。我勝則不患倭不退，否則運兵餉必阻截。如真開戰，度倭力勢不能遍擾南洋海口，乘戰事未定，將南洋得力各兵輪酌調北聽差，以壯聲勢。」如果當時清廷執政大臣採取以上策略的話，那麼，北洋不僅守口有餘，且可編為數隊，近則游弋黃海，遠則徑窺日本海口，進控朝鮮的西海岸，完全掌握黃海的制海權，這對日本的侵略計畫來說，必定是一個嚴重的打擊。然而，李鴻章卻認為：「南省兵輪不中用，豈能嚇倭？」[345] 樞府諸臣更是昧於外情，完全不了解日本的戰略方針及主攻方向，不但下令調撥南洋數船分防臺灣，而且還想從北洋抽調軍艦赴臺防守。在這種情況下，北洋只能以「一隅之力，搏倭人全國之師」[346] 了。

其次，只要採取正確的策略方針，靠北洋艦隊本身的力量，也不是不能克敵致勝。對於北洋艦隊來說，在稍處劣勢的情況下，正確的做法是如果採取積極防禦與伺機進攻並重的方針，以中國軍隊控制的朝鮮半島西海岸和渤海出海口基地為依託，及時捕捉戰機，沉重打擊敵艦隊，從而獲得黃海制海權，是有成功的希望。但是，從戰前看，李鴻章即傾向於守勢，甚至盲目自信：「就現有鐵快各船，助以蚊雷船艇，與炮臺相依輔，似渤海門戶堅固，敵尚未敢輕窺。」[347] 及至日本挑起戰爭後，他也並未改變這一方針。豐島海戰的第二天，丁汝昌曾率十艦由威海到朝鮮近海追擊敵艦，但只到白翎島停泊幾個小時，又在漢江口外巡遊一遍就返航了。丁汝昌為此受到各方的攻擊，此皆由於不了解個中底細之故。原來，李

---

[344] 《李文忠公全集》電稿，卷一五，第 45 頁。
[345] 〈節錄龔大臣中英法往來官電〉，《中日戰爭》(叢刊續編六)，第 565、568 頁。
[346] 《李文忠公全集》奏稿，卷七八，第 62 頁。
[347] 《清光緒朝中日交涉史料》(1071)，卷一四，第 5 頁。

第六節　從海軍策略檢討北洋海軍的結局

鴻章很不放心艦隊出洋作戰，因為他認為「北洋千里全資封鎖，實未敢輕於一擲」[348]。他僅是把海軍看成是一種威懾力量，只期「作猛虎在山之勢」[349]，即使游弋渤海內外，也「不過擺架子耳」[350]。他始終認為：「海軍力量，以之攻人則不足，以之自守尚有餘。」因此，制定了「保船制敵」之策。[351] 丁汝昌率艦出海前，李鴻章特地告誡他說：「須相機進退，能保全堅船為妥，仍盼速回。」[352] 丁汝昌雖心中「憤慨無似」[353]，但不敢違抗命令。從戰爭一開始，北洋艦隊就採取「保船制敵」的錯誤方針，怎麼能克敵致勝？

複次，在戰爭初期，對中國方面來說，是有好多次採取攻勢的機會。事實上，7月25日豐島海戰發生後的半個月內，從軍事上看，日本一方面還沒有在朝鮮站穩腳步，而往朝鮮運兵又需要海軍護衛，所以不希望雙方艦隊及早決戰；另一方面，由於不完全了解北洋艦隊的意圖，故暫時不敢從仁川運兵登岸，而將艦隊的臨時錨地設在朝鮮西海岸的南端，以便於進退。所以，從各方面的條件看，北洋艦隊在此時採取攻勢都是有利的，而且有多種切實可行的方案。例如：（一）在7月28日以前，北洋艦隊出動，護運五六營陸軍從牙山登陸，以增援葉志超軍，有可能避免成歡之敗；（二）在8月5日以前，趁大島混成旅團尚未回師、漢城空虛之機，北洋艦隊全力進扼仁川港，並護運10多營勁旅登岸，突襲漢城，當唾手可得；（三）即使在大島混成旅團旋師之後，仍可採用此策，並令進入平壤的四大軍同時兼程南進，南北兩路進擊漢城，朝鮮戰局必將因之改觀；（四）

---

[348]　《清光緒朝中日交涉史料》(1314)，卷一六，第11頁。
[349]　《清光緒朝中日交涉史料》(1512)，卷一八，第28頁。
[350]　《李文忠公全集》電稿，卷一六，第2頁。
[351]　《清光緒朝中日交涉史料》(1512)，卷一八，第28頁。
[352]　《李文忠公全集》電稿，卷一六，第31頁。
[353]　〈馬吉芬黃海海戰述評〉。見《海事》第10卷，第3期，第33頁。

第六章　甲午中日海戰

北洋艦隊在此期間可以全隊進入江華灣，因日本聯合艦隊在此處僅有少數艦隻往來，且其中多是弱艦，對其發動突然襲擊，必可沉其數艦，沉重打擊敵人。由此可見，豐島海戰後的半個月內，正是北洋海軍採取攻勢的大好時機，而且有幾次有利的戰機，卻都一一錯過了，終於鑄成永世難以挽回的大錯。

與中國方面相反，日本大本營在作出對中國開戰的決定的同時，即以採取攻勢運動為海軍的基本策略方針。為貫徹這一方針，明治天皇免去「主張艦隊取守勢運動」[354]的海軍軍令部部長中牟田倉之助的職務，而頒發特別指令，將預備役海軍中將、著名的主戰論者樺山資紀恢復現職。樺山蒞職後，著重抓了三項工作。

其一，整備日本艦隊。樺山資紀上任後，將包括非役艦的主要戰艦都編入常備艦隊，又將警備艦隊改為西海艦隊。同時，為了艦隊的統一指揮，將常備艦隊與西海艦隊合編為聯合艦隊，任命海軍中將伊東祐亨為聯合艦隊司令官。戰爭爆發後，為了適應採取攻勢運動的需求，將聯合艦隊再次進行改編，共轄本隊和三個游擊隊。

其二，謀取前進根據地。在編成聯合艦隊的當天，日本大本營向伊東祐亨發出如下命令：「貴司令官當率領聯合艦隊，控制朝鮮西岸海面，在豐島或安眠島附近的方便地區，占領臨時根據地。」[355]這既是為了掌握朝鮮西岸海面的制海權，也是為了謀求艦隊前進的根據地。

豐島海戰後，聯合艦隊先是以所安島為臨時根據地，不久又北移至全羅道西海岸10幾海里的隔音島。到8月12日，因北洋艦隊已不到仁川近

---

[354]　外山三郎：〈黃海海戰和日本海海戰〉，《軍事研究》1977年第7期（東京，1977年7月），第57頁。

[355]　藤村道生：《日清戰爭》，第79頁。

第六節　從海軍策略檢討北洋海軍的結局

海，聯合艦隊遂又決定北移，以距全羅道海岸馬島鎮不遠的古今島為臨時根據地。同時，以淺水灣為聯合艦隊的集合點。平壤戰役發生的前數日，樺山資紀命伊東祐亨做好與北洋艦隊進行決戰的準備。

伊東認為，為了配合陸軍對平壤的進攻，發揮海軍的牽制效果，聯合艦隊有必要將臨時根據地再行北移。於是，決定以大同江口南之漁隱洞為臨時根據地。

其三，根據日本參謀本部的策略意圖，一面以艦隊護送陸軍至朝鮮登陸，一面「從海上應援陸軍，使其完成進擊平壤之功」[356]。從豐島海戰至黃海海戰前夕，在聯合艦隊的護航下，日本陸軍分 4 批運至朝鮮，從而保證進攻平壤的日軍的兵力輸送任務。與此同時，為了牽制北洋艦隊，以應援進攻平壤之日軍，聯合艦隊於 8 月 10 日襲擊威海衛。此後，日艦又多次在威海、旅順附近海面停泊、游弋或襲擾。甚至還透過各種管道散布謠言，製造似將在直隸海岸登陸的假象，使中國方面產生日本「亟欲乘間內犯，以圖要挾」[357] 的錯覺。

日本海軍的所有這些活動，都是以奪取制海權為目的而進行的。在中國方面，由於海軍採取守勢，則顯得左右支絀，處處被動。本來，8 月 10 日這天，丁汝昌正率北洋艦隊 10 艘戰艦進抵大同江口。剛好在此時，日本艦隊傾巢出動，襲擾威海港。日艦大隊竟直叩北洋門戶，朝野為之震驚。李鴻章當即傳命設法令丁汝昌速回威海。他致電總理衙門說：「倭乘我海軍遠出，欲搗虛投隙，已電平壤令丁速帶全隊回防，迎頭痛剿。」[358] 又恐打到平壤的電報轉不到丁手，便僱洋輪「金龍」號馳往送信。13 日清

---

[356]　《中日戰爭》（叢刊一），第 239 頁。
[357]　《清光緒朝中日交涉史料》(1360)，卷一六，第 23 頁。
[358]　《清光緒朝中日交涉史料》(1339)，卷一六，第 17 ～ 18 頁。

第六章　甲午中日海戰

晨，北洋艦隊回到威海。清廷又慮日軍從直隸海岸登陸，諭丁汝昌「速赴山海關一帶，遇賊截擊」[359]。李鴻章也向丁汝昌發出電令：「連日倭船廿餘只並民船十餘，乘虛往來威海、旅順肆擾，各處告警。並有赴山海關、秦王島截奪鐵路之謠。此正海軍將士拚命出頭之日，務即跟蹤，盡力剿洗，肅清洋面為要。」[360]丁汝昌先後率隊出海遊巡4次，毫無所獲。中國方面至此才發覺上當。李鴻章又電囑丁汝昌：「此後海軍大隊必不遠出，有警則兵船應全出口迎剿。」[361]清廷也特諭丁汝昌應在渤海灣內之數處要隘「來往梭巡，嚴行扼守，不得遠離」。[362]這樣，日本海軍便輕易地完全掌握了黃海的制海權。

在豐島海戰後的1個多月內，由於中國海軍採取「保船制敵」之策，把戰爭的主動權完全讓給敵人，因此處處被動，甚至被敵人牽著鼻子走。而日本海軍既掌握了黃海的制海權，便一面把大量陸軍和輜重運往朝鮮，為發動平壤戰役做準備；一面封鎖大同江口，警備大同江下游，以配合陸軍對平壤的進攻，都達到了預期的目的。於是，根據日本大本營所制定的作戰計畫，日本聯合艦隊的下一步棋，就是尋找時機與北洋艦隊決戰了。

黃海海戰後，日軍為進一步實施參謀本部的「作戰大方針」，決定入侵中國本土。此時，日軍已經控制了朝鮮全境。日本大本營最初計畫，遣一軍「乘勢直進入滿洲，以經略遼東，向山海關，拔奉天」[363]；另遣一軍在直隸海岸登陸，「攻其首都北京，以迫使對方簽訂城下之盟」[364]。

---

[359]　《清光緒朝中日交涉史料》(1368)，卷一六，第25頁。
[360]　《盛檔·甲午中日戰爭》(上)，第81頁。
[361]　《李文忠公全集》電稿，卷一六，第46頁。
[362]　《清光緒朝中日交涉史料》(1445)，卷一七，第27頁。
[363]　橋本海關：《清日戰爭實記》卷八，第275頁。
[364]　《日清戰爭實記》，第9編，第13頁。

第六節　從海軍策略檢討北洋海軍的結局

　　此計畫既定，便開始研究實際的實施方案。但是，欲攻占北京，除大沽、北塘外，以山海關為捷路，而旅順口雄堡堅壘，威海衛又有北洋艦隊駐泊，共扼渤海門戶，運兵深入渤海實行登陸作戰，確有困難。因此，決定先取北洋海軍基地之一的旅順口，俟開春後再越渤海而進行直隸平原作戰。於是，一面命海軍探測旅順後路以選擇登陸地點，一面開始準備向國外運兵。日本聯合艦隊的主要任務是，不斷派艦偵察北洋艦隊的動靜，並測量大連灣至鴨綠江口的海岸，為陸軍尋找登陸地點。

　　在中國方面，經過平壤和黃海兩次決戰後，不是總結教訓，在戰略上進行必要的調整，而是沿著守勢的道路繼續走下去。當時，李鴻章向朝廷建議：「就目前事務而論，唯有嚴防渤海，以固京畿之藩籬；力保瀋陽，以固東省之根本。」[365] 此建議竟獲得朝廷的批准。本來，清軍的策略方針是：陸軍取攻勢，海軍取守勢，如今則都取守勢了。正由於此，從黃海海戰到旅順口陷落，其間為時兩月有餘，又是毫無作為地打發過去。

　　當然，李鴻章在加強北洋海軍方面也採取一些措施，但成效不大。其中最切實的一著，是請求調南洋艦隻北上。經過黃海海戰，北洋艦隊「失船五號，餘多被損趕修」、「暫無船可戰」，他才不得不轉變態度，請旨電飭南洋「暫調『南琛』、『南瑞』、『開濟』、『寰泰』四船至威、旅幫助守護，暫聽北洋差遣，以濟眉急」。[366] 兩江總督劉坤一則以「東南各省為財富重地，倭人刻刻注意」、「前敵與餉源均關大局，不敢不兼籌并顧」[367] 為由，要求免派。不久，清廷再次電諭南洋，商調四船北上助戰。署南洋大臣張之洞又託辭拒絕派艦。這次借調南洋艦隻以加強北洋艦隊的計畫，終於未能實現。

---

[365]　《李文忠公全集》奏稿，卷七八，第 61～62 頁。
[366]　《盛檔・甲午中日戰爭》(上)，第 176 頁。
[367]　《清光緒朝中日交涉史料》(1709)，卷二一，第 5 頁。

第六章　甲午中日海戰

　　在這種情況下，李鴻章已無計可施。正當中國方面束手無策之時，日軍大舉入侵中國本土之役開始了。此時，日本聯合艦隊根據戰局發展的需求，已將全艦隊又改編為本隊和4個游擊隊。10月24日，日本艦隊及第一、第二游擊隊，除以二艦駛向威海衛、旅順口，監視北洋艦隊的行動外，皆停泊於遠海，以防北洋艦隊來襲；第三、四游擊隊停泊於靠近花園口的海面，以掩護陸軍在旅順後路的花園口登岸。在此以前，李鴻章已料到日軍將犯旅順，曾指示丁汝昌：將旅順進塢之戰艦「必須漏夜修竣，早日出海游弋，使彼知我船尚能行駛，其運兵船或不敢放膽橫行；不必與彼尋戰，彼亦慮我躡其後」。還特地囑以：「用兵虛虛實實，汝等當善體此意。」日軍從花園口登陸後，他電令丁汝昌：「酌帶數船，馳往遊巡，探明賊蹤，以壯陸軍聲援。」指出：「如賊水陸來逼，兵船應駛出口，依傍炮臺外，互相攻擊，使彼運船不得登岸。」又叮囑要「相機進退」。花園口南距旅順100多公里，北洋艦隊如何能「依傍炮臺外，互相攻擊」？丁汝昌怕艦隊被敵人堵在口內，提出宜撤離旅順。李鴻章也怕兩艘鐵甲船有失，授意說：「旅本水師口岸，若船塢有失，船斷不可全毀。口外有無敵船；須探明再定行止，汝自妥酌。」[368] 實際上是同意艦隊撤離。由於清政府戰守乏策，眼睜睜地看著敵人的大股部隊在旅順後路上岸，「海陸軍無過問者」[369]。

　　根據日本大本營所制定的作戰計畫，在攻占旅順口後，本應實施在直隸平原進行決戰的方案。為此，山縣有朋曾提出了〈征清三策〉。

　　但是，內閣總理大臣伊藤博文加以反對，而代之以進攻威海衛和攻略臺灣的新方略，以盡可能避免列強的躍躍欲試的干涉。伊藤新方略的基

---

[368]　《李文忠公全集》電稿，卷一八，第4、21、28、31頁。
[369]　《中日戰爭》(叢刊一)，第37頁。

第六節　從海軍策略檢討北洋海軍的結局

本精神，就是「消滅北洋艦隊，控制臺灣，以造成有利的和談條件，並獲得割取臺灣的『根基』」[370]。為貫徹伊藤的新方略，日本大本營決定組建「山東作戰軍」，並傳令聯合艦隊協同陸軍攻占威海衛，消滅北洋艦隊。於是，日本聯合艦隊制定了周密的掩護陸軍上岸和協同陸軍作戰的〈聯合艦隊作戰大方略〉，其中包括〈護送陸軍登陸榮成灣計畫〉、〈魚雷艇隊運動計畫〉和〈誘出和擊毀敵艦計畫〉。

　　日軍欲犯山東的消息傳來，清廷諭李鴻章悉心籌酌。當時，以「鎮遠」艦進威海口時觸礁受重傷，它與「定遠」艦本是一對姊妹鐵甲，作戰時必須相互依持，如今傷情既重，「定遠」勢難獨自出洋攻戰。而可戰的快船也只剩下「靖遠」、「來遠」、「濟遠」3艘。這樣，北洋艦隊採取攻勢更無可能了。所以，李鴻章致電丁汝昌，提出了「水陸相依」的作戰方針，令其妥籌實施計畫。丁汝昌與諸將合議後，制定了一個「艦臺依輔」的實際方案：（一）「如倭只令數船犯威，我軍船艇可出口迎擊」；（二）「如彼船大隊全來，則我軍船艇均令起錨出港，分布東西兩口，在炮臺炮線水雷之間，與炮臺合力抵禦，相機雕剿，免敵船駛進口內」；（三）「倘兩岸有失，臺上之炮為敵用，則我軍師船與劉公島陸軍唯有誓死拚戰，船沉人盡而已」。[371] 此方案，李鴻章認為「似尚周到」，並獲得清廷的批准。根據當時敵我力量的對比，北洋艦隊已完全談不到出洋作戰，「艦臺依輔」方案雖是被迫提出的，卻是唯一可行之法。這個方案的前兩點尚無大疵，問題就出在第三點上。由於威海陸路失守，「水陸相依」已無可能，港內的餘艦很難久撐。北洋艦隊終於未能逃脫最後覆滅的命運。

　　透過中日海軍策略的比較，可以看出，在甲午戰爭中，日本打贏，中

---

[370]　藤村道生：《日清戰爭》，第130頁。
[371]　《清光緒朝中日交涉史料》（2281），卷二八，第25頁。

第六章　甲午中日海戰

國打敗，絕非偶然的因素。戰爭的勝負，不僅取決於作戰雙方的軍事、政治、經濟、自然諸條件，而且還取決於作戰雙方主觀指導的能力。戰爭爆發前，日本海軍即制定以奪取制海權為目標及海陸統籌兼顧的策略方針，對它獲得戰爭的勝利發揮重大的作用。相反，中國海軍卻採取消極防禦方針，自動把制海權讓與敵人，以致在豐島海戰後錯過了許多採取攻勢的好機會；黃海海戰後又慌亂無計，坐視日軍從花園口登陸以陷旅順；後來被迫採取以威海基地為依託的海口防禦方針，但在陸上後路全無保障的情況下，也只能走向失敗。

　　從1860年代中期以後，中國在引進造船工業、創建海軍的同時，卻忽視了對近代海軍策略理論的研究和掌握，成為這場悲劇發生的重要原因之一。這不能不是一個非常慘痛的歷史教訓！

第七章
清政府興復海軍

第七章　清政府興復海軍

第一節　甲午戰後的海防形勢

一　籌議重整海軍與列強瓜分軍港

北洋艦隊在甲午戰爭中全軍覆沒，使清政府奮鬥幾近 30 年才創建成的中國海軍遭到最後一次毀滅性的打擊。於是，清政府不僅將總理海軍事務衙門及海軍內外學堂全部停撤，而且其後將北洋海軍的武職實缺，自提督以下至外委計 315 員名，也概行裁撤了。

但在當時，戰爭尚在進行之中，清廷也還存有重整海軍之念。西元 1895 年 2 月 13 日寄署兩江總督張之洞電諭有云：「威海被陷，北洋戰艦盡失，若欲重整海軍，自非另購鐵、快等艦不可。……購船先須籌有款項，著張之洞即在上海等處洋行商訂借款，電知戶部、總署，奏明辦理。如集有成數，即設法購船，以備海洋禦敵之用。」[372] 但這道上諭無異於望梅止渴，籌借洋款購艦談何容易！何況南洋海軍作為中國僅存的一支海軍，實際上也每況愈下，更加難以成軍了。據張之洞奏稱：「南洋各兵輪，除南琛派赴臺灣及船炮過劣者不計外，尚有南瑞、開濟、寰泰、鏡清四艘，及蚊子炮船四艘。歷年裁省經費，炮勇管機人等尤鮮好手，管帶各員類皆柔弱巧滑之人，萬無用處，而水師將弁尤難其選。」可知南洋海軍的現狀與 10 年前中法戰爭時相比，不但沒有一點進步，反而大為落後了。鑑於這種情況，他認為，只有「擇其耐勞氣壯者陸續更換，責令認真操練」[373]。所以，當時清政府想靠購買幾艘軍艦的辦法來重整海軍，是完全不現實的。

---

[372]　〈著張之洞籌款購鐵快艦隻諭〉。見張俠等編：《清末海軍史料》，海洋出版社，1982 年，第 127 頁。

[373]　〈整頓南洋炮臺兵輪片〉，《張文襄公全集》卷三一六，奏議三六，中國書店，1990 年影印本，第 9～10 頁。

第一節　甲午戰後的海防形勢

中日《馬關條約》簽訂後，恢復海軍的問題又重新提到清政府的議事日程上來。這時，朝野上下有許多人又想起10年前辭職的前北洋海軍總查琅威理，希望重新聘他來華重整海軍。然已時過境遷，終於未果。但是，值得注意的是，琅威理的確寫了一份條陳，對中國整頓海軍提出了個人的建議。

根據在中國海軍長期工作的經驗，琅威理認為，中國欲重整海軍，必須先要明確三個問題：第一，以整頓海軍為國家之根本大計。「中國整理海軍，必先有一不拔之基，以垂久遠，立定主意，一氣貫注到底，不至朝令夕更。法當特設海部，所有堂司各官，皆由欽派，其堂官每員均有專管之某某司，庶責有攸歸，事無旁貸。」第二，借聘歐洲優秀海軍將領輔助辦理。「設海軍參謀一員（或稱整理海軍大員），以歐洲出色海軍將領充之，所有海部發號施令以及創立頒行操練並有益海軍各章程，均應與該大員商量辦理。」第三，確定重整海軍是以「自守」還是「復仇」為目標。「設立海軍，當先定主意，或志在自守，或志在復仇，主意一定，即不可移易。」、「自守之海軍與復仇之海軍不但辦法不同，其所須之船艦亦異。故必先行立定主意，方有所率循。」而在他看來，「現在中國整理海軍，宜以自守為第一要義」[374]。

除此之外，琅威理認為，中國要真正重整海軍，還必須辦好以下3件事：

其一，擁有上等船艦。若以「自守」為目標，需二等鐵甲戰艦數艘，頭、二等快船各多艘，魚雷炮船、魚雷獵艇、頭等魚雷艇各多艘；以「復仇」為目標，則需頭等鐵甲戰艦數艘，頭、二等快船各多艘，魚雷炮船、

---

[374] 〈前北洋水師總兵琅威理條陳節略〉，《清末海軍史料》，第789～797頁。下文引用此條陳，不再注明出處。按：此條陳節略原件藏於北京圖書館，未書寫作年月，但從其內容看，大致寫於西元1896年至1897年間。

第七章　清政府興復海軍

魚雷獵艇、各等魚雷艇各多艘。但是，無論何等艦船，其船式和速率都應要求彼此相配。「設立海軍要領，在於各船速率、式樣等等相配，無少歧異。其鐵甲船應用何式，即隨時配造均係何式，以昭一律。其頭、二各等快船、魚雷炮船、魚雷獵艇、魚雷艇亦皆一律無異。」船式一律的好處有三：一是「平時操演布隊，易於齊整」；二是「戰時船隊齊整，各守部位禦敵折衝，均易得力，勝敗之機，均繫於此」；三是「各船之製造圖式既同，則各種鑲配船殼、機器皆可互相更換」。否則，「大隊之軍，如各船異式，速率不同，即有出色水師人員，臨陣時亦難各守部位」。

其二，選擇安穩港澳以作軍港。「安穩港澳，以為船隊避颶、避敵之用。敵船如視我船為較強，則此等避敵之安穩港澳更不可少。」

其三，要有修理船艦之塢。「海軍各船以船塢為輔車之倚，製造在此，修理各船亦在此。如不籌堅固保守之法，徒費鉅款，反誘敵人來攻。」船塢既是船廠之所在，又必須是安穩港澳。所以，「中國宜相擇險要各海口，處置得宜，庶可顛撲不破，船賴以存，廠賴以保，亦即進可攻，退可守之一法」。中國沿海設3處要口，均有船塢、船廠：「山東之膠州澳為北路之要口；福建之南關澳為中路之要口；廣東之獅澳為南路之要口。而旅順、威海則為北路之隘口，海軍出奇制勝之區。」

琅威理還認為，要使重整海軍早見成效，當務之急有二：

首先，「擇口屯駐海軍，訂造船隻，為海軍最要之事，亟宜早辦」。船要先在歐洲訂造。「因中國官廠所造之船，費巨而不精。如將閩廠所造之船，較之歐洲購來之船，優劣自見。」但是，在歐洲船廠訂造船隻也不能盲目，而要認真講求：一是「其造船之法，宜赴歐洲各國，令著名大廠善於製造新式戰艦快船者，將中國應用船艦式樣送來，邀集造船名家，悉心評定，必須考究萬分精詳，更改至當，方交各該廠，按照圖式，訂立合約

第一節　甲午戰後的海防形勢

製造」；二是「中國在外洋訂造船隻，宜與各該廠約明，應派中國船身、機器監工若干員，船匠、鐵匠若干名，前往監造；並可在廠學習工作。此等員匠將來技藝必精，俟其回華後，派入官廠辦事，並可傳授他人」。

至於中國舊有的船廠，並不廢棄，但一時尚不能製造大型戰艦和新式快船，只能先一面製造小型船隻，一面進行整頓。「以福州船政為製船之區，一切炮船、小快船責成製造。該廠機器購自三十年之前，間有老式不適於用者，應派精於製造之洋員若干人前往該廠一一察勘，何者應留，何者應換，何者應添，務須一律精緻，合於時用。所有舊式機器料件盡行變賣，以充購新之款。至他處船塢亦須仿此辦理，總以合於時用為本。」同時，自製艦船也不能急於求成，而應穩步進行。「中國目前不必於各官廠遽費鉅款，但須覓一總廠，以為各種工匠學藝之所。俟各匠學成之後，分入各官廠。即目前製造船隻，只以魚雷炮船為限制，仍請延募洋師督造。俟製造炮船歷練得法，然後再造三等快船。蓋因中國官廠造船，費即不貲，船又未能盡合新式，總須俟製造匠目練精伎倆，方可興造大船。」

造船需要大量資金投入，必先籌措經費，或像歐洲各國那樣規定常年預算經費，或另籌專款。「歐洲辦理海軍，每年應籌款目，應辦何等事宜，當使海部各司一一周知，照款施行。國家亦確知用款著落之處，法良意美。但中國未能即照此法辦理。為今之計，必專籌一款，專辦一事，譬如籌款一千萬兩為造船之用。」

其次，「培植海軍人才，更為首務，洵不容緩」。培植海軍人才，要兩條腿走路：一是透過學堂培養。「設立海軍學堂，教導學生章程。學堂宜分設三處，北路則威海，中路則福州，南路則獅澳。每處學堂宜聘洋教習助以漢教習，其教習之數，宜視學生之數酌定。學堂宜設瀕海地方，令學生暇時自狎水性。現天津學堂所定章程諸多可採。唯每年夏季須以兩

第七章　清政府興復海軍

個月為洋教習出遊例假。並分派學生隨往各船遊歷海上，俾知目前涉足之地，即將來出身之地也。」二是聘請外國海軍優秀人才來中國海軍擔任教習。「欲立海軍根基，須募外洋教習。其本領、品行皆須高人一等，以便教習學生及練勇等。海軍學問，分門別類，不一而足，故須延募多種教習。」、「每大船需派洋水師官一員，襄助管駕官督教水師員弁，俾知各盡己職，紀律嚴明，以及留心船械，時加護惜，費省而器常良，方為得法。」至於業已罷革的前海軍官員，仍應重新起用。因「現有之海軍官員雖未十分精練，究其學問，均略有可觀，堪以從事整頓」也。

在條陳的最後，琅威理再次特地強調，中國重整海軍的關鍵是設立海部：「中國如欲整理海軍，亟須先立海部，宜延歐洲品優學粹之同國水師官三、四人，贊襄其事，其一充為海軍參謀，餘亦分充海部重大要差。其參謀一員，凡遇關涉海軍之事，應如何籌辦，及各海口如何保守，各塢、廠如何創設，均著其責成。一俟履勘沿海口岸，擇能屯駐水師可以永保無虞之後，即便將以上所陳各節，亟為次第興辦，以期早日成功，毋使半途而廢。」而海部之是否能夠重整中國海軍成功，在於能否真正發揮海軍參謀在海部中的實際作用，即：「海部中最關重大要差，由海軍大臣責成參謀擇員分任，海軍庶可蒸蒸日上。」

琅威理條陳的內容大致上是正向的。由於他在中國的長期經歷，且熟悉中國海軍的情況，因此所提出的一些實際建議也比較切合實際，即如籌款1,000萬兩造船一項，儘管清政府當時正處於籌措鉅額賠款的困難境地，但問題仍在於是否有重整海軍的真正決心。與兩億幾千萬兩的賠款相比，1,000萬兩僅是一個零頭；前者能夠克服困難辦理，為什麼後者就辦不成呢？還是一個決心的問題。在晚清的70年當中，應該說有幾次大興海軍的機會，不是決心不足就是難下決心，稍有成就便心滿意足，以致遷延時日，

第一節　甲午戰後的海防形勢

落得如此之下場！此番新敗之後，瘡痍滿目，捉襟見肘，加以苟安之積習，又怎能下這樣大的決心？況且，琅威理條陳的核心問題是要在海部中聘洋員為海軍參謀，這也是清政府所絕對不能接受的。這樣，這份條陳便只能被擱置。儘管如此，條陳的內容於十幾年後終被清政府部分地採用，表明琅威理建議的現實價值開始逐步為人們所理解，可惜已經為時晚矣。

　　與琅威理的建議相反，清朝的在事大臣們則都主張，就現在狀況暫時維持，俟經費充足漸次擴充辦理。南洋大臣劉坤一鑑於「不唯一時鉅款難籌，將才尤屬難得」的情況，提出：「目前不必遽復海軍名目，不必遽辦鐵甲兵輪，暫就各海口修理炮臺，添造木殼兵輪，或購置碰快艇、魚雷艇，以資防守。……總期先有人而後有船，俟款項充盈，不難從容辦理。」[375] 北洋大臣王文韶也有同見，指出：「唯有就已成之規模，用現有之財力，需以歲月，逐漸經營，不事鋪張，不求速效。」[376] 南北洋大臣所奏自有其道理，但他們所提出的漸次辦理的方針，的確反映朝廷上下的一種普遍理解，就是中國海軍經過甲午之敗業已一蹶難振了。

　　正當清政府內部為籌議重整海軍而舉棋不定之際，西方列強乘機掀起瓜分中國軍港的高潮。西元 1897 年 11 月，兩名德國傳教士在山東鉅野縣被大刀會所殺，這就是聞名中外的「鉅野教案」。德國軍隊乘機以「借地演操」為名，在青島強行登陸，於 1898 年 3 月 6 日強迫清政府簽訂了《膠澳租界條約》。其中規定中國將膠州灣租與德國，為期 99 年。德國強占膠州灣後不久，俄國以「助華」為名騙取清政府的同意，將艦隊開進旅順口，從此賴著不走。並於 3 月 27 日和 5 月 7 日，誘迫清政府先後簽訂了《旅大租地條約》和《續訂旅大租地條約》。其中規定俄國租借旅大 25 年。英國

---

[375] 〈劉坤一遵議廷臣條陳時務折〉，《清末海軍史料》，第 86 頁。
[376] 《王文韶奏統籌北洋海防冀漸擴充折》，《清末海軍史料》，第 87 頁。

第七章　清政府興復海軍

藉口維持大國之間的均勢，除於 6 月 9 日與清政府簽訂《展拓香港界址專款》，以 99 年為期租借包括大鵬灣、深圳灣在內的九龍半島外，又於 7 月 1 日簽訂了《訂租威海衛專條》，其中規定中國將威海衛租與英國，其租期與俄國駐守旅順之期相同。翌年 11 月 16 日，法國也趁火打劫，透過強迫清政府簽訂《廣州灣租界條約》，得到了廣州灣及其附近島嶼的租借權，租期亦為 99 年。這樣，列強將中國沿海的重要港灣業已瓜分殆盡，已經找不到一個海軍停泊的基地，重整海軍問題當然更談不上了。

二　八國聯軍攻陷大沽炮臺

列強掀起瓜分中國軍港的高潮不久，又發生了八國聯軍侵華戰爭。

先是在 1900 年 5 月，列強藉口義和團進入北京，為保護外國居民和使館的安全，決定派兵入京，並在天津駐泊軍艦。6 月 6 日，英國海軍部奉命授權作為聯軍統帥的西摩（Edward Seymour）艦隊司令可以採取「認為適當可行的措施」。是月 10 日，英國駐華公使竇納樂（Claude MacDonald）致電西摩，命其「準備立即進軍北京」。[377] 當天，西摩便迫不及待地率領聯軍由天津向北京進犯。這象徵著八國聯軍侵華戰爭的正式開始。

但是，西摩指揮的聯軍行至廊坊附近受挫，困於中途，且與天津的聯絡被切斷。聯軍海軍將領意識到西摩部隊處境不妙，並為後繼部隊獲得安全的登陸地點，必須及早攻占大沽炮臺。列強進攻大沽炮臺的計畫，最初是由俄國提出來的。俄國陸軍大臣庫羅巴特金（Vasily Alekseyevich Kurobatkin）陸軍中將多次電令遠東軍司令阿列克謝耶夫（Alexei Alexandrovich Alexeyev）海軍中將，要準備運送一支派遣軍前往中國，並「主宰北直隸

---

[377]　胡濱譯：《英國藍皮書有關義和團運動資料選譯》，中華書局，1980 年，第 29、32 頁。

第一節　甲午戰後的海防形勢

灣的登陸地點」，而「前進基地要設在登陸點的海岸」。此計畫經沙皇尼古拉二世（Nikolai Alexandrovich Romanov）批准後，又由總參謀長薩哈羅夫（Andrei Ivanovich Sakharov）陸軍中將向阿列克謝耶夫發出更為實際的指令：「令派遣軍向北京挺進，應在大沽設立前進基地。」[378] 而且，薩哈羅夫還提出：「任命這樣一個人，將會對企圖自攬列強聯合行動的主導人英國海軍上將西摩，形成一個必要的抗衡。」[379] 這就是說，要有一名俄國將領擔任這次軍事行動的統帥，以便和英國的西摩分庭抗禮。俄國太平洋艦隊副司令基利傑勃蘭特（Vladimir Fedorovich Kilijebradt）海軍中將正是最合適的人選。他年齡最大，軍階最高，也就成為各國海軍將領中眾望所歸的人物，「各提督均詣就之，蓋欲共商進取之策也」[380]。

八國聯軍在大沽口登陸（繪畫）

6月15日，在俄國太平洋艦隊旗艦「俄羅斯」號上舉行了聯軍艦隊各將領的聯席會議。出席者除基利傑勃蘭特海軍中將外，還有英國布魯

---

[378] 董果良譯：《1900～1901年俄國在華軍事行動資料》第2冊，齊魯書社，1981年，第4～5頁。
[379] 《1900～1901年俄國在華軍事行動資料》第1冊，第11頁。
[380] 佛甫愛加來等：《庚子中外戰紀》，《義和團》（中國近代史資料叢刊）（三），神州國光社，1951年，第286頁。

第七章　清政府興復海軍

斯（Bruce）海軍少將、法國庫爾若利（Courbet）海軍準將、德國裴德滿（Peder Mann）海軍上校、日本永峰海軍大佐、義大利卡澤拉（Cazzella）海軍上校和奧匈帝國科諾維茨（Konowitz）海軍少校。在聯席會議上，聯軍的海軍將領們對形勢作了分析。他們得到了兩條消息：一是「中國常備兵，臨近（聯軍）水師兵船，係欲占據東沽之車站，並欲拆毀鐵路」；二是「華兵欲安放水雷，堵塞北（白）河之口，並擬設法保持該處之車站」。一致認為：「蓋此二事果行，則聯軍不能安然登陸也。」[381]因此，會議決定：「立即採取措施，維持與天津之間的交通聯繫，保持進入白河的水路暢通無阻。」[382]

6月16日早晨，聯軍海軍發現大沽炮臺守軍在白河口安放水雷，便於上午11點再次在「俄羅斯」號上舉行各司令官聯席會議。會上，海軍將領們一致決定採取堅決措施，並草擬一份給中國方面的最後通牒。內稱：「本提督欲以兩造情願之主張，或以兵力從事之目的，暫據大沽各炮。該各炮臺，至遲限於十七號早晨兩點鐘，一律退讓。此係已決之事，望即達知直隸總督及各炮臺官，急速勿延！」[383]俄、英、法、德、日、義、奧等7國海軍首領基利傑勃蘭特等都在最後通牒上一一簽了名。

與此同時，聯軍還進行了相應的軍事部署。先是在6月15日，日本海軍陸戰隊330人[384]，攜野炮兩門，乘日艦「豐橋」號於晚間登岸。翌

---

[381]　《庚子中外戰紀》，《義和團》（叢刊三），第286頁。
[382]　揚契維茨基：《八國聯軍目擊記》，福建人民出版社，1983年，第148頁。
[383]　《庚子中外戰紀》，《義和團》（叢刊三），第286頁。
[384]　小林一美：〈義和團戰爭與明治時期的日本軍隊〉，《義和團研究會會刊》1985年第1、2合期，第1頁。按：關於所派日本陸戰隊的人數，記載頗有出入，或謂300人（《庚子中外戰紀》，《義和團》（叢刊三）第286頁），或謂約300人（《明治三十三年清國事變戰史》卷二，第90頁），或謂230人（《八國聯軍目擊記》，第149頁）。以小林一美教授所述為是。據《庚子中外戰紀》所記，日本陸戰隊有100人分駐火車站，故《八國聯軍目擊記》所記230人應是參加進攻大沽炮臺的人數。

第一節　甲午戰後的海防形勢

日，又有英軍 250 人、德軍 120 人、奧軍 20 人、意軍 20 人、俄軍 185 人相繼登岸。[385] 聯軍陸戰隊總人數約 900 人，由德國波爾（Boer）海軍上校擔任指揮官。波爾即留日軍 100 人駐紮於火車站，以防護後路和側翼，另 800 人為進攻大沽炮臺的陸戰部隊。

對於水上的進攻，聯軍也做了周密的準備。因大沽灣係泥濘之斜堤，水流最屬迂迴，凡噸位大、吃水深的軍艦，皆停泊於口外 10 至 12 公里之處，以免擱淺。所以，聯軍有 22 艘戰艦和巡洋艦，不能駛進灣內，只能以其炮火，協力助戰。所恃者唯吃水甚淺之艦多艘，先已進入白河口內，得與登岸之陸戰隊相為聲援。當時，停泊在白河內的聯軍軍艦共 10 艘：美艦「莫諾卡西」號和日艦「愛宕」號，停泊於白河左岸的塘沽附近，以防護火車站；德艦「伊爾提斯」號和法艦「里昂」號，停泊於塘沽以南的河面，一在左岸，一在右岸，以防護海關；英艦「聲譽」號和「鱈魚」號，停泊於水雷營附近的白河左岸，以監視船塢內的中國軍艦和魚雷艇；俄艦「基立亞克」號、「朝鮮人」號、「海龍」號和英艦「阿爾傑林」號四艦，皆停泊於於家堡和東沽之間的白河右岸，以從水上配合陸戰隊的攻擊。規定：到戰鬥開始後，停泊於海關附近的德艦「阿爾提斯」號和法艦「里昂」號，也加入到這四艦的行列中來。這樣，聯軍計劃參加進攻大沽炮臺的海軍艦隻共為六艦。如下表[386]：

艦名	噸位	馬力（匹）	速力（節）	進水年	吃水深（公尺）	大砲（門）
阿爾傑林號（英）	1,050	1,400	13.0	1895	3.44	13
伊爾提斯號（德）	895	1,300	13.5	1898	3.22	16

---

[385]　日本參謀本部編：《明治三十三年清國事變戰史》卷二，川流堂，1904 年，第 91 頁。
[386]　《明治三十三年清國事變戰史》卷二，第 92 頁。

第七章　清政府興復海軍

艦名	噸位	馬力（匹）	速力（節）	進水年	吃水深（公尺）	大砲（門）
里昂號（法）	503	602	11.8	1884	3.20	6
海龍號（俄）	950	1,150	12.0	1884	2.93	13
基立亞克號（俄）	963	1,000	12.0	1897	2.60	15
朝鮮人號（俄）	1,213	1,500	13.5	1886	3.25	14

　　大沽炮臺曾於西元1858年和1860年兩次被英法聯軍所摧毀。第二次鴉片戰爭後，清政府又將大沽炮臺加以修復。白河北岸修成炮臺兩座：臨河口處為北炮臺，設各種炮74門；其西北位於原石縫炮臺舊址，為西北炮臺，設各種炮26門。白河口南岸亦修成炮臺兩座：臨河口處為南炮臺（亦稱大營炮臺），設各種炮56門；其南為新炮臺（亦稱南灘炮臺），設各種炮21門。合計大炮177門。[387]經歷了40年的時間，大沽炮臺的武器業已大有改進。據外國人士稱：「所用之軍器，內有大口徑之炮甚多，大略非克虜卜（今通譯克魯伯）廠所造，即亞母司脫廊（今通譯阿姆斯壯）所造者。若舊式各軍器，則更不計其數也。且該處又設有新式電光機器，及最可畏之炮隊，鞏固之營盤，專主進入北（白）河之標的。」[388]從炮臺設計的角度看，的確如此。「大砲是固定的，可以轉動環射，既可向河口，也可向河身發射。這條河由於有幾道彎，由河口溯流而上至十二俄里長的一段水路上，有四個地方幾乎與炮臺處於平行的位置。封鎖河口的幾個炮臺相互之間的距離，不超過一百俄丈。由於大型艦隻最多只能開抵距海岸二十俄里處，因此要攻下大沽炮臺只能使用砲艦，但砲艦一進河就注定要

---

[387]　《明治三十三年清國事變戰史》卷二，第93頁。按：《八國聯軍目擊記》則稱大沽炮臺共擁有大炮24門（見該書第148頁）。
[388]　《庚子中外戰紀》，《義和團》（叢刊三），第288頁。

第一節　甲午戰後的海防形勢

被擊毀。」[389]

大沽炮臺守將羅榮光，湖南乾州人。早年投效曾國藩湘軍，後改隸於李鴻章淮軍。西元 1870 年移駐天津，補授直隸大沽協副將。從此，駐軍天津達 20 年之久。1881 年，奉北洋大臣命，在大沽口創設水雷營，「選各營弁兵學習，兼教化電、測量諸學。嗣北塘、山海關相繼仿設，均於沽營取員教課」[390]。1888 年，以功實授天津鎮總兵。1890 年春，升授甘肅新疆喀什噶爾提督，尚未赴任而留防，與副將韓照琦督守大沽南岸大營炮臺。守軍共 5 營：南岸 3 營，其中練軍副營駐大營炮臺，練軍副右營駐南灘炮臺，前營駐西沽之萬年橋；北岸 2 營，其中練軍副左營駐北炮臺，左營駐西北炮臺。另外，提督銜補用總兵、北洋新購船隻統領葉祖珪，乘坐旗艦「海容」號巡洋艦，並率「海龍」、「海青」、「海華」、「海犀」4 艘魚雷艇，也停泊於大沽口內水雷營碼頭。同時，還有「飛霆」、「飛鷹」兩艘驅逐艦，正在大沽入塢修理。關於 3 艘中國軍艦的情況如下表：

規名	噸位	馬力（匹）	速力（節）	大砲（門）	產地	來華時間
海容	2,950	7,500	19.5	22	德國伏爾鏗廠	1896
飛霆	720	800	12.0	4	英國阿摩士莊廠	1895
飛鷹	850	5,500	24.0	6	英國阿摩士莊廠	1896

上表中所列之「飛霆」、「飛鷹」二艦，儘管尚在上塢不能駛出，仍可做「水炮臺」使用。如果 3 艘軍艦和 4 艘魚雷艇能夠與炮臺守軍協同作戰的話，那麼，清軍的防禦能力一定還會進一步加強。

但是，大沽炮臺在防禦上卻存在著兩個致命的弱點：第一，炮臺的設

---

[389]　《八國聯軍目擊記》，第 149 頁。
[390]　《清史列傳》卷六二〈羅榮光〉，中華書局，1987 年，第 4944 頁。

第七章　清政府興復海軍

施十分簡陋，防護能力太差。「該堡壘均係硬土築造，前面僅有一無堤之溝道，在華人視為最佳之預備，在聯軍視為無用之藩籬。蓋當戰陣之時，若聯軍以巨炮攻之，該三土壘絕不能為之抵抗。」尤為嚴重的是，「所留炮臺之口，並不妥為防護，所存軍火之處，亦皆漫不經心，常有露出之事，甚至遙合敵人炮火之準的，亦不自知」[391]。對於這些情況，聯軍早已詳察兩次，心中有數。第二，陸海兩軍做不到協同作戰。因為羅榮光若不提前請旨，臨時難以調動軍艦，而事起倉卒，又來不及請旨飭令軍艦予以配合，何況葉祖珪根本不願參戰，所以羅榮光所部最後只能孤軍作戰了。

先是 6 月 16 日上午，聯軍各海軍首領舉行聯席會議之後，基利傑勒蘭特（Kieljeflant）海軍中將派俄國魚雷艇艇長巴哈麥季耶夫（Bakhmetiev）中尉，在擔任翻譯的英國領港員強生（Johnson）的陪同下，於傍晚 9 點將最後通牒送至大沽炮臺大營。巴赫麥季耶夫對羅榮光聲稱：「拳民焚毀教堂，中國並不實力剿辦，且海口已安水雷，明係有與各國為難之意。現在俄、英、德、法、義、奧、日本七國約定，限兩點鐘要讓出大沽南北岸炮臺營壘，以便屯兵，疏通天津京城道路。」隨後將最後通牒遞交。羅榮光盡量予以解釋，說：「中國拳民滋事，業經簡派大員，調撥兵勇多營，嚴拿禁止，並保護各國教堂。所以不即刻剿辦者，恐與各國商務有礙。至沽口安放水雷，不過備平日操演之用，別無他故。」巴赫麥季耶夫立即反駁道：「中國意見，各國均已看破，不得強詞掩飾，如兩點鐘不讓出營壘，定即開炮轟奪。」言辭之間，「口氣強橫已極，勢非決裂不止」。羅榮光一面派專差往天津飛報，一面令專弁「密約海軍統領葉祖珪所部各魚雷艇管帶，趕緊預備戰事，由海神廟夾攻」[392]。

---

[391]　《庚子中外戰紀》，《義和團》（叢刊三），第 287、288 頁。
[392]　〈直隸總督裕祿折〉，《義和團檔案史料》上冊，中華書局，1959 年，第 164～165 頁。按：此折稱俄國中尉遞交通牒的時間為「二十日亥刻」，而前一天的奏摺又稱在「二十夜戌刻」（見

第一節　甲午戰後的海防形勢

羅榮光知戰爭即在眼前，便嚴飭南北岸各營，加意備戰。商定：他本人偕副將韓照琦在南岸大營督守，與練軍副營營官李忠純一起駐南炮臺；練軍副右營營官卞長勝督守南灘炮臺；左營營官封得勝在北岸炮臺督守。

6月17日零點50分，即比最後通牒限定的時間提前了70分鐘，戰鬥就開始打響了。到底是誰開的第一炮？雙方說法截然不同：羅榮光呈給直隸總督裕祿的報告說：「洋人因至丑刻未讓炮臺，竟先開炮攻取」[393]；聯軍方面的報告則眾口一辭，皆謂中國守軍先行開炮。如英國「安第蒙」號指揮官發給海軍部的電報：「6月17日凌晨1點，大沽炮臺對聯軍艦隊的各軍艦開火。」[394] 英國「奧蘭度」號吉普斯（Gibbs）海軍準尉的《華北作戰記》（*The Campaign in North China*）：「在十七日（星期日）零點五十分，從羅的駐地南炮臺放了第一炮。」[395] 俄國《新邊疆》（*New Frontier*）隨軍記者德米特里·揚契維茨基（Dmitry L. Yanchivetsky）所寫的戰地日記：「離決定性的時刻只剩一小時又十分鐘了。……新炮臺閃了一下火光。大炮轟隆一聲，砲彈隆隆掠過『基立亞克』號上空。各個炮臺火光迸發。一發發砲彈接連不斷掠過軍艦上空。」[396] 據所見日、法等國的有關記述，也都說是炮臺首先開炮。對於這個歷史之謎，能否解開呢？今之論者多相信羅榮光的報告，其實此報告所述的開炮情況是值得懷疑的。相反，綜合各種資料來看，聯軍方面的報告應該是可信的。

首先，羅榮光在聯軍最後通牒所限時間之前70分鐘，首先開炮，以期

《義和團檔案史料》上冊第157頁），應以「戌刻」為是。法人佛甫愛加來和施米儂共同撰寫的《庚子中外戰紀》，稱：「至晚九點鐘，由該處守炮臺之華官接到。」（《義和團》（叢刊三），第286頁）可證。

[393]　〈直隸總督裕祿折〉，《義和團檔案史料》上冊，第157頁。
[394]　《英國藍皮書有關義和團運動資料選譯》，第45頁。
[395]　《八國聯軍在天津》，齊魯書社，1980年，第34頁。
[396]　《八國聯軍目擊記》，第150～151頁。

第七章　清政府興復海軍

先發制人,並非絕不可能。當然,歷來中國官員遇到列強以兵力脅逼時,怕擔「釁自我開」的罪名,往往因處於被動而慘遭失敗。然此次情況有所不同。在此之前,他已奉到嚴旨:「其大沽口防務,並著督飭羅榮光一體戒嚴,以防不測。如有外兵闌入畿輔,定唯裕祿、聶士成、羅榮光是問。」[397]後朝廷又鑒於歷次之教訓,事先為羅榮光解除了擔心「釁自我開」的壓力,特寄上諭稱:「此後各國如有續到之兵,仍欲來京,應即力為阻止,……如各國不肯踐言,則釁自彼開,該督等須相機行事,朝廷不為遙制。萬勿任令長驅直入,貽誤大局。」[398]正是根據這道諭旨,羅榮光才敢於在白河口布置水雷的。再是裕祿的態度也值得注意。當他得知聯軍要中國讓出大沽炮臺時,復照法國總領事杜士蘭(Jules Pauthier)稱:「大沽海口係屬重地,本大臣斷無擅允交給之理。」飭令羅榮光「嚴加防備,竭力扼守」[399]。據英國侵略軍的一位青年海軍軍官記述,當羅榮光接到最後通牒後派專弁到天津告急,裕祿便下達了「進行戰鬥、消滅一切洋鬼子的命令」;適德國「伊爾提斯」號艦長蘭孜(Ernst von Lanz)海軍上校來到大營,羅榮光便透過他通知聯軍。[400]無論如何,清廷對羅榮光拒讓炮臺之舉是認可的,直到事後仍認同說:「羅榮光職守所在,豈肯允讓。」[401]認為:「中國與各國向來和好,乃各水師提督遽有占據炮臺之說,顯係各國有意失和,首先開釁。」[402]就是說,聯軍致送最後通牒即是「開釁」。所以,「自此兵端已

---

[397] 〈直隸總督裕祿折〉,《義和團檔案史料》上冊,第 142 頁。
[398] 〈軍機處寄直隸總督裕祿等上諭〉,《義和團檔案史料》上冊,第 145 頁。
[399] 〈直隸總督裕祿折〉,《義和團檔案史料》上冊,第 147 頁。
[400] 吉普斯:《華北作戰記》,〈八國聯軍在天津〉,第 34 頁。按:(日)佐原篤介等所輯《八國聯軍志》有「傍晚華官發到覆書,不允所請」(《義和團》(叢刊三),第 181 頁)之記載,可相印證。
[401] 〈軍機處寄出使俄國大臣楊儒等電旨〉,《義和團檔案史料》上冊,第 203 頁。
[402] 〈照會〉,《義和團檔案史料》上冊,第 152 頁。

第一節　甲午戰後的海防形勢

啟，卻非釁自我開」[403]。在炮臺既不能讓而又面臨聯軍必然攻打的情況下，羅榮光決定先發制人，先重創敵人，是並不奇怪的。他在前一個報告中說聯軍在「丑刻」先開炮，在後一個報告中卻又說聯軍提前到「十一鐘時」[404]開炮，明顯地是為了掩蓋炮臺先開炮的事實。當然，應該看到，在當時的困難處境下，羅榮光的做法也是可以理解的。

其次，聯軍並無提前開炮的必要。聯軍的海軍將領們都已將其最後通牒的內容報告了各自的政府。如英國駐大沽海軍少將布魯斯致海軍部並通知外交部電：「今晨各國艦隊司令會議決定於 6 月 17 日凌晨 2 時進攻大沽炮臺，如果該炮臺事前不投降的話。今天下午向中國直隸總督和炮臺守將提出了最後通牒。」[405] 俄國總參謀長、代陸軍大臣薩哈羅夫上奏給沙皇：「由於中國政府採取敵對態度，各國海軍將軍月 3 日（6 月 16 日）晚在『俄羅斯』號巡洋艦上開會，決定向直隸總督和大沽要塞司令發出最後通牒：限在 6 月 4 日（17 日）凌晨兩點以前交出炮臺，否則將以武力攻下。」[406] 但從未見到聯軍改變限定時間的報告。實際上，在聯軍的軍官們看來，中國守軍是禁不起威脅的，「一經恫嚇，備極倉皇」[407]，「就算他們打出了幾發砲彈，嚇唬嚇唬人，隨後還不是照例投降」[408]。即使炮臺守將「不願善交」，他們必當「以力占據」[409]。這樣，他們有什麼必要提前發起炮擊呢？況且根據聯軍所制定的計畫，最後通牒雖以 6 月 17 日凌晨 2 點為交出炮臺的限定時間，但第二次聯席會議還做出了一個決定，即「等待中

---

[403] 〈軍機處寄出使俄國大臣楊儒等電旨〉，《義和團檔案史料》上冊，第 203 頁。
[404] 〈直隸總督裕祿折〉，《義和團檔案史料》上冊，第 165 頁。
[405] 《英國藍皮書有關義和團運動資料選譯》，第 53 頁。
[406] 《1900～1901 年俄國在華軍事行動資料》，第 1 冊，第 12 頁。
[407] 《庚子中外戰紀》，《義和團》（叢刊三），第 288 頁。
[408] 《八國聯軍目擊記》，第 150 頁。
[409] 〈法國總領事杜士蘭照會〉，《義和團檔案史料》上冊，第 147 頁。

第七章　清政府興復海軍

國提督的答復時間,以上午四時為限」[410]。值得注意的是:6月16日下午5點,基利傑勃蘭特海軍中將在「海龍」號砲艦上又召集了第三次聯席會議。聯軍海軍首領們分析,中國守軍有可能不肯交出炮臺而採取軍事對抗行動。因此,「擬定華軍若先攻擊,聯軍當開大砲還擊」。「此議一定,立即發令通知各處,准於清晨三點鐘,一律遵行。」[411] 就是說,若炮臺守軍先開炮必當還擊;否則,到6月17日凌晨3點發起攻擊。並且商定,屆時由「海龍」號負責發出戰鬥訊號。[412] 後來的事實,也證明了聯軍的作戰行動是按照這次聯席會議的決議進行的。可知聯軍不僅沒有必要將攻擊的時間比最後通牒所限定的時間提前,而且還決定比原定時間推遲1個小時,怎麼有可能在零點50分就發起炮擊呢?

複次,聯軍雖到傍晚已獲悉炮臺守將「不允所請」,但視為事理之常,並未料到中國守軍會在6月17日凌晨2點以前發起炮擊,所以一時陷於被動的境地,遭受到較多的傷亡。據《八國聯軍志》稱:「是夜子正,炮臺開炮轟擊兵艦,各西人莫不驚惶失措。其時俄國高麗支(朝鮮人)艦泊岸較近,被擊斃弁四人、兵十二人,傷弁兵四十七人,受創最重。」[413]《庚子中外戰紀》亦稱:「各兵艦中彈被傷,以日愛立亞克(基立亞克)船為最重,該船被彈連擊四次,火藥艙立時爆裂,煙筒亦遭毀壞,竟至不救。其次為稿烈(朝鮮人)船,被彈擊穿其身,現出五孔,亦被火焚。至伊而的(伊爾提斯)船,則被攻八次;力勇(里昂)船亦被攻一次。所以如此者,以各兵艦停泊之處,為該炮臺臨近故也。幸此次之變,尚在夜間,若值日

---

[410]　《八國聯軍目擊記》,第148頁。
[411]　《庚子中外戰紀》,《義和團》(叢刊三),第288頁。
[412]　《八國聯軍目擊記》,第149頁。
[413]　佐原篤介等:《八國聯軍志》,《義和團》(叢刊三),第181頁。

第一節　甲午戰後的海防形勢

畫，則彈丸之標的，射得極準，各兵艦必全受傷。」[414] 炮臺守軍之所以能夠取得如此之戰績，是因為突然發起炮擊，打得敵人措手不及，否則是不可想像的。

由上述可知，先開第一炮的是大沽炮臺守軍而不是聯軍。英國人馬士對此事曾有這樣的敘述：「中國防軍在上午零時四十五分鐘——最後通牒的限期前一小時又一刻鐘——開了防禦性質的攻勢炮火，他們受到還擊。」[415] 事實上，清政府對大沽炮臺守軍先開炮一事是清楚的，只是宣告並未下達這樣的命令，並且透過兩廣總督李鴻章告訴英國政府，實際情況是「大沽炮臺未奉北京政府命令對各國軍隊開火」[416]。澄清這一事實，是為了尊重歷史，並不能以此來減輕侵略者的罪責，更不能以此來否定中國軍隊為自衛而先發制人之舉的正義性。

在大沽南岸炮臺發射第一炮之前，守軍先已做好了炮擊的準備。據《庚子中外戰紀》載：「迨至夜間十二點鐘五十分時，在北（白）河之兵船，忽為炮臺之電光燈遙為影射，窺察甚周，旋放出一炮，最為猛烈。蓋華軍早於日間，能以精細之標準，得各炮船之地位矣。」[417] 這說明羅榮光早有開炮的準備，在白天已經測出了聯軍各艦的距離和方向，而且在炮擊之前，再次用探照燈驗準了聯軍各艦停泊的位置。南炮臺打探照燈的時間，是在半夜12點左右。據《八國聯軍目擊記》稱：「距離決定性時刻還有二小時，炮臺上閃了兩下探照燈，燈光照準停泊在後方的各軍艦，隨即又暗了下來。」[418] 所謂「決定性時刻」，當指最後通牒所限定的凌晨兩點鐘。

---

[414]　《庚子中外戰紀》，《義和團》（叢刊三），第289頁。
[415]　馬士：《中華帝國對外關係史》第3卷，三聯書店，1957年，第221頁。
[416]　《英國藍皮書有關義和團運動資料選譯》，第50頁。
[417]　《義和團》（叢刊三），第288頁。
[418]　《八國聯軍目擊記》，第150頁。

第七章　清政府興復海軍

所以,「還有二小時」應是半夜 12 點。

中國守軍的第一炮,是卞長勝指揮的新炮臺在零點 50 分發出的,所對準的目標是俄國炮艦「基立亞克」號。「大砲轟隆一聲,砲彈隆隆掠過基立亞克號上空。各個炮臺火光迸發,一發發砲彈接連不斷掠過軍艦上空。」戰鬥全面打響了。但是,由於潮水的關係,開始射擊的效果並不好。6 月 17 日為農曆五月二十一日,凌晨 1 點左右正是落潮的時間。所以,「一批砲彈接著一批砲彈非常準確地飛過各軍艦上空,但沒有一艘捱揍。這可以認為是,中國大砲對準的是海水滿潮時的軍艦,而在戰鬥開始時剛好碰到退潮,軍艦的位置低下去了,因而砲彈越過了目標」[419]。隨後及時地調整了發射角度,炮擊的命中率才大為提高。

炮戰開始後,聯軍「海龍」艦首先發出警報,「基立亞克」號、「朝鮮人」號和「阿爾傑林」號以火光訊號回答。此時,4 艘軍艦停泊於北岸於家堡和南岸炮臺之間的一段南北走向的白河河面上,其由南到北的順序是:「基立亞克」號、「朝鮮人」號、「海龍」號和「阿爾傑林」號。根據聯席會議上所議定的部署,停泊在海關附近的德艦「伊爾提斯」號和法艦「里昂」號,立即迴轉順流下駛,邊行駛邊開火,與四艦會合,「伊爾提斯」號泊於「阿爾傑林」號之後,「里昂」號泊於「朝鮮人」號之後。日艦「愛宕」號因機器出了故障,沒有按計畫駛來參加戰鬥。根據分工,「基立亞克」、「里昂」、「朝鮮人」、「海龍」四艦專攻南岸炮臺,「伊爾提斯」、「阿爾傑林」兩艦專攻北岸炮臺。

在激烈的炮戰中,俄艦「基立亞克」號受創最重。它開始用探照燈把光線投射到炮臺上,倒成為炮臺重點射擊的目標。羅榮光「督同副將韓照琦,率領南岸各臺弁勇,奮力開炮,瞄準該兵船電光燈路還擊」。並「親自

---

[419]　《八國聯軍目擊記》,第 150～151 頁。

第一節　甲午戰後的海防形勢

掛線，橫腰一炮，擊中船身，船即偏側不支」[420]。「榴彈片炸傷了桅樓上的訊號兵、炮手和布雷官鮑格達諾夫（Bogdanov）中尉，彈片削進了他的嘴巴、臉頰和耳朵。軍需官伊瓦諾夫（Ivanov）走向探照燈時倒下了，彈片削掉了他的頭。」尤其是一顆榴彈擊中其水線，引起彈藥庫和一個鍋爐爆炸，從而發生了一場大火。「一百三十六枚砲彈發生爆炸，把彈藥庫上面的甲板掀掉，大火延及住房，並在大砲附近的上層甲板上燃燒。……這場大火嚴重地燒傷了季托夫（Titov）中尉，燒死士兵五人，燒傷士兵三十八人。」戰後統計，「『基立亞克』號上共死八人，傷四十八人」。死傷人數占全艦乘員人數一半以上。法艦「里昂」號正位於「基立亞克」號之前，難免受池魚之殃，也中彈引起大火。德艦「伊爾提斯」號，受創亦甚嚴重。「十七顆榴彈和一顆榴霰彈落到德國軍艦伊爾提斯號上，該艦的上層甲板全部被毀。艦長蘭茨（Edward von Rantzau）被二十五塊彈片和木片擊中，身負重傷，一條腿斷掉。這是德國人第一次親身嘗到了克魯伯兵工廠製造的大砲上發射出來的德國榴彈的優良效果，因為大沽炮臺正是用這種大砲武裝的。一名德國軍官和七名士兵被擊斃，十七名受傷。」戰到後來，俄艦「朝鮮人」號也中彈起火。剛將大火撲滅，又有「一顆榴彈打穿了上層甲板上面的右舷，在裡面爆開來，把鍋爐房的通風機打得粉碎」。「戰鬥快結束時，『朝鮮人』號艦上除兩名軍官外，計有九名水兵陣亡，二十名受傷。」[421]

當炮戰正在激烈進行之際，聯軍陸戰隊也開始在北岸向西北炮臺行進，在到達距炮臺約1,500平方公尺處停下，以等待中國守軍炮火的減弱。時已凌晨3點半，天色漸漸亮了，「無如華軍所開之炮，甚有準的，致

---

[420]　〈直隸總督裕祿折〉，《義和團檔案史料》上冊，第165頁。
[421]　《八國聯軍目擊記》，第152～153、151、154頁。

第七章　清政府興復海軍

各船受傷甚重，且各船所備之快炮，實未能與該炮臺大口徑之炮相為抵禦」[422]，因此，繼續停留在炮臺的視野之內，便有遭到炮擊的危險。於是，波爾海軍上校召集各指揮官商議。鑑於各砲艦並沒有讓炮臺造成任何損失，同時也預料到不可能拿下作為進攻目標的西北炮臺，於是指揮官們決定後撤數百公尺。4 點 30 分，天已拂曉，聯軍陸戰隊改為散開隊伍前進。西北炮臺守將升用副將、盡先參將封得勝見敵人「分道撲營」，率軍以槍炮迎敵，「轟斃洋兵甚多，敵鋒大挫」。[423] 英艦「阿爾傑林」號距西北炮臺最近，以前甲板炮向炮臺猛轟，以支援陸戰隊的進攻。「天色逐漸明亮，炮火愈加猛烈，從炮臺發射的炮火與從兵艦上發射的炮火交織成一片連續不斷的轟鳴。」[424] 早晨 5 點，聯軍陸戰隊發起衝鋒。封得勝帶領左營將士奮勇抗禦，與敵展開近戰，斃敵多人，連日軍指揮官服部雄吉海軍中佐也被彈喪命。然敵我強弱懸殊，炮臺守軍死傷甚眾。據羅榮光稟報：「管帶封得勝血戰陣亡，兵勇死傷相繼，敵遂越牆破門，將北岸左營炮臺占據。」[425] 此時已是 5 點 30 分。

聯軍陸戰隊攻占西北炮臺後，立即利用該炮臺的兩門大砲先轟北炮臺，再向南炮臺射擊。6 點，英艦「阿爾傑林」號拔錨啟航，沿河而下，以便炮擊南岸之南炮臺和新炮臺。德艦「伊爾提斯」號緊隨其後，駛至白河向東之轉彎處。同時，停泊在原處的「朝鮮人」號、「海龍」號、「基立亞克」號和「里昂」號，也集中火力向南炮臺猛擊。這時，聯軍陸戰隊又將北炮臺占領，遂利用其 12 公分口徑的克魯伯大砲，轉過來對準南炮臺猛射。南炮臺的火藥庫先被擊中，「火箭子彈，一齊被焚」；繼之，新炮臺的

---

[422] 《庚子中外戰紀》，《義和團》（叢刊三），第 289 頁。
[423] 〈直隸總督裕祿折〉，《義和團檔案史料》上冊，第 165 頁。
[424] 《華北作戰記》，《八國聯軍在天津》，第 35 頁。
[425] 〈直隸總督裕祿折〉，《義和團檔案史料》上冊，第 165 頁。

第一節　甲午戰後的海防形勢

火藥庫也「被炮火發」[426]。副將韓照琦身負重傷，弁兵死亡枕藉，傷亡合計在 1,000 人以上，僅橫陳在炮臺內的屍體即達七八百具。[427] 羅榮光見火藥庫四處被毀，已無可抵禦，便率餘眾撤向後路。[428] 到早晨 6 點 30 分，南岸兩座炮臺同時被陷。

　　大沽口炮臺雖然陷落了，但眾多守臺將士在孤軍無援的情況下，英勇抗敵，誓死不降，其愛國精神是可歌可泣的。羅榮光明知難期必勝，先是拒絕讓出炮臺，繼則盡了最大努力來保衛炮臺，為敵人帶來重大殺傷。據西人統計，聯軍在軍艦上死傷 119 人，在陸地死傷 136 人，合計 255 人[429]。一位俄國隨軍記者目睹了大沽炮臺被陷後的慘狀，在戰地日記中寫道：「羅守臺傾盡全力捍衛委託給他的要塞。在所有被攻占的炮臺的大砲附近都發現斷手、斷腳、斷頭的英勇捍衛者。沿著胸牆到處都躺著中國的步兵和砲兵。到處都是被歐洲人砲彈打穿、擊毀、爆破的混凝土炮臺障壁，到處都可以見到歐洲艦艇猛烈轟擊留下來的血腥痕跡。」[430] 於是，西人目擊者咸稱：「中國兵將未可輕視，此次以七國水師攻一炮臺，能持至六點餘鐘之久，可謂難矣。」[431]

　　最後，需要弄清楚的是：當時也停泊在白河內的中國艦艇，究竟到哪裡去了呢？據羅榮光呈給裕祿的稟報可知，當他接到聯軍的最後通牒後，曾密約葉祖珪所部各魚雷艇管帶，預作戰爭準備，若敵人進攻即由海神廟進行夾擊；及戰鬥開始後，他復差人密約魚雷艇開炮協攻。然出乎意料之

---

[426] 同上。
[427] 《明治三十三年清國事變戰史》卷二，第 99 頁。
[428] 羅榮光從南岸炮臺撤離後，退至新城，於 7 月 11 日吞金自殺。時年 67 歲。
[429] 關於大沽口之戰中聯軍的傷亡數位，記載出入甚大。此據《庚子中外戰紀》，見《義和團》（叢刊三），第 289 頁。
[430] 《八國聯軍目擊記》，第 157 頁。
[431] 《八國聯軍志》，《義和團》（叢刊三），第 182 頁。

第七章　清政府興復海軍

外,「詎該魚雷船,始終並未援應」[432]。中國艦艇雖然處在英艦「聲譽」號和「鱈魚」號的監視之下,但其實力應該超過了兩艘英艦。問題在於:統領葉祖珪和各管帶,坐視艦艇被敵擄去而不抵抗,正與大沽守臺將士寧死不讓炮臺的愛國壯舉形成了鮮明的對比。結果,「海龍」、「海青」、「海華」、「海犀」4艘魚雷艇被英艦白白地擄走。為這幾艘魚雷艇的分配問題,英俄海軍軍官之間發生爭執。英國先是將其中的一艘分給德軍,一艘分給法軍,另兩艘欲占為己有。隨後將其中一艘借給日本拖帶日船,艇上仍高懸英旗。「詎突有一俄國武弁到來,竟將英旗拔下,致與英人互相爭論,幾難分辨。」[433] 經俄國基利傑勃蘭特海軍中將親自出面交涉,英國布魯斯海軍少將才答應將一艘魚雷艇分給俄軍。俄國海軍還占領了大沽船塢,將塢內「飛鷹」、「飛霆」兩艘驅艦的機件拆卸運走。[434]

　　至於葉祖珪乘坐的旗艦「海容」號,也被迫按照聯軍司令官的命令到大沽口外,停泊於聯軍艦隊處,接受聯軍的扣留。「該船亦遂安之,並不欲脫逃。」[435] 據布魯斯海軍少將致英國海軍部電:「中國海軍提督同聯軍艦隊在一起;巡洋艦上懸掛著旗幟。在今晨的談判會議上,他同意與聯軍艦隊一起熄火拋錨。」[436] 可知葉祖珪是準備置大沽炮臺的安危於不顧,並捨棄4艘魚雷艇和塢內的兩艘驅逐艦,而採取服從和談判的辦法來爭取保全旗艦「海容」號的。儘管《辛丑條約》簽訂後聯軍釋放了「海容」號,他的這種做法也是不值得認同的。必須看到,葉祖珪之所為,不僅加速了大沽炮臺之失陷,而且使中國軍隊喪失了一次有可能進一步重創敵人、甚至

---

[432]　〈直隸總督裕祿折〉,《義和團檔案史料》上冊,第165頁。
[433]　《八國聯軍志》,《義和團》(叢刊三),第194頁。
[434]　〈北洋水師大沽船塢歷史沿革〉,《清末海軍史料》,第159頁。
[435]　《庚子中外戰紀》,《義和團》(叢刊三),第290頁。
[436]　《英國藍皮書有關義和團運動資料選譯》,第46頁。

第二節　興復海軍的「七年規畫」及其實施

在此次戰鬥中獲得局部勝利的機會。或對葉祖珪之所為加以渲染，如謂：「聯軍既合，聲言南下，祖珪恐大局糜爛，獨往見其諸將，力言啟釁非朝廷意，反覆辯論，請以身為質，各國察其情詞懇摯，心許之。」[437]便是對葉祖珪著意地加以美化，這顯然是不足取的。

此次大沽口之役表明，中國門戶業已全然洞開，連京津門戶的大沽和渤海鎖鑰的要港也完全在列強的掌握之中，已經出現的海防危機更進一步加深，至此達到不可收拾的地步了。在此役中，清政府在甲午戰後才從國外購進的 6 艘艦艇，不戰而任憑聯軍掠去，更說明經過甲午之敗，清朝海軍將領已喪失民族自信心和與敵鏖戰的勇氣，重整海軍又談何容易！

第二節　興復海軍的「七年規畫」及其實施

從甲午戰敗到八國聯軍侵華的 15 年間，清政府籌議重整海軍，也熱鬧了一陣子，然並無多大成效，唯一值得提及的是，從國外訂購的一批艦艇開抵北洋。其中，從英國購進二等巡洋艦「海天」、「海圻」艘，從德國購進三等巡洋艦「海容」、「海籌」、「海琛」3 艘，從英、德分別購進驅逐艦「飛霆」、「飛鷹」2 艘，從德國先後購進魚雷艇「辰字」、「宿字」、「列字」、「張字」、「海龍」、「海青」、「海華」、「海犀」8 艘，共 15 艘，約 2 萬噸。清政府決定以此「為整頓海軍始基」[438]，因於西元 1899 年 4 月 17 日釋出諭旨，派提督銜補用總兵葉祖珪為統領，總兵銜補用參將薩鎮冰為幫統，仍歸北洋節制。不料翌年 6 月卻發生了聯軍艦隊進攻大沽口之役，以致「海容」號被扣留，「飛蓮」、「飛鷹」二艦被拆卸，「海龍」、「海青」、「海

---

[437]　《清史列傳》卷六三〈葉祖珪〉，第 5000 頁。
[438]　〈派葉祖珪等統領北洋新購船隻諭〉，《清末海軍史料》，第 584 頁。

第七章　清政府興復海軍

華」、「海犀」4艇被掠走,使剛剛有點復甦的北洋海軍再次受到嚴重的打擊。因此,當1901年中外議和時,清政府議和大臣中竟有人提出將5艘巡洋艦「撤售」[439]的建議,以「表示中國無對外備戰態度」[440]。此議雖未實行,卻反映出一部分朝臣對重整海軍已完全失去信心。於是,重整海軍的呼聲也從此沉寂。

但是,在當時的世界,列強之間的海軍競賽日趨激烈。盱衡世界大勢,對比中國的現狀,究心海防者能不痛心疾首?尤其是馬漢(Alfred Thayer Mahan)的海權論,這時開始在中國傳播,引起海軍學術界人士很大的興趣,從而在報刊上展開長達數年的熱烈討論。如《時報》、《新民叢報》、《東方雜誌》、《華北雜誌》、《海軍》等報刊都發表過不少有關海權的文章。這次討論使海權觀念大大傳播,逐漸引起人們對海軍問題的關注,從而將興復海軍的問題再次提到議事日程上。

不過,這次籌議興復海軍,卻首先考慮從改革指揮體制方面入手。新任兩江總督周馥到職後,察看各兵船情況,認為鑑於過去海軍「畛域攸分」的教訓,應採用兩步走的興復海軍的辦法:第一步,先統一南北洋海軍,庶幾「畛域無分,調遣收犄角相生之用,氣象較前自壯」;第二步,「將來擴充辦理」,可期「軌度不相參差」。他於1905年1月18日奏稱:「查各國水師、陸軍,無不號令整齊,聯合一氣。雖有分合聚散,絕無不可歸一將統率之理,亦無兩軍不能合隊之事。中國從前創辦海軍,因限於財力,先辦北洋,而南洋則因陋就簡,規模未備。……臣此次南來,察看各兵船,亟應分別裁留,認真整理。非重定章程,不能革除舊習,非專派大員督率,不能造就將才。查有現統北洋海軍廣東水師葉祖珪,本船政學堂

---

[439]　林獻炘:〈薩鎮冰傳〉,《清末海軍史料》,第596頁。
[440]　陳紹寬:〈海軍史實幾則〉,《清末海軍史料》,第851頁。

第二節　興復海軍的「七年規畫」及其實施

出身，心精力果，資勞最深，擬將南洋各兵艦歸併該提督統領。凡選派駕駛、管輪各官，修復練船，操練學生、水勇，皆歸其一手排程，南北洋兵艦官弁，均准互相呼叫。現在兵艦，雖不足一軍之數，而統率巡防，須略仿一軍兩鎮之制。即南洋水師學堂、上海船塢、兵艦餉械支應一切事宜，有與海軍相關者，並准該提督考核，會商各局總辦道員，切實整頓。」[441] 南北洋海軍統一指揮，是晚清海軍發展的一項重大改革，改變了傳統的劃分地區由南北洋大臣分別指揮的局面。尤其是周馥提出的「一軍兩鎮之制」，更成為此後海軍發展的一種模式。

周馥所設想的興復海軍的第二步，是靠當時清政府的「預備立憲」而推動的。同年年底，清政府派宗室鎮國公載澤為首的五大臣出國考察政治，歷時半年，周遊14個國家，返京後被慈禧連續接見，「詳言立憲利國利民，可造國祚之靈長，無損君上之權柄，及立憲預備必以釐定官制為入手」[442]。隨後，載澤上〈奏請宣布立憲密折〉，稱：「君主立憲，大意在於尊崇國體，鞏固君權。」指出，立憲之利有最重要者三端，即「皇權永固」、「外患漸輕」和「內亂可弭」[443]。1906年8月1日，清廷釋出仿行立憲上諭，以「目前規制未備，民智未開，若操切從事，塗飾空文」，因此「必從官制入手，亟應先將官制分別議定，次第更張」、「以預備立憲基礎」[444]。11月7日，慶親王奕劻等奏定中央官制，內稱：「兵部徒擁虛名，擬正名為陸軍部，以練兵處、太僕寺併入，而海軍部暫隸焉。既設陸軍部，則練兵處之軍令司，擬正名為軍諮府，以握全國軍政之要樞。」[445] 於是，規劃海軍發

---

[441]　〈兩江總督周馥奏南北洋海軍聯合派員統率折〉，《清末海軍史料》，第90～91頁。
[442]　戴鴻慈：《出使九國日記》，見《李鴻章曆聘歐美記》、《出使九國日記》、《考察政治日記》合訂本，岳麓書社，1986年，第530頁。
[443]　《辛亥革命》(中國近代史資料叢刊)(四)，上海人民出版社，1957年，第27～29頁。
[444]　《光緒朝東華錄》(五)，光緒三十二年七月戊申，中華書局，1958年，第97～98頁。
[445]　姚錫光：〈籌海軍芻議〉，《清末海軍史料》，第797～846頁。下文引用此件，不再注明出處。

第七章　清政府興復海軍

展為設立海軍部做準備等工作,皆歸練兵處辦理。

1907年5月,姚錫光調至練兵處任提調,奉命起草海軍發展規劃。他關心時事,對海軍之發展尤為關切,所撰〈籌海軍芻議序〉有云:「方今天下,一海權爭競劇烈之場耳。古稱有海防而無海戰,今寰球既達,不能長驅遠海,即無能控扼近洋。……巡洋艦者,長驅遠海之具;而淺水砲艦,則不過行駛近洋,此固無能合編成隊者也。然而,遠人之來抵掌而作說客者,恆勸我多購淺水兵艦,以圖近海之治安;而我當道及海軍諸將恆樂聞其說者,何哉?蓋海權者,我所固有之物也,彼雖甚我,焉能禁我之治海軍?遂乃巧為其辭,勸我購淺水兵船為海軍根本,使我財力潛銷於無用之地,而遠洋可無中國只輪,於海權存亡,實無能係其毫末。……夫天下安有不能外戰而能內守者哉!」看來,姚錫光接受了當時海軍學術界關於海權問題討論的正向成果,在這裡對海權觀念作了比較明確的表述。正是在這一觀念指導下,他按「急就」、「分年」二法,草擬了3個方案:

第一個方案,即「急就」法,叫〈擬就現有兵輪暫編江海經制艦隊說帖〉。建設將現有艦船編為兩隊:一隊是「外海經制巡洋艦隊」,包括二等巡洋艦「海圻」1艘,三等巡洋艦「海籌」、「海琛」、「海容」3艘,次三等巡洋艦「鏡清」、「南琛」2艘,巡洋炮艦「保民」、「康濟」2艘,報知艦「琛航」、「伏波」2艘,練船「通濟」、「威遠」2艘,魚雷船「辰字」、「宿字」、「列字」、「張字」4艘,共16艘。「再廣東所有『廣』字號兵船,福建所有『福』字號兵船,及一切外海兵船,俟察其體質力量,如有尚堪備用者,一併編入。」這只是一支暫編巡洋艦隊,作為「經營海軍開始地步」。「將來陸續添置帶甲一、二等巡洋艦六艘;其三等巡洋艦及巡洋砲艦、報知艦六艘,亦陸續更新抽換,以舊者改充練船、運船;並增置魚雷艇八艘,以足成一支完全巡洋艦隊。」另一隊是「長江經制巡江艦隊」,包括淺水炮艦

第二節　興復海軍的「七年規畫」及其實施

「楚泰」、「楚同」、「楚豫」、「楚有」、「楚觀」、「楚謙」、「江元」、「江亨」、「江利」9艘，水雷驅逐艦「飛鷹」、「建威」、「建安」3艘，共12艘。「其餘沿江各省所有兵船，如有體質力量尚堪備用者，一併編入。」這也只是一支暫編巡江艦隊，「須陸續添備潛行艇、水雷艇及水雷隊，用備無事巡防、有事守口之用，以充巡江艦隊之力量」。

以上兩支艦隊，仍採取「一軍兩鎮之制」，設海軍提督一員，統領巡洋、巡江兩支艦隊。提督轄總兵、副將兩翼長：總兵一員，分統巡洋艦隊；副將一員，分統巡江艦隊。因威海、旅順已被租借，艦隊已無軍港可泊，若興復海軍，自應先謀軍港，目前只可暫以長江口內為收宿地。「俟軍港既訂，修築告成以後，再另作區劃。」而長江口分南、北水道，空闊無際，扼守殊難。「擬以白茅沙為內戶，限闌於劉河口建海軍提督官舍，凡一應海軍軍需、軍械、軍裝等局，及陸續應設之水雷、魚雷、練勇等營，皆附近設立，暫為江、海各艦隊根據。」長江艦隊應周歲梭巡長江，下起吳淞，上迄宜昌。除劉河口屯駐地以外，應於吳淞口、江陰、江寧、九江、漢口、嶽州、宜昌等埠，酌設海軍支應分局，為巡艦到埠支餉、添煤、領取衣糧、收發文電一應供給之地。巡洋艦隊應周歲梭巡海洋，北起遼河口、山海關，南迄雷廉海灣。除劉河口屯駐地外，應於營口、天津、煙臺、吳淞、寧波、廈門、汕頭、廣州等市埠，酌設海軍支應分局，為巡洋艦到埠支餉、添煤、領取衣糧、收發文電一應供給之地。「俟艦隊漸增、水道漸熟以後，再行推展，北踰日本海，東抵太平洋，南及南洋各島，西歷印度洋而上，以次巡歷，俾資習練，並壯聲威。」

按照這一方案，姚錫光認為：「集各省現有大小兵艦尚逾二萬噸，肅而理之，為外海、長江經制艦隊；就各省現有養船經費，歲益五十萬金，則用可支而事易舉。」

第七章　清政府興復海軍

　　第二個方案，即「分年」法之一，叫做〈擬興辦海軍經費五千萬兩作十年計劃說帖〉。建議：一、在 10 年內，分 3 期以 3,000 萬兩購備新艦：第 1 期 (3 年)，購二等裝甲巡洋艦 (4,300 噸)、三等裝甲巡洋艦 (2,950 噸) 各 1 艘；第 2 期 (3 年)，購一等裝甲巡洋艦 (600 噸以上) 2 艘；第 3 期 (4 年)，購三等戰鬥艦 (7,000 噸上下) 2 艘和一等魚雷艇 (120 噸以上) 12 艘。以上新購艦艇 18 艘，加入原有新艦「海圻」、「海籌」、「海容」、「海琛」裝甲巡洋艦 4 艘，又益以原有舊艦「鏡清」、「南琛」巡洋艦 2 艘，「保民」、「康濟」砲艦 2 艘，「琛航」、「伏波」報知艦 2 艘，共 28 艘，計 58,000 餘噸。二、在 10 年內，以 1,000 萬兩修建軍港、炮臺、船廠、船塢、重炮廠、彈藥廠、煉鋼廠、煤礦等。三、在 10 年內，以 1,000 萬兩分期創辦海軍兵官學堂、海軍機輪學堂、海軍大學堂、海軍研究所、海軍工科學堂、海軍學兵營、海軍水雷學兵營、海軍機輪演習處、海軍水雷演習處等。

　　按照這一方案，姚錫光認為：「基礎既立，乃議擴張。歲輯白金五百萬，期以十年，通計五千萬兩。准茲歲計，制厥範圍，舉海軍應備者，約以三端：曰兵艦分期增置之計畫；曰軍港、廠、塢修建之計畫；曰軍員分途造就之計畫。雖海軍全體完輯未遑，然規度寢成，可建海軍一分隊。」

　　第三個方案，即「分年」法之二，叫做〈擬興辦海軍經費一萬二千萬兩作十二年計劃說帖〉。開宗明義地提出：「前擬十年為通共籌經費五千萬兩，增置兵艦不過三萬五千噸，益以原有新舊兵艦尚不及六萬噸，此等艦隊一經有事，其力不足自衛，尚何戰守可言。茲擬成海軍一大支，其重量在十萬噸以外，萬一有事，力尚可資一戰。」建議：在 12 年內，分 4 期以 7,400 萬兩購備新艦：第 1 期 (3 年)，購一等裝甲巡洋艦 (6,000 噸以上) 4 艘、三等裝甲巡洋艦 (2,950 噸) 1 艘；第 2 期 (3 年)，購三等戰鬥艦

第二節　興復海軍的「七年規畫」及其實施

(7,000噸上下) 2艘、二等裝甲巡洋艦 (4,300噸) 3艘；第三期 (3年)，購二等戰鬥艦 (8,000噸以上) 2艘、一等魚雷艇 (120噸以上) 16艘；第四期 (3年)，購一等戰鬥艦 (1.2萬噸以上) 2艘。以上新購艦艇30艘，加入原有新艦「海圻」、「海籌」、「海容」、「海琛」裝甲巡洋艦4艘，又益以原有舊「鏡清」、「南琛」巡洋艦2艘、「保民」、「康濟」砲艦2艘，「琛航」、「伏波」報知艦2艘，共40艘，計11.7萬噸。若再加入「飛鷹」、「建威」、「建安」水雷驅逐艦3艘，「辰字」、「宿字」、「列字」、「張字」魚雷艇艘，則可達到47艘，共計12萬噸。並在12年內，以2,200萬兩為軍港、船廠、船塢等修建之經費，2,400萬兩為軍員分途造育之經費。

按照這個方案，姚錫光認為：「擬籌歲款千萬金，期十二年，都計萬二千萬兩，仍前議而稍擴之，戰艦可十八艘，為海軍一大隊，全量十一萬噸，而軍港、廠、塢之建制，軍員分途之造育，比例增加，戰守差有可恃。」

姚錫光的「分年二法」，其內容大致上是正面的。他可能參閱過琅威理的條陳，其「分年二法」與琅威理的「目守」、「復仇」二法是頗為相似的。然其「十二年計畫」方案與琅威理的「復仇」方案相比，不僅規模要大，而且氣魄更為恢弘。不料他的方案一下子把當道者嚇住了，根本不予考慮，而令另擬前三年計畫。而且，當道者還劃定框框，要求巡洋艦足成7艘，淺水砲艦足成21艘，「作沿海七省巡防艦隊」。於是，姚錫光又重擬前三年計畫，即所謂〈擬暫行海軍章程〉。根據這個章程，計劃在3年內增置二等、三等裝甲巡洋艦3艘，與原有之「海圻」、「海容」、「海籌」、「海琛」合成7艘，為裝甲巡洋艦一分隊；製600至800噸淺水炮艦17艘，與原有之「廣玉」、「廣金」、「安瀾」、「鎮濤」合成21艘，配作守口砲艦七分隊。「以上裝甲巡洋艦一分隊、守口砲艦七分隊合編為海疆巡防艦隊，

第七章　清政府興復海軍

以分領於沿海各省，而總統於海軍提督。此為現行巡防艦隊辦法。三年以後，再作規畫。」當道者之所以要做出這樣一個章程，顯然是為了適應撲滅正在興起的革命浪潮的需求。這就注定它的內容不可能有任何新意，反倒比周馥的「一軍兩鎮之制」大為後退。終光緒之世，興復海軍始終沒有多大動作。

1909年是宣統元年，似乎為海軍的發展帶來新的希望。這年2月19日，清廷釋出上諭，提出「方今整頓海軍，實為經國要圖」，並派肅親王善耆、鎮國公載澤、尚書鐵良、提督薩鎮冰，「妥慎籌劃，先立海軍基礎」[446]。7月9日，善耆等復奏，根據「先植興復之基」的宗旨，提出了5項建議。其主要內容有三：一、現有學堂之學科設立專門化，將煙臺學堂改為駕駛專門，黃埔學堂改為輪機專門，福州前學堂改為工藝，在京師設立海軍大學堂為官長研究高等學術之所，以儲人材之基礎；二、將現有艦艇量為編制，其堪充沿海巡防艦者2艘，堪充練習艦者4艘，堪充長江巡防艦者10艘，堪充守口雷艇者1艘，以立艦隊之基礎；三、行開築浙江象山為軍港，除建燈塔、設浮標外，先一面將海軍辦公處所、演武廳、操場、瞭望臺、旗臺、賀炮臺、倉庫、碼頭、醫院、槍炮魚雷練習所、練勇雷勇營房、修械廠等，即行建設，一面購置浚港輪剝等項機船，布置粗完，艦艇即可灣泊，以為海軍根據地。[447]

奏上，清政府決定派郡王銜貝勒載洵、海軍提督薩鎮冰為籌辦海軍大臣，設立籌辦海軍事務處。籌辦海軍事務處甫經成立，即由海軍大臣會同陸軍部奏定海軍入手辦法，制定了一份發展海軍的七年（1909～1915年）

---

[446] 〈著肅親王善耆等籌畫海軍諭〉，《清末海軍史料》，第93頁。
[447] 〈善耆等奏請畫一海軍教育統編艦艇開辦軍港整頓廠塢臺壘折〉，《清末海軍史料》，第95～96頁。

第二節　興復海軍的「七年規畫」及其實施

規畫。規定：「以七年為限，各洋艦隊，均須一律成立。」[448] 其應辦事項分年如下：

第一年，清查各洋舊有各式兵輪；訂造南北洋應行添置之二等、三等、四等巡洋艦；查勘各洋軍港；妥籌擴充原有海軍學堂，又設江、浙、閩、鄂四省船艦學堂、槍炮學堂；改辦原有各船廠。

第二年，配定各洋艦隊舊有兵輪、籌辦水魚雷隊新舊各艇、計劃添造各洋三等巡洋艦及運送、報知、水魚雷、滅魚雷艇艦、決定闢築各洋軍港、成立海軍船艦槍炮各學堂、籌辦海軍各項經費預算、查定海軍徵兵區域。

由第三年到第七年，添造各洋頭等戰艦 8 艘，各等巡洋艦 20 多艘，各種兵艦 10 艘，水魚雷艇第一、第二、第三各隊；編定北洋艦隊、南洋艦隊及閩省各洋艦隊；成立各洋軍港及軍港製造船塢、運送鐵道各事；奏定海軍經費全數預算，辦理海軍經費全數決算；實行各海軍區域內徵兵；奏頒成立各洋艦隊旗纛艦號；設立海軍專部，添設各洋艦隊海軍官缺；設立海軍大學。

「七年規畫」包羅萬象，涉及有關海軍事項應有盡有，立意誠美。然而，最大的問題在於，經費預算與應辦事項所需費用相差過大。如奏定購船經費為 1,650 萬兩，而僅以計劃訂造 8 艘頭等戰艦而論，便需要 6,400 萬兩，而此項經費卻剛夠訂造 2 艘的花銷，且不說還要訂造各等巡洋艦 20 多艘了。可見這個規畫是嚴重脫離實際的。

儘管如此，「七年規畫」的奏定，對海軍事業的發展還是發揮一定的推動作用。如果從 1909 年 7 月設立籌辦海軍事務處算起，在大約兩年的

---

[448] 〈籌辦海軍七年分年應辦事項〉，《清末海軍史料》，第 100～101 頁。

第七章　清政府興復海軍

時間內，在實施「七年規畫」方面主要做了兩件事情：

第一件，籌辦海軍大臣出國考察海軍和訂購軍艦。載洵、薩鎮冰先後兩度出國考察：第一次，是1909年9月赴歐洲各國，歷義、奧、德、英等國，於翌年1月取道西伯利亞，乘火車回國。此行在義大利訂購炮艦1艘，命名為「鯨波」；在奧匈帝國訂購驅逐艦1艘，命名為「龍湍」；在德國訂購魚雷艇3艘及淺水炮艇2艘，分別命名為「同安」、「建康」、「豫章」和「江鯤」、「江犀」；在英國訂購巡洋艦2艘，命名為「肇和」、「應瑞」。第二次，是1910年8月乘輪赴美，又轉赴日本，於11月回國。此行在美國訂購巡洋艦1艘，命名為「飛鴻」；在日本訂購炮艦2艘，命名為「永豐」、「永翔」。

載洵、薩鎮冰兩次出國考察，先後共訂購軍艦12艘，除「鯨波」、「龍湍」、「飛鴻」3艦因船款糾葛而未交貨外，其餘在英、德、日訂購的9艘艦艇都在民國後陸續來華了。如下表[449]：

這9艘軍艦或以英鎊付款，或以日元付款，共折合白銀約500萬兩。但用這樣一筆鉅款買回來的軍艦，不僅其型式設計已經陳舊，而且裝備效能也是非常落後的。

第二件，設定海軍專部。先是1909年8月，籌辦海軍事務處調撥南北洋及湖北等省原設艦艇，編為巡洋、長江兩艦隊。巡洋艦隊有艦艇15艘，長江艦隊有艦艇17艘。如下表[450]：

---

[449]　此表根據池仲祐《海軍實紀》中之〈購輪篇〉，並參照第二歷史檔案館所藏之《海軍沿革》編制而成。其中「噸位」一項，與林獻炘所撰回憶錄〈載洵薩鎮冰出國考察海軍〉一文（見《文史資料選輯》第2輯，第187～191頁）出入甚大。按林文係多年後之回憶，且作者年事已高，記憶難免有誤，應以〈購艦篇〉、《海軍沿革》為是。

[450]　此表根據籌辦海軍事務處所編之〈艦隊各船明細表〉編制而成。見《清末海軍史料》，第898～901頁。

第二節　興復海軍的「七年規畫」及其實施

艦名	艦種	噸位	馬力（匹）	時速（節）	配員	火炮
肇和	巡洋艦	2,600	6,000	20	230	14
應瑞	巡洋艦	2,460	6,000	20	230	16
江鯤	淺水砲艦	140	500	12	42	5
江犀	淺水砲艦	140	450	12	42	5
同安	驅逐艦	390	6,000	32	60	6
建康	驅逐艦	390	6,000	32	60	6
豫章	驅逐艦	390	6,000	32	60	6
永豐	砲艦	780	1,350	13.5	108	8
永翔	砲艦	780	1,350	13.5	108	8

　　1910年4月8日，載洵奏請撥地建造海軍衙署，依議。12月4日，清廷釋出諭旨，正式改籌辦海軍處為海軍部，並以載洵為海軍大臣，譚學衡為海軍副大臣。其後，又命薩鎮冰統制巡洋、長江艦隊，程璧光、沈壽堃分別統領巡洋艦隊和長江艦隊。1911年3月9日，根據原先奏定的海軍官階職任，對海軍大臣、副大臣補授軍銜。隨後，對京內外海軍要員也擬定相應軍銜，請旨簡任。4月22日，海軍部又重新釐定海軍暫行官制，獲得清廷的批准。至此，從海軍的體制來說，開始走向正規化，從而使「七年規畫」中「設定海軍專部、添設各洋艦隊海軍官缺」一項提前落實。

　　但是，「七年規畫」還未來得及全部實施，清政府便垮臺了。武昌起義的槍聲，不僅中斷了「七年規畫」的實施，而且推動海軍倒向革命，參加到清王朝的掘墓人的行列中來。清政府興復海軍的希望，最終還是幻滅了。

第七章　清政府興復海軍

巡洋艦隊	艦名	艦類	噸位	馬力（匹）	速力（節）	炮數	魚雷數	竣工時間	產地
巡洋艦隊	海圻	巡洋艦	4,300	17,000	24.0	34	5	1897	英
	海籌	巡洋艦	2,950	7,500	19.5	23	1	1898	德
	海琛	巡洋艦	2,950	7,500	19.5	26	1	1898	德
	海容	巡洋艦	2,950	7,500	19.5	30	1	1898	德
	通濟	練船	1,900	1,600	12.0	20	—	1894	閩
	飛鷹	驅逐艦	850	5,500	22.0	12	3	1895	德
	保民	運船	1,500	1,900	10.0	9	—	1884	滬
	辰字	魚雷艇	90	700	18.0	6	3	1895	德
	宿字	魚雷艇	90	700	18.0	6	3	1895	德
	列字	魚雷艇	62	900	16.0	6	3	1895	德
	張字	魚雷艇	62	900	16.0	6	3	1895	德
	湖鵬	魚雷艇	96	1,200	23.0	2	3	1906	日
	湖隼	魚雷艇	96	1,200	23.0	2	3	1907	日
	湖鶚	魚雷艇	96	1,200	23.0	2	3	1906	日
	湖鷹	魚雷艇	96	1,200	23.0	2	3	1907	日
長江艦隊	建安	快船	871	6,500	18	10	—	1904	閩
	建威	快船	871	6,500	18	10	—	1904	閩
	江元	淺水炮船	550	950	13	10	—	1905	日
	江亨	淺水炮船	550	950	13	10	—	1907	日
	江利	淺水炮船	550	950	13	10	—	1908	日

第二節　興復海軍的「七年規畫」及其實施

巡洋艦隊	艦名	艦類	噸位	馬力（匹）	速力（節）	炮數	魚雷數	竣工時間	產地
長江艦隊	江貞	淺水炮船	550	950	13	10	—	1908	日
	楚有	炮船	745	1,350	13	8	—	1907	日
	楚泰	炮船	745	1,350	—	8	—	1907	日
	楚同	炮船	745	1,350	13	8	—	1907	日
	楚觀	炮船	745	1,350	13	8	—	1907	日
	楚謙	炮船	745	1,350	13	8	—	1907	日
	楚豫	炮船	745	1,350	13	8	—	1907	日
	策電	炮船	400	66	8	4	—	1877	英
	甘泉	炮船	250	300	9	3	—	1908	滬
	鏡清	練船	2,200	2,400	13	19	2	1884	閩
	南琛	運船	1,905	2,400	13	9	—	1883	德
	登瀛洲	運船	1,258	580	9	6	—	1876	閩

241

第七章　清政府興復海軍

結束語
晚清海軍興衰的歷史啟示

中國到晚清時期才開始籌建和發展海軍，歷經曲折，衝過重重困難和阻力，到西元1888年北洋海軍成軍，總算建成了一支有不小規模和一定實力的海軍艦隊。遙想當年，在威海的劉公島前，舳艫相接，旌旗蔽空，可謂盛極一時！然數年之間，竟檣櫓灰飛煙滅，留下的只是「故壘蕭殺大樹凋，高衙依舊俯寒潮」[451]的一片悽慘景象。這種似乎難測的忽興忽滅的歷史變幻，究竟是怎麼回事？這不能不引起後人不盡的思索。

一

中國著手造船和籌劃建立海軍是在1860年代，為時較晚，是否此前沒有這樣的歷史機遇呢？回答是否定的。

事實上，早在二十幾年以前，歷史便向中國提供發展海軍的機遇。西元1840年，透過鴉片戰爭，英國侵略者憑藉堅船利炮轟開了閉關鎖國的中國的大門，開始使中國人知道了海軍之為物。當時的中國人把這次戰爭看作是「中國三千年未有之禍」[452]，或稱為「古今一大變局」[453]。的確，這次戰爭對中國社會的震撼是非常巨大的。但是，先進的中國人經過反思，逐漸意識到，西方列強侵略於中國固是大害，然大害之所在亦即大利

---

[451] 陳寶銘：《舊廨弔忠》。
[452] 魏源：《海國圖志》（重訂60卷本）卷二四，《大西洋》，第2頁。
[453] 徐繼畬：《瀛環志略》，卷一，道光三十年刊本，凡例，第1頁。

結束語　晚清海軍興衰的歷史啟示

之所在。「以中國益遠人，大害也；以遠人助中國，大利也。」、「合地球東西南朔九萬里之遙，胥聚於我一中國之中，此古今之創事，天地之變局，所謂不世出之機也。⋯⋯虞西人之為害，而遽作深閉固拒之計，是見噎而廢食也。故善為治者，不患西人之日橫，而特患中國之自域。⋯⋯去害就利，一切皆在我之自為。」[454] 其關鍵在於「得其道而順用之」。[455] 因此，船堅炮利雖為敵人之「長技」，也不是不可以轉為我之「長技」的。儘管這是十分簡單的道理，但在當時要確立這樣的觀念，卻是十分不容易的。

在中國近代，林則徐是最早一位主張學習西洋「長技」並付諸實踐的先進中國人。鑑於中國師船與英國戰船相比，有多方面的差距：（一）其大不如英船，中國師船最大者尚不及英船之半；（二）其堅不如英船，中國師船用杉木製造，與英船用全條番木，大銅釘合成，內外夾以厚板，船旁及底包以銅片，完全不能相比；（三）其炮不及英船多且利。故中國師船之造價僅為英船之二、三十分之一，由此也可見總體上其差距之大了。林則徐承認這種差距，承認「洋面水戰係英夷長技」，並認為到外海作戰，「自非單薄之船所能追剿，應另製堅厚戰船，以資致勝」。[456] 為此，他不僅購買了一艘 1,000 噸級的西船和一艘小火輪[457]，而且還開始了仿造西船的試驗。

林則徐之所以熱衷於仿造西船，是因為在他看來，要戰勝英國侵略者，就必須敵得過英軍所恃的船堅炮利，使其長技亦為中國之長技。他指出：「要之船炮水軍斷非可已之事，即使逆夷逃歸海外，此事亦不可不亟為籌劃，以為海疆久遠之謀。」他還向朝廷建議，以粵海關之關稅十分之

---

[454] 王韜：《弢園尺牘》卷七，光緒庚辰秋重校排印本，第 1～3 頁。
[455] 郭嵩燾：《養知書屋文集》卷一二，文海出版社影印本，第 20 頁。
[456] 《林則徐書簡》，第 173 頁。
[457] John L. Rawlinson, China's Struggle for Naval Development（1834-1895）, Harvard Univ. Press.1967, P.19.

一製造船炮，則制敵必可裕如。不料此舉竟遭到咸豐皇帝的嚴厲斥責。直到罷職之後，他仍然認為，建立船炮水軍是戰勝英國侵略者的必要措施，並且堅信：「得有百船千炮，五千水軍，一千舵水，實在器良技熟，膽壯心齊，原不難制犬羊之命。」[458] 他在這裡所說的「船炮水軍」，實際上指的就是近代海軍。

在中國近代史上，林則徐是倡建西式海軍之第一人。他的建立「船炮水軍」的計畫雖未實現，但由於他的倡導和推動，仍然產生一定的社會影響。在中國東南沿海幾省，尤其是廣東，一些有識之士起而應之，紛紛開始仿造西船的試驗。但是，限於財力和造船技術水準，這些新造的戰船，不是不能出洋，「僅可備內河緝捕之用」，就是「雖可駕駛出洋，但木料板片未能一律堅緻，亦難禦敵」；唯有紳士潘仕成捐造的一艘，「仿照夷船作法，木料板片極其堅實，船底全用銅片，……調撥水師弁兵駕駛，逐日演放大砲，……**轟擊甚為得力**」。[459] 其後，又照此船加長，工料照舊，續造新船一艘。並且還計劃照新船再造兩艘。這種新造戰船，船身長 13 丈有餘，兩層安炮，共 40 位，分列子母炮數十桿，可容 300 多人。[460] 當時，西方海軍還處於帆艦向蒸汽艦過渡的階段，戰艦仍以帆艦為主，大致分大、中、小三種形制，而潘仕成所造的新船類於西式中型帆艦。與此同時，晉江人丁拱辰還在研究蒸汽機的原理和進行仿造輪船的試驗。當然，中國那時還不具備製造輪船的生產條件和技術水準，仿造輪船不可能成功，但若能加大仿造西式帆艦的投入和力度，建成像林則徐所構想的那樣一支「船炮水軍」，以有助於抗禦英國侵略者的海上騷擾，應該是不成問題的。

---

[458] 《林則徐書簡》，第 182、197 頁。
[459] 奕山：〈製造出洋戰船疏〉，《海國圖志》（重訂 60 卷本）卷五三，第 16～17 頁。
[460] 魏源：《海國圖志》（重訂 60 卷本）卷五三〈仿造戰船議〉，第 24～25 頁。

結束語　晚清海軍興衰的歷史啟示

在整個鴉片戰爭期間，道光皇帝對待英國侵略者的態度幾番反覆，時而主戰，時而主撫，他曾經駁回了林則徐關於製造堅厚戰船的上奏，孰料後來竟對一名不得志的書生的造船建議大感興趣。這名書生就是安慶府監生方熊飛，他的一份請造戰船的稟呈不知怎樣遞到了道光皇帝的手中。此稟開頭即開門見山地指出：「英夷犯順，荼毒生靈，所以猖獗日盛者，以我軍徒守於岸，無戰船與之水戰耳。」認為「戰船一造，即操必勝之權」。最後強調：「長治久安，在此一舉！」此時正值英艦再次北犯定海，繼而攻陷上海，道光皇帝由主撫而被迫抵抗，正所謂臨時抱佛腳，即飭令將方熊飛原呈抄給靖逆將軍奕山等閱看，並諭其「悉心體訪」，查明何種船式「最為得力，即購備堅實木料，趕緊製造」。[461]此前不久，廣東水師提督吳建勳在黃埔參觀兩艘美國中型帆艦，並繪得該艦的製造船樣。這的確開闊了奕山等人的眼界。他在復奏中稱：「該夷恃其船堅炮利，因我師船不能遠涉外洋與之交戰，所以肆行無忌。」[462]決定不惜重費，取料堅實，先造「大號戰船」3艘。奕山計劃建造的「大號戰船」，就是以潘仕成所仿造的中型西式帆艦為基礎，加以改進，以彌補其「止有桅桿，並無桅盤，不能懸放大砲」[463]之缺陷。雖然由於《南京條約》的簽訂，此項大規模「全仿夷船」的計畫因之擱淺，但這件事本身說明，只要清政府能夠下定決心，當時仿造西船和創建「船炮水軍」的計畫絕非紙上談兵，而是有可能實現的。

與奕山僅著眼於仿造西船不同，魏源則發展了林則徐關於創建「船炮水軍」的構想，不但建議設造船廠和火器局，「延西洋舵師司教行船演炮之法」、「選閩、粵巧匠精兵以習之，工匠習其鑄造，精兵習其駕駛攻擊」，以「盡得西洋之長技為中國之長技」，而且特地強調募練新式水師的

---

[461]　魏源：《海國圖志》（重訂60卷本）卷五三〈仿造戰船議〉，第1、4、15頁。
[462]　奕山：《製造出洋戰船疏》。
[463]　祁墳：〈複奏仿造夷式兵船疏〉，《海國圖志》（重訂60卷本）卷五三，第8頁。

必要性。他指出：「舟艦繕矣，必練水師。」[464] 通過募練，新建水師之兵皆選其有膽者且能掌握各種海上作戰的技能，「必使中國水師可以駛樓船於海外，可以戰洋夷於海中」[465]。根據他的設想，此計畫可先在粵省實施，由粵海而閩浙，而上海，「而後合新修之火輪、戰艦，與新練水犀之士，集於天津，奏請大閱，以創中國千年水師未有之盛」[466]。魏源為晚清海軍所繪製的這幅規畫圖，的確是夠宏偉的，而且絕非沒有實施的條件，然而奕山奉聖諭制定的造船計畫尚且中止實行，他的建言只能束之高閣而付諸塵封了。

不難看出，英國發動的第一次鴉片戰爭，對中國來說，具有雙重的作用，既引起中國社會的千古變局，也帶來了不世出之機。就是說，只要得其道而順用之，便可變大害為大利，成為中國改革和發展的契機。這也是中國發展海軍的大好歷史機遇。令人痛惜的是，中國當時沒有抓住這次歷史機遇，反而任其失之交臂了。

二

第一次鴉片戰爭後，西方國家的武器裝備進入一個更新換代的時期，木製帆艦漸為蒸汽鐵艦所替代，滑膛炮也為線膛炮所更替。1840 年代末，西方國家已在軍艦上使用螺旋推進器。進入 1850 年代後，英、法等國都開始螺旋推進器蒸汽艦的建造。與此同時，木殼軍艦也逐步被帶有護甲的鐵艦或鋼殼軍艦所代替。縱觀來看，海軍的發展已躍入一個新的歷史時期。

---

[464]　魏源：《聖武記》（下），附錄卷一四〈武事餘記〉，第 538 頁。
[465]　《魏源集》下冊，補錄，〈籌海篇三〉，第 870 頁。
[466]　《魏源集》上冊，〈道光洋艘征撫記上〉，第 186 頁。

結束語　晚清海軍興衰的歷史啟示

　　反觀中國：經過第一次鴉片戰爭，先進的中國人曾提出「師夷之長技以制夷」的口號，並建議仿造西船和創設海軍。然而，將近20年的時間過去了，西洋的「長技」又有了新的發展，而中國的「師夷」卻未真正付諸行動。本來，中國在武器裝備上就比西方國家落後很多，而在這近20年中卻毫無作為，一切依舊，原已存在的和西方的差距更為擴大了。這樣，中國的海防不但沒有絲毫加強，形勢反而愈來愈嚴峻了。

　　第二次鴉片戰爭進一步暴露了中國的全面海防危機，東南萬里海疆已無任何保障可言。外國軍艦竟任意游弋於中國海口，甚至深入內河，攻打要塞炮臺和城池，強迫訂立城下之盟，弄得國無寧日，民無太平，大好神州幾於國將不國！沒有鞏固的海防就談不上國防，也就談不上中國的自立和自強，這就是第二次鴉片戰爭的主要教訓所在。面對列強的欺凌，許多朝野人士深感創鉅痛深，拍案而起，大力鼓吹製洋器和採西學，從而將林則徐、魏源的「師夷」觀念從理論推向了實踐。

　　起初，中國人仍抱著20年前的舊觀念，完全不了解輪船是近代工業的產物。時代前進了20年，以西方海軍的情況而言，已經發生了帶有根本性質的變化。如果說第一次鴉片時期的英國海軍還主要是由帆艦組成的話，那麼，到第二次鴉片戰爭期間則是以蒸汽艦為主，帆艦大致上被淘汰了。如下表：

	帆艦	蒸汽巡洋艦	蒸汽砲艦	明輪蒸汽砲艦	蒸汽炮艇	蒸汽運輸船	（小計）
1858年5月第一次大沽口之戰	2		3	3	6	1	15

	帆艦	蒸汽巡洋艦	蒸汽砲艦	明輪蒸汽砲艦	蒸汽炮艇	蒸汽運輸船	（小計）
1859年6月第二次大沽口之戰		2	4	2	10	2	20

可是，當時的中國人還不可能清楚，製造輪船必須依賴於近代資本主義的機器生產技術，在封建生產方式的土壤上是產生不出近代海軍來的。所以，他們把製造輪船看得十分簡單，以為用手工匠人依樣畫葫蘆地仿造，不出一兩年便可成功。於是，到1860年代初，曾國藩在安慶，左宗棠在杭州，分別著手仿造輪船。他們的仿造輪船工作，還大致上是屬於試驗性質的。不過，他們卻由此意識到，製造輪船而不引進機器生產技術，的確是不行的。經過四分之一個世紀，經過多次徘徊和挫折之後，中國人在造船問題上才終於發生了觀念的轉變。

觀念的更新為中國的造船事業帶來發展的起點。李鴻章到上海後，參觀外國軍艦，「見其大砲之精純，子藥之細巧，器械之鮮明，隊伍之雄整，實非中國所能及」、「深以中國軍器遠遜外洋為恥」。聲稱：「若駐上海久而不能資取洋人長技，咎悔多矣。」[467] 西元1865年，他開辦江南製造總局。1868年7月，江南製造總局所造的輪船下水，一月後竣工，命名為「恬吉」。這是中國自行製造的第一艘能夠航行於大洋的輪船。自從江南製造總局開始造船，中國的近代造船工業才有了自己的開端。

繼江南製造總局之後，福州船政局成立，成為中國近代創設的第一個造船企業。左宗棠認為：「自海上用兵以來，泰西各國火輪兵船直達天津，藩籬竟成虛設，星馳飆舉，無足當之。……欲防海之害而收其利，非整理

---

[467]　《中國近代工業史資料》，第1輯，第252頁。

結束語　晚清海軍興衰的歷史啟示

水師不可；欲整理水師，非設局監造輪船不可。」[468] 在他的主持下，福州船政局於西元 1866 年成立，開始購進機器，聘用外國技師、工匠監造輪船，並制定嚴格的規章制度。延聘洋員必先訂立合約，對其職責、賞罰、進退、薪金、路費等皆有明文規定，既以示信，亦便遵守，產生了良好的效果。福州船政局不僅辦廠造船，而且設立專門學堂，以培養中國自己的造船和駕駛人才。1869 年 6 月，船政建造的第一艘輪船「萬年清」下水。9 月，「萬年清」出大洋試航成功，非常鼓舞人心，也為後來造船累積經驗。

　　福州船政局本身就是清政府在某些方面實行開放政策的正向結果。從此，它成為中國的主要造船工業基地。自「萬年清」開始，它在 1 年之內造出了 15 艘輪船。不過，這些輪船都是在洋員主持下建造的。西元 1874 年，洋員合約期滿辭離後，造船工作非但不曾停止，反而有所發展，在短短的 8 年內連上三個新臺階：1876 年 3 月，「藝新」輪下水。這是中國技術人員獨立設計、建造的第一艘外洋輪船，開中國近代自造外洋輪船之先河。1877 年 5 月，「威遠」輪下水。這是中國自己建造的第一艘鐵脅兵輪，唯所用輪機尚是從國外購進的新式臥機。翌年 6 月下水的第二艘鐵脅輪船「超武」，便全行自製，其「脅骨、輪機及船上所需各件，均係華工仿造外洋新式，放手自造，與購自外洋者一轍」。1883 年 1 月，「開濟」輪下水。這是中國自製的第一艘巡海快船，全船噸載 2,200 噸，配以新式 2,400 馬力康邦臥機，其「機件之繁重，馬力之猛烈，皆閩廠創設以來目所未睹」[469]。從只能製造幾百噸的低速木質炮船發展到自造 2,000 噸級的巡海快船，應該說是一個不小的進步。中國之大批生產近代化的新式艦船是從閩局開始的。從 1860 年到 1894 年的 25 年間，閩局共造各式艦船 34 艘，

---

[468]　《左文襄公全集》，奏稿，卷一八，第 1～4 頁。
[469]　《船政奏議彙編》卷一六，第 5 頁；卷二〇，第 16～18 頁。

其中的 11 艘先後撥給了北洋海軍。故有人稱閩局之創設為「中國海軍萌芽之始」，一點也不言過其實。的確，無論在中國造船史上還是在中國海軍史上，閩局的成立都是有著劃時代的意義。

對中國來說，發展海軍是一件全新的事情，沒有足夠的人才是辦不成的。福州船政局有一個顯著的特點，就是設廠與辦學並重，左宗棠說得好：「夫習造輪船，非為造輪船也，欲盡其製造、駕駛之術耳；非徒求一二人能製造、駕駛也，欲廣其傳使中國才藝日進，製造、駕駛展轉授受，傳習無窮耳。故必開藝局，選少年穎悟子弟習其語言文字，誦其書，通其算學，而後西法可衍於中國。」[470]沈葆楨也指出：「船政根本在於學堂。」[471]實踐證明，船政學堂的教育方針是正確的，教學方法也是行之有效的。它為中國培養了一大批最早的海軍人才，其畢業生後來多數成為晚清海軍的核心和中堅。當時，既重用學堂出身的學生，也不歧視在實踐中成長的自學成才者；各艦管帶、大副、二副多有船生擔任的，如船生出身的楊用霖後來升至護理左翼總兵兼署「鎮遠」管帶，躋身於北洋海軍高級將領之列。在大力培養和獎掖人才的同時，清政府還選派人員出國考察和派遣留學生。如鄧世昌等多次利用出國接船的機會，考察西方海軍發展的現狀和趨勢，大有進益。閩局曾先後派出三批留學生 78 人，劉步蟾、林泰曾、林永升、葉祖珪、薩鎮冰、嚴復等即其中之佼佼者。此外，還分四批派出官學生 120 人，學成回國後多半轉入海軍任職。同時，清政府也重視從國外聘請技術人才。洋員主要擔任教習、駕駛、機務、炮務等專業技術性較強的工作，其中多數人克盡厥職，卓有勞績。這種自己培養人才為主與借才異國為輔的方針，應該說是成效頗著的。

---

[470]　《中國近代學制史料》，第 1 輯上冊，第 355 頁。
[471]　《沈文肅公政書》，卷四，第 3 頁。

結束語　晚清海軍興衰的歷史啟示

由於上述種種方面的積極努力，中國人終於敲開了進入世界海軍國家行列的大門。西元1871年4月10日，清廷批准了閩浙總督英桂所上報的〈輪船出洋訓練章程〉和〈輪船營規〉，並先已任命福建水師提督李成謀為輪船統領，象徵著中國近代第一支海軍——閩浙水師（或稱福建海軍）——的成立。10年之後，即1881年冬，北洋已擁有快船、炮船、練船等13艘，初具規模。於是，李鴻章奏請以丁汝昌統領北洋海軍；奏改三角形龍旗為長方形，以縱3尺、橫4尺為訂製，質地章色如故。這成為中國近代最早的海軍旗。其後，北洋海軍繼續擴建。直到1888年10月3日，清廷批准〈北洋海軍章程〉，北洋海軍始告正式成軍。按北洋海軍編制，有鐵甲2艘、快船7艘、炮船6艘、魚雷艇6艘、練船3艘、運船1艘，計25艘，36,708噸。在這些艦船中，主要艦隻都是購自英、德兩國。當時為了早日建成一支具有堅強實力的海軍艦隊，從國外購進一些新式艦艇是完全必要的，所以清政府採取了造船與買船並行的方針。從英、德訂造的7艘戰艦，構成了北洋海軍的主力。成軍後的北洋海軍，其實力居於遠東第一，使各國皆刮目相待。

甲午戰爭爆發前的30年，歷史再次向中國提供發展海軍的機遇。當時中國的決策者，順應歷史潮流，大致上抓住發展海軍的機遇，取得令世人矚目的成就。但是，在這30年中，既有機遇，又面臨挑戰，二者是並存的。所謂挑戰，從國外來說，主要來自兩個方面：一是西方列強；一是東鄰日本。前者早已存在，可暫置不論。隨著時間的推移，後者成為最主要的挑戰者。本來，北洋海軍成軍之初，其實力超過了日本海軍。尤其是「定遠」、「鎮遠」兩艘7,000噸級的鐵甲51艦，為日本海軍所未有，因此畏之「甚於虎豹」。為了發動一場大規模侵略中國的戰爭，日本明治政府銳意擴建海軍，天皇睦仁甚至節省宮中費用，撥內帑以為造艦經費。日本

海軍以打敗「定遠」、「鎮遠」為目標，專門設計建造了「橋立」、「松島」、「嚴島」三艘 4,000 噸級的戰艦，號稱「三景艦」。在甲午戰前的 6 年間，日本平均每年添置新艦兩艘，其裝備品質反倒超過了北洋海軍。對於日本虎視眈眈的挑戰，一些有識之士也曾不斷發出防患未然的呼籲。然而，當權者卻缺乏危機意識，不肯認真面對和全力迎接這一關乎民族命運的挑戰。西元 1895 年北洋海軍被全殲於威海衛港內，也就在意料之中了。

甲午戰前的 30 年，對中國來說，是挑戰與機遇並存的 30 年。中國似乎抓住這一機遇，在海軍建設方面做出非常可觀的成就。問題是中國當權者迴避挑戰以求苟安，致使已經取得的海軍建設成就一朝化為灰燼。因此，從根本上說，中國這 30 年並未真正抓住機遇，相反，倒是再一次錯過這一百年難逢的歷史機遇。

三

西元 1895 年 2 月北洋艦隊全軍覆沒於威海劉公島前，使中國海軍遭到最後一次毀滅性的打擊。許多有識之士 30 年來為建立海軍所付出的巨大辛勞和努力，竟一朝付諸東流！那麼，中國還有沒有再次發展海軍的機會呢？

當北洋海軍全軍覆沒時，甲午戰爭尚在進行之中，清政府也還存有重整海軍之念，並計劃籌借洋款購船，以備海洋禦敵之用。但這不是短時間內就可以做到的。何況時已至今，用購買幾艘軍艦的辦法來重整海軍，是完全無濟於事的。

甲午戰後，恢復海軍的問題再次提到清政府的議事日程上。當時，許多人把希望寄託在 10 年前辭職離華的前北洋海軍總查琅威理身上，主張

結束語　晚清海軍興衰的歷史啟示

聘他來華重整海軍。雖時過境遷，終於未果，然琅威理卻寫了一份條陳，對中國重整海軍提出了個人的建議。從琅威理的條陳看，他認為對清朝當權者來說，著重要解決好兩個問題：一是對海軍的策略地位的理解；二是把海軍壯大的決心。只有理解了，才有可能下定決心，所以二者又是一致的。他反覆強調指出：「中國整理海軍，必先有一不拔之基，以垂久遠，立定主意，一氣貫注到底，不至朝令夕更。」、「設立海軍，當先定主意，或志在自守，或志在復仇，主意一定，即不可移易。」[472] 也的確找到問題的癥結所在。琅威理以其在中國海軍的長期經歷，有針對性地提出一些切合實際的建議。然而，清政府卻以鉅款難籌，暫不遽復海軍名目。其實，按琅威理的方案，不過每年籌款 1,000 萬兩造船，這雖然是個大數目，但與甲午賠款相比，尚不足一個零頭。可見還是一個決心問題。不過，此番即使有決心採納琅威理的建議，客觀環境恐亦難容許。因為不久列強便掀起瓜分中國軍港的高潮，中國沿海的重要港灣被侵占殆盡，已找不到一個海軍停泊的基地，還談什麼重整海軍！加以在繼之而來的八國聯軍侵華戰爭中，中國新從國外購進的 6 艘艦艇遭到聯軍劫掠，更如雪上加霜，徹底一蹶難振。

在當時的世界，列強之間擴充海軍的競賽日趨激烈。對比中國的現狀，怎能不令究心海防者痛心疾首？他們介紹美國人馬漢的海權論，並在報刊上撰寫文章進行探討，逐漸引起國人再次對海軍問題的關注。1905 年 1 月，兩江總督周馥終於正式奏請興復海軍，提出分兩步發展海軍的方案：第一步，先統一南北洋海軍，定一軍兩鎮之制；第二步，相機擴充辦理。翌年，在「預備立憲」的推動下，清政府改兵部為陸軍部，下設練兵處，負責海軍發展規劃。1907 年 5 月，練兵處提調姚錫光奉命起草海軍發展

---

[472]　〈前北洋水師總兵琅威理條陳節略〉，《清末海軍史料》，第 789 頁。

規劃,按「急就」和「分年」的思路草擬了三個方案。尤為值得注意的是,其「分年」的第二方案,計劃在 12 年內,分四期以 7,400 萬兩購備新艦 30 艘,其中包括 1,200 噸級一等戰鬥艦 2 艘、8,000 噸級二等戰鬥艦 2 艘、7,000 噸級三等戰鬥艦 2 艘、6,000 噸級一等裝甲巡洋艦 4 艘等等,加上原來已有之新舊艦艇,共可達到 47 艘,計 12 萬噸;並以 2,200 萬兩為軍港、船廠、船塢等修建之經費,2,400 萬兩為軍員分途造育之經費。合計興辦經費為 12,000 萬兩。[473] 此項「十二年計畫」,與琅威理的「復仇」方案相比,不僅規模更大,氣魄也更為恢宏。然而,它卻將當道者嚇住了,不敢問津。姚錫光不禁感慨係之曰:「中國海疆萬里,至乃求十萬噸軍艦而不得,其能無流涕長太息耶!」[474] 到 1909 年,清政府經過數年的徘徊,始做出興復海軍的決定。

同年 2 月 19 日,清廷釋出上諭:「方今整頓海軍,實為經國要圖。」[475] 並設立籌辦海軍事務處,制定海軍發展七年規畫(1909〜1915)。規定:「以七年為限,各洋艦隊均須一律成立。」[476] 根據「七年規畫」,從第三到第七年添造各洋頭等戰艦 8 艘、各等巡洋艦 20 多艘,是很難辦到的。因為經費預算與應辦事項所需費用相差懸殊,如奏定購船經費才 1,650 萬兩,而僅以計劃訂造 8 艘頭等戰艦而論,便需銀 6,400 萬兩,剛夠訂造 2 艘的花銷。且不說不久武昌起義的槍聲中斷了「七年規畫」的實施,即使尚假以時日,由於內外形勢及各種條件的制約,這個發展海軍的計畫也是不可能實現的。

---

[473]　姚錫光:〈擬興辦海軍經費一萬二千兩作十二年計畫說帖〉,《清末海軍史料》,第 817〜824 頁。
[474]　姚錫光:〈籌海軍芻議序〉,《清末海軍史料》,第 799 頁。
[475]　〈著肅親王善耆等籌畫海軍諭〉,《清末海軍史料》,第 93 頁。
[476]　〈籌辦海軍七年分年應辦事項〉,《清末海軍史料》,第 100〜101 頁。

結束語　晚清海軍興衰的歷史啟示

對一個國家來說，歷史機遇並不是常有的。錯過了歷史機遇，等機遇逝後再去追逐，必然是力不從心，徒勞無功的。甲午戰後提出的幾個雄心勃勃的發展海軍計畫，不是難以實施，就是中途夭折，便說明了這一點。

四

從第一次鴉片戰爭到甲午戰爭的 50 幾年間，中國並不是沒有發展海軍並把海軍壯大的機會，然而對於這種百載難逢的歷史機遇，不是失之交臂，就是沒有真正抓住。及至機遇喪失之後再去追逐，業已望塵莫及了。歷史是公正的，它將機遇賦予中國，問題是中國人自己讓機遇輕易地逝去。之所以會造成這樣的局面，其原因非止一端，舉其要者而言，大致有如下幾點：

其一，由於長期閉關鎖國所產生的持久負面影響，傳統的「華夷之辨」觀念在國人的頭腦中一時很難從根本上消除，因此對學習西方資本主義先進事物存有戒心甚至牴觸情緒，從而制約了海軍的順利發展。應該看到，當時中國的「師夷」是被列強侵略逼出來的，並不是自覺的。早在 1840 年代，先進的中國人就提出了「師夷」之說，而直到 1860 年代才開始將其付諸實施，已經耽誤了 20 年之久。即使到 1860 年代以後，反對「師夷」的力量還是很強大的。這些人聲稱：「師事夷人，可恥孰甚？」、「我不可效日本覆轍。」、「豈有必效敵人長技始能備禦敵人之理？」[477] 他們死抱住老皇曆不放，認為引進機器萬萬要不得，理由是：「輪船、機器不足恃也。況中國數千年來未嘗用輪船、機器，而一朝恢一朝之土宇，一代拓一代之版章。即我朝自開創以來，與西洋通商非一日，彼之輪船、機器

---

[477]　《洋務運動》（叢刊一），第 12、121、252 頁。

自若也，何康熙時不准西洋輪船數只近岸，彼即俯首聽命，不敢入內地一步？」[478] 所以，「師夷」的活動每推進一步，都要排除多方面的干擾和阻力。例如，造船是如此，購買鐵甲船是如此，其他發展海軍的舉措也無不如此。正由於此，海軍的發展每前進一步都是非常困難的。

其二，清政府之創設海軍，是和中國社會的近代化過程同步的，而近代化作為一次宏大的社會改革，卻是一個系統的工程，並非靠某種枝節或局部的改革措施即可奏其功的。1860年代初，馮桂芬提出了「鑑諸國」的主張，並對此解釋說：「諸國同時並域，獨能自致富強，豈非相類而易行之尤大彰明較著者？如以中國之倫常名教為原本，輔以諸國富強之術，不更善之善者哉？」[479]，「以中國之倫常名教為原本，輔以諸國富強之術」這句著名的話，便成為後來「中本西末」說之張本。在此後長達30年的時間裡，「中本西末」說一直成為「師夷」的指導觀念。[480] 李鴻章的觀念最具代表性，他一方面認為「中國文武制度，事事遠出於西人之上，獨火器萬不能及，……中國欲自強，則莫如學習外國利器」[481]；另方面，著重強調「經國之略，有全體，有偏端，有本有末，如病方亟，不得不治標，非謂培補修養之方即在是也」[482]。按照這種本末觀的要求，中國的「師夷」只是引進西方資本主義的生產技術，即改善和發展生產力，絕不去觸動舊的生產關係，反而要堅決維護這種關係及其「事事遠出於西人之上」的上層建築。這樣，「師夷」的目的和達到目的的方法之間，便出現了不可調和的衝突。而缺乏達到目的的切實方法，目的本身從一開始就注定是實現不

---

[478] 《洋務運動》（叢刊二），第46頁。
[479] 馮桂芬：《校邠廬抗議》卷下，第69頁。
[480] 戚其章：〈從「中本西末」到「中體西用」〉，《中國社會科學》1995年第1期；又見《中國近代社會思潮史》，山東教育出版社，1984年，第232～242頁。
[481] 《籌辦夷務始末》（同治朝）卷二五，第9～10頁。
[482] 《李文忠公全集》奏稿，卷九，第35頁。

結束語　晚清海軍興衰的歷史啟示

了的。這就是為什麼這次改革長期滯留在較低的技術水準上，始終未能進一步深化下去，較之同時開始的日本明治維新運動相差一個層次的根本原因所在。海軍作為「師夷」的一項突出成果，本是一個新的軍種，而其編成卻大致上是湘淮軍制的翻版。海軍各艦隊皆由駐地的封疆大吏來支配，長期未能中央化。

西元 1885 年 10 月，海軍衙門成立，試圖掌握「統轄畫一之權」[483]，終未奏效。正如一位外國海軍人士指出：中國海軍「有明明缺陷者，則以新法而參舊制也」。又說：「惜中樞之權勢太弱，一任督撫之私顧封疆，不能聯各軍為一隊。」[484]其結果，一遇戰爭，弊端盡露。「南北洋各守一方，水陸各具一見，致軍心不能畫一」；「船塢局廠皆調動不靈，且多方牽制，號令所以難行」。[485]欲其不敗是不可能的。甲午戰後有位海軍將領檢討失敗原因說：「既設海軍，必全按西法，庶足以禦外侮。西人創立海軍多年，其中利弊，著書立說，無微不至。我國海軍章程，與泰西不同，緣為我朝制所限，所以難而盡仿，所以難而操勝算也。」[486]誠哉斯言！

其三，腐敗現象在海軍內部滋生蔓延，嚴重地影響了海軍的正常成長，也毀壞了海軍本身。晚清海軍在其創辦前期還是頗有朝氣的，操練抓得很緊，紀律也較嚴格。中法戰爭後，遠東形勢表面上趨於緩和，當權者陶醉於和平環境，曾經有過的一點憂患意識迅速消失，變得文恬武嬉。李鴻章作為北洋海軍的最高統帥，也認為武夫難拘繩墨，和平時期紀律不必苛求。到 1890 年代初，紀律「漸放漸鬆，將士紛紛移眷，晚間住岸者，一船有半」。新添水手也不嚴格訓練，「皆仿綠營氣習，臨時招募，在岸只操

---

[483]　《洋務運動》（叢刊二），第 570 頁。
[484]　《洋務運動》（叢刊七），第 543 頁。
[485]　《盛檔・甲午中日戰爭》（下），第 410 頁。
[486]　《盛檔・甲午中日戰爭》（下），第 400 頁。

洋槍，不滿兩月，派拔各船，不但船上部位不熟，大砲不曾見過，且看更規矩、工作號筒，絲毫不諳，所以交戰之時，炮勇傷亡不能頂補，只充死人之數」。實戰觀念變淡漠，訓練也逐漸流於形式。有的海軍將領指出：「我軍無事之秋，多尚虛文，未嘗講求戰事。在防操練，不過故事虛行。故一旦軍興，同無把握。雖執事所司，未諳款竅，臨敵貽誤自多。平日操演炮靶、雷靶，唯船動而靶不動，兵勇練慣，及臨敵時命中自難。」原先的朝氣完全消磨淨盡了。世人很少知道，「致遠」艦之沉原來與缺少合用的截堵水門橡皮有關，戰前管帶鄧世昌以其「年久破爛，而不能修整」，請求更換而未成，「故該船中炮不多時，立即沉沒」。配炮零件也得不到及時供應，海戰時「因零件損傷，炮即停放者不少」。彈藥供應問題尤為突出，或偷工減料，以次充好，或暗做手腳，以假冒真。將領們無不為之痛心疾首，氣憤地說：「中國所製之彈，有大小不合炮膛者；有鐵質不佳，彈面皆孔，難保其未出口不先炸者。即引信拉火，亦多有不過引者。臨陣之時，一遇此等軍火，則為害實非淺鮮。」[487] 引信拉火不過引，就會使彈中敵艦而不爆炸。海戰中日本軍艦多艘中彈累累，甚至有被彈穿甲板而落入機器艙者，卻無一艘爆炸沉沒，其奧祕究竟在哪裡？應該說，這不是日本海軍創造海戰的奇蹟，而是中國海軍的腐敗幫了敵人的忙。可見，一支腐敗的海軍是很難克敵致勝的，更不可能成為一支真正強大的海上之師。

其四，根深蒂固的虛驕心態和苟安觀念，使清朝統治者目光短淺，不思進取，甘於落後，是導致海軍未能真正壯大的最根本的原因。歷史進入1860年代後期，遠東形成了英俄對峙的局面，俄國暫時尚無力東進和南下，英國則一心維護在這個地區的既得利益，保持既定的格局而不使之改變。因此，在此後的30年內，遠東形勢相對穩定，這正是中國振興和發

---

[487]　《盛檔‧甲午中日戰爭》（下），第 399、407、398、401、398、404 頁。

結束語　晚清海軍興衰的歷史啟示

展海軍的大好時機。日本就在這個時候開始明治維新，並且傾其全力去發展海軍。但是，清朝統治者卻剛好相反，不是居安思危，勵精圖治，而是粉飾太平，得過且過，以致錯過這次稍縱即逝的機遇。幾十年來，列強每次從海上入侵之後，清朝統治者幾乎每次都要表一番大治海軍的決心，而且信誓旦旦，決心似乎十足。然而，過不了多久，決心總是被丟諸腦後。尤其是北洋海軍成軍後，認為聲勢已壯，更可以高枕無憂了。慈禧太后作為清朝的最高統治者，為滿足自己的私欲，不顧國家安危，驕奢淫逸，大肆揮霍。為了享樂，她大修殿宇亭臺，不僅多次舉借外債，而且以「挪撥」、「劃撥」、「挪墊」等名義占用海防經費，花於三海工程和頤和園工程。僅用這筆經費，起碼也可再建像北洋海軍這樣規模的一支艦隊。[488] 當時正是海軍艦炮更新換代的又一個時期，「外洋之艦日新月異，所用之炮多係新式快炮」[489]，而從西元1888年後，清政府不再添置一艘新艦，也不更新一門火炮。戰前丁汝昌請求在主要戰艦上安置新式快炮，僅需銀60多萬兩，卻以無款可撥而駁回。可見，從根本上說，海軍的由興而衰完全是清朝統治者自毀海上長城。這一慘痛的歷史教訓值得後人永遠認真記取。

---

[488]　參見戚其章：〈頤和園工程與北洋海軍〉，《社會科學戰線》1989年第4期。
[489]　《盛檔・甲午中日戰爭》（下），第401頁。

殘帆，北洋海軍的覆滅：

威海衛陷落、劉公島困局、列強瓜分軍港⋯⋯晚清海軍興衰的四十年，如何在腐敗時局下被一一瓦解？

作　　　者：	戚其章
發　行　人：	黃振庭
出　版　者：	複刻文化事業有限公司
發　行　者：	崧燁文化事業有限公司
E - m a i l：	sonbookservice@gmail.com
粉　絲　頁：	https://www.facebook.com/sonbookss/
網　　　址：	https://sonbook.net/
地　　　址：	台北市中正區重慶南路一段61號8樓 8F., No.61, Sec. 1, Chongqing S. Rd., Zhongzheng Dist., Taipei City 100, Taiwan
電　　　話：	(02)2370-3310
傳　　　真：	(02)2388-1990
印　　　刷：	京峯數位服務有限公司
律師顧問：	廣華律師事務所 張珮琦律師

-版權聲明-

本書版權為濟南社所有授權複刻文化事業有限公司獨家發行繁體字版電子書及紙本書。若有其他相關權利及授權需求請與本公司聯繫。
未經書面許可，不得複製、發行。

定　　　價：375 元
發 行 日 期：2025 年 08 月第一版
◎本書以 POD 印製

國家圖書館出版品預行編目資料

殘帆，北洋海軍的覆滅：威海衛陷落、劉公島困局、列強瓜分軍港⋯⋯晚清海軍興衰的四十年，如何在腐敗時局下被一一瓦解？/ 戚其章 著 .-- 第一版 .-- 臺北市：複刻文化事業有限公司 , 2025.08
面；　公分
POD 版
ISBN 978-626-428-205-5(平裝)
1.CST: 海軍 2.CST: 軍事史 3.CST: 海戰史 4.CST: 清代
597.92　　　　　114010268

電子書購買

爽讀 APP　　　臉書